Basismathematik 5

Üben – Verstehen – Anwenden

von
Walter Czech

Ausgabe B

Bayerischer Schulbuch-Verlag · München

1993
1. Auflage
© Bayerischer Schulbuch-Verlag
Hubertusstraße 4, 8000 München 19
Illustration: Kristina Klotz, München
Kolorierung der Wilhelm-Busch-Zeichnungen: Lutz Siebert
Satz und Druck: Tutte Druckerei GmbH, Salzweg-Passau
ISBN 3-7627-3751-7

Vorwort

Üben – Verstehen – Anwenden: Dieser dreistufige Weg der Reihe *Basismathematik* kommt in besonderer Weise der Unterrichtspraxis entgegen. Die Schülerinnen und Schüler erhalten die Möglichkeit, grundlegenden Stoff ausführlich zu **üben**, vertieft zu **verstehen** und vielfältig **anzuwenden**, um so die Basis für den Einstieg in die „Höhere Mathematik" nachfolgender Jahrgangsstufen zu schaffen.

Jeder Abschnitt beginnt mit **Erklärungen, Regeln und Lehrsätzen,** durch die in übersichtlicher und kompakter Weise das notwendige Basiswissen vermittelt wird.

Daran schließen sich in allen Abschnitten vollständig ausgearbeitete **Beispiele** an, die gelb unterlegt sind. Diese Musteraufgaben sind so ausführlich, daß die Schülerinnen und Schüler ohne weiteres mit den typischen Anforderungen und Problemstellungen des jeweiligen Stoffes vertraut werden.

Das reichhaltige und vielfältige **Aufgabenmaterial** ist ein besonderes Kennzeichen der Reihe *Basismathematik*. Durch das Bemühen um die Lösung verschiedenartigster Aufgabentypen erlangen die Schülerinnen und Schüler vertiefte Einsicht in mathematische Zusammenhänge. Neben methodisch aufgebauten Übungsreihen stehen abwechslungsreiche Anwendungsaufgaben aus vielen Gebieten. Dies regt die Schülerinnen und Schüler in besonderem Maße zur selbständigen Beschäftigung mit mathematischen Fragestellungen an. Das umfassende Aufgabenangebot erfordert zwar ein gezieltes Auswählen der Aufgaben, erschließt dafür aber einen Freiraum, der nach Bedarf und Interesse ausgefüllt werden kann.

Eine Sonderstellung nehmen die **Wiederholungsaufgaben** ein, mit denen sich die Schülerinnen und Schüler selbständig und gezielt auf Schulaufgaben vorbereiten können. In den blau unterlegten Zusammenfassungen ist der Lehrstoff übersichtlich dargestellt.

Alle Kapiteleingangsbilder stammen aus der Feder von Wilhelm Busch und wurden für diesen Band neu koloriert. Einen Teil der Verse haben Schülerinnen und Schüler des Dossenberger-Gymnasiums in Günzburg verfaßt.

Wir wünschen viel Erfolg und Freude bei der Arbeit mit diesem Buch.

Inhalt

Die natürlichen Zahlen und ihre Darstellung 6
  Die Kunst des Zählens 6
  Schätzen mit natürlichen Zahlen 10
  Historische Beispiele von Zahlendarstellungen 12
  Das Zehnersystem 17
  Das Dualsystem 20
  Die Reihenfolge der natürlichen Zahlen 24
  Zahlenfolgen 26
  Besondere Zahlenmengen 28
  Gleichungen und Ungleichungen 32

Die Addition natürlicher Zahlen 38
  Das schriftliche Addieren 40
  Rechengesetze der Addition 43

Messen von Größen 50
  Längen 50
  Gewichte, Geldwerte, Zeitdauern 52
  Umwandlungstabelle 54
  Addition von Größen 54

Die Subtraktion natürlicher Zahlen 60
  Subtraktion als Umkehrung der Addition 60
  Pfeildarstellung der Subtraktion 63
  Bezeichnungen 64
  Das schriftliche Subtrahieren 67
  Besonderheiten 70

Die Verbindung von Addition und Subtraktion 72
  Überprüfung der Addition 72
  Überprüfung der Subtraktion 73
  Gleichungen 74
  Ungleichungen 78
  Rechnen mit Klammern 82
  Gliedern eines Terms 83
  Sachaufgaben 89

Die Multiplikation in der Menge N_o 94
  Summe und Produkt 94
  Fachwörter 96
  Multiplikationsoperatoren 97
  Die Sonderstellung der Zahlen 0 und 1 98
  Rechengesetze der Multiplikation 100
  Rechenvorteile beim Multiplizieren 103
  Schriftliches Multiplizieren 105
  Sachaufgaben 107

Die Division 110
  Die Division als Umkehrung der Multiplikation 110
  Fachwörter 113
  Besonderheiten 115
  Schriftliches Dividieren 118
  Zusammenhang von Multiplikation und Division 119

Gleichungen 125
Noch mehr Gleichungen 127
Ungleichungen 129
Sachaufgaben 131

Die Verbindung der vier Grundrechenarten 133
Rechenregeln 133
Ablaufdiagramme 136
Termgliederung 138
Sachaufgaben 143

Körperformen in unserer Umwelt 158
Untersuchungen am Würfel 160
Würfelnetze 161
Quader 164
Prismen 167

Punktmengen 176
Punkt, Strecke, Halbgerade, Gerade 176
Zueinander senkrechte Geraden 180
Zueinander parallele Geraden 182
Punkte und Linien im Gitternetz 185
Das Schneiden und Vereinigen von Punktmengen . . 188

Eigenschaften ebener Grundformen 194
Achsensymmetrische Figuren 194
Rechteck und Quadrat 198
Kreise 201
Dreiecke 204
Umfang von Dreieck, Rechteck und Quadrat 207
Parkettierungen 210

Messen von Flächeninhalten 220
Flächeninhalt von Rechtecken (1) 221
Flächeninhalt von Rechtecken (2) 223
Zusammenhang zwischen 1 dm^2, 1 cm^2 und 1 m^2 . . . 225
Größere Flächeneinheiten 227
Umfangsgleiche und inhaltsgleiche Rechtecke 231
Sachaufgaben 233
Oberfläche von Würfel und Quader 240

Teiler und Vielfache 245
Teilbarkeitsregeln 1 248
Teilbarkeitsregeln 2 250
Teilbarkeitsregeln 3 252
Teilermengen und Vielfachenmengen 254
Primzahlen 256
Gemeinsame Teiler und größter gemeinsamer Teiler . 258
Gemeinsame Vielfache und kleinstes gemeinsames Vielfaches . . 260
Primfaktorzerlegung 262
Rechenverfahren für den ggT 264
Rechenverfahren für das kgV 265
Sachaufgaben 268

Stichwortverzeichnis 271

*Null ist nicht immer null und nichtig,
wo die Null steht, das ist wichtig!*

Die natürlichen Zahlen und ihre Darstellung

Die Kunst des Zählens

Die Zahlen 1, 2, 3, 4, ... heißen natürliche Zahlen. Wir benutzen sie zum Zählen.

Beispiele

1. Bei einer Verkehrszählung wurde die nebenstehende Strichliste erstellt.
   Wie viele Kraftfahrzeuge fuhren insgesamt?

   Jeder Strich bedeutet ein Fahrzeug.
   5 Striche werden durch einen Querstrich zu einem Fünferbündel zusammengefaßt.
   Wir lesen ab: 12 Fünferbündel, 3 Striche; das sind insgesamt 63 Kraftfahrzeuge.

   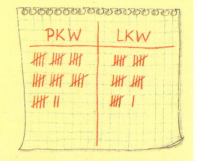

2. Achim (A), Bettina (B) und Corinna (C) sind befreundet und sitzen deshalb in der Schule auch nebeneinander.
   Ermittle, auf wie viele Arten sich die drei nebeneinander setzen können.

   Mit Hilfe eines *Baumdiagramms* können wir systematisch alle Möglichkeiten erfassen.
   Insgesamt gibt es 6 verschiedene Sitzverteilungen.

Darstellung von Zahlen

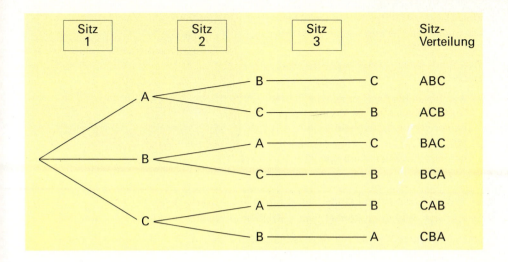

Aufgaben

1. Zähle ab!

a) Aus wie vielen Punkten setzt sich der Stern zusammen?
b) Wie viele Schafe sind abgebildet?
c) Wie viele Orangen sind aufgehäuft?

2. Eine Klasse wählt ihre Klassensprecher. Die Stimmenverteilung wird an der Tafel aufgeschrieben.

Wer wird erster Klassensprecher, wer zweiter?

3. a) Bis zu welcher Zahl können der Elektrizitätszähler und die Wasseruhr in deiner Wohnung zählen?

b) Wie weit zählen die Kilometerzähler bei verschiedenen Autotypen?

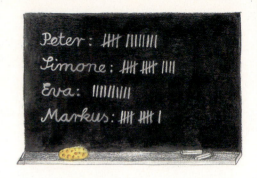

4. a) Auf wie viele Arten könnte man 3 Briefe in 3 Kuverts stecken?

b) Auf wie viele Arten könnte man 4 Briefe in 4 Kuverts stecken?

5. Wie viele fünfstellige Zahlen bestehen aus den Ziffern 1, 2, 3, 4, 5 und beginnen

a) mit 123? b) mit 12? c) mit 1?

6. a) Wie viele Würfel sind hier aufgebaut?

b) Wie viele Würfel wurden herausgenommen?

7. Übertrage die Abbildung in dein Heft und ermittle, auf wie vielen verschiedenen Wegen du ohne Umweg von S nach Z gelangen kannst!

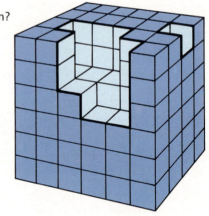

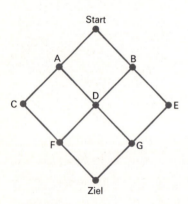

8. Eine Maus sitzt im Dachstuhl in der Ecke A und riecht ein Stück Speck, das in B hängt.

Auf wie vielen verschiedenen Wegen kann die Maus von A nach B gelangen, wenn sie immer den Balken entlang klettert und sich dabei nie vom Speck entfernt?

Zeichne ein Baumdiagramm und benutze die Buchstaben A, P, Q, R, S, T, U, B!

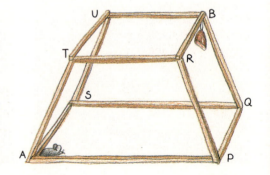

Darstellung von Zahlen

9. Auf wie viele Arten kannst du das Wort EUROPA aus der Figur herauslesen?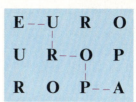

10. a) Wie viele Zahlen der Fünferreihe sind kleiner als 100?
    b) Wie oft mußt du die Ziffer 4 schreiben, wenn du alle Zahlen von 1 bis 100 aufschreibst?
    c) In wie vielen dreistelligen Zahlen kommt die Ziffer 3 genau zweimal vor?

11. a) Wie viele verschiedene Lichtsignale kann man einem Lokomotivführer mit 4 gleichfarbigen Lämpchen geben?
    b) Wie viele, wenn es Nacht ist und der Lokomotivführer die Zeichen voneinander unterscheiden können muß?

12. Der Arc de Triomphe auf der Place Charles de Gaulle muß von den Fahrzeugen im Kreisverkehr umfahren werden.
    Ein Auto fährt durch irgendeine der zwölf Straßen auf den Platz ein und verläßt ihn durch eine andere.
    Auf wie viele verschiedene Arten ist das höchstens möglich?

13. Wie viele verschiedene und möglichst kurze Wege führen vom Punkt A des Höhlensystems ins Freie (B)?

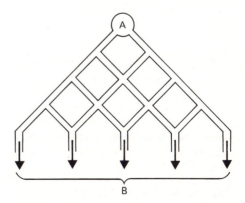

Schätzen mit natürlichen Zahlen

Beispiel

Schätze ab, zähle nicht, wie viele Menschen hier dicht gedrängt nebeneinander stehen!

Wir teilen das Bild in gleich große Felder ein, wählen eines dieser Felder willkürlich aus (hier rot umrandet) und zählen in diesem Feld – so gut wir es vermögen – die Anzahl der Menschen. Es sind etwa 25.

Da die Leute überall dicht gedrängt stehen, dürfen wir wohl annehmen, daß in den anderen Feldern jeweils in etwa ebensoviele Menschen wie im rot umrandeten Feld stehen.
Wir schätzen damit, daß auf dem Bild 100 Menschen abgebildet sind.

Aufgaben

1. Schätze ab, zähle nicht!
   Wie viele
   a) Sterne   b) Pinguine
   sind auf S. 11 oben abgebildet?

Darstellung von Zahlen

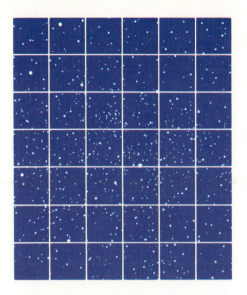
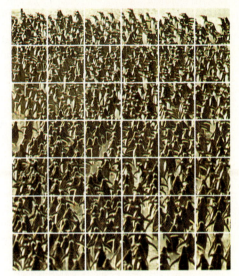

2. a) Schätze, wie viele Punkte in der folgenden Figur abgebildet sind.
b) Überprüfe dein Schätzergebnis aus a) durch Rechnung!

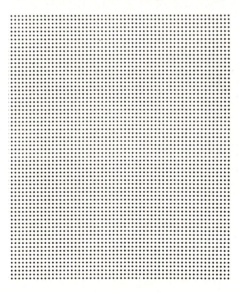

3. Eine Automobilfirma liefert ein bestimmtes Modell in fünf verschiedenen Farben. Außerdem kann der Kunde in beliebiger Kombination unter folgenden Extraausstattungen wählen: Automatik-Getriebe, elektrisch betriebene Fensterheber, Stahlschiebedach, Klimaanlage, Sportfelgen.
Ein Autohändler möchte für jede Ausstattungsmöglichkeit je ein Auto seinen Kunden vorstellen.
a) Wie viele Autos sind das?
b) Sind es so viele Autos, wie auf dem Bild?

Historische Beispiele von Zahlendarstellungen

Die ersten geschriebenen Zahlen, die wir kennen, wurden in Ägypten und Mesopotamien vor etwa 5000 Jahren benutzt.

Ägypten:

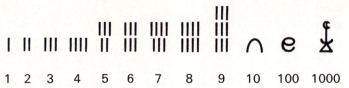

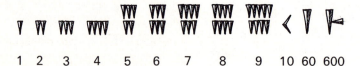

bedeutet die Zahl 1492

Mesopotamien:

bedeutet die Zahl 1492

Aufgaben

1. Übersetze die folgenden ägyptischen Zahlzeichen in unsere Schreibweise:
   a)    b)   c)

Darstellung von Zahlen

2. Schreibe mit ägyptischen Zahlzeichen
   a) die Zahlen 13, 21, 79, 1001, 2202
   b) dein Geburtsjahr

3. Vergleiche ∈∈∩∩ mit ∩∩∈∈ ! Was stellst du fest?

4. Zum nachfolgenden ägyptischen Hieroglyphentext ist die Übersetzung, bis auf wenige Lücken, angegeben.
Entziffere die blau unterlegten Hieroglyphen, und du kennst den vollständigen Text!
Die Ägypter schrieben von rechts nach links!

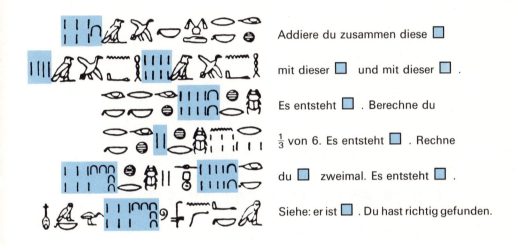

Addiere du zusammen diese ☐ mit dieser ☐ und mit dieser ☐ .

Es entsteht ☐ . Berechne du $\frac{1}{3}$ von 6. Es entsteht ☐ . Rechne du ☐ zweimal. Es entsteht ☐ .

Siehe: er ist ☐ . Du hast richtig gefunden.

5. Entziffere die gelb unterlegten Hieroglyphen:

Zahlzeichen der Römer

I II III IV V VI VII VIII IX X L C D M
1   2   3   4   5   6   7   8   9 10 50 100 500 1000

MCDXCII   bedeutet 1492

Alle anderen Zahlen wurden durch Aneinanderreihen dieser Zeichen dargestellt. Dabei wurden die folgenden Regeln nicht immer streng eingehalten:

(1) Es werden höchstens drei gleiche Zahlzeichen nebeneinandergestellt; ihre Werte werden zusammengezählt.

(2) Steht ein niedrigeres Zahlzeichen hinter einem höheren, so werden die Werte zusammengezählt.

(3) Steht ein (und nur ein!) niedrigeres Zahlzeichen vor einem höheren, so wird der Wert des kleineren Zahlzeichen vom Wert des größeren abgezogen.

(4) Die Ziffern V, L und D dürfen in einer Zahl nur einmal verwendet werden. Man darf sie auch nicht vor ein Zeichen mit größerem Wert stellen. Die Römer schrieben für 45 also XLV und nicht VL, und für 95 schrieben sie XCV und nicht VC.

Beispiele

II, XX, CC, MM   bedeutet 2, 20, 200, 2000
VII, XIII, MDCCLXX   bedeutet 7, 13, 1770
IX, XC, MCM   bedeutet 9, 90, 1900

Aufgaben

1. Übertrage ins Zehnersystem:
   a) III; XXIV; LXII; XC.   b) DCC; MI; ML; CXX.
   c) MCCLXXII; MDCCCXVII; MCDLXXVIII.

Darstellung von Zahlen

2. Gib die kleinste und die größte Zahl an, die man mit folgenden römischen Ziffern schreiben kann:
   a) X, I   b) X, V, I.

3. Schreibe alle dreiziffrigen römischen Zahlen, in denen jedes der Zeichen X, V, I genau einmal vorkommt!

4. Schreibe mit römischen Zahlzeichen:

5. Schreibe dein Geburtsjahr mit römischen Zahlzeichen!

6. Begründe am Beispiel der Zahl MM, daß die Römer kein Stellenwertsystem kannten!

7. Noch vor wenigen Jahrhunderten war es fast ausschließlich üblich, Zahlen mit römischen Zahlzeichen zu schreiben. Das folgende Bild gibt dafür ein Beispiel.
   Übertrage die mit römischen Zeichen geschriebenen Zahlen ins Zehnersystem!

8. Wie viele Zeichen brauchten die Römer für das Schreiben der Zahlen
   a) 999,   b) 9999?

9. Schreibe die Zahlen aus der Aufgabe 1 wie die Ägypter vor 5000 Jahren!

10. Suche alle Zahlen, die ein Vielfaches von 4 darstellen:
    XXXVI, XXVII, LXIV, XCII, XXVII, XL, XLVIII, CXX, XXIV, LVII, LXXII, XCVI

11. Übersetze die folgenden Zahlen, die auf Denkmälern zu finden sind:
Friedrich Schiller,	geb. MDCCLIX,	gest. MDCCCV
Johann Wolfgang von Goethe,	geb. MDCCIL,	gest. MDCCCXXXII
Galileo Galilei,	geb. MDCCXXIV,	gest. MDCCCIV
Lise Meitner,	geb. MDCCCLXXVIII,	gest. MCMLXVIII
Clara Schumann,	geb. MDCCCXIX,	gest. MDCCCXCVI
Hildegard von Bingen,	geb. MXCVIII,	gest. MCLXXIX

Stammbaum unserer Zahlen

Die arabischen Ziffern kamen im 8. Jahrhundert von Indien nach Arabien und von dort nach Europa.

Die Kreuzfahrer brachten eine weitere Erfindung aus Arabien nach Europa, nämlich das Geheimnis der Papierherstellung. Nach der Erfindung der Buchdruckerkunst durch *Johannes Gutenberg* (1400–1467), wurde mehr und mehr Papier verwendet. Man begann, auf Papier zu rechnen. Dabei wurde der Vorteil des neuen Ziffernsystems, des Zehnersystems, offenbar.

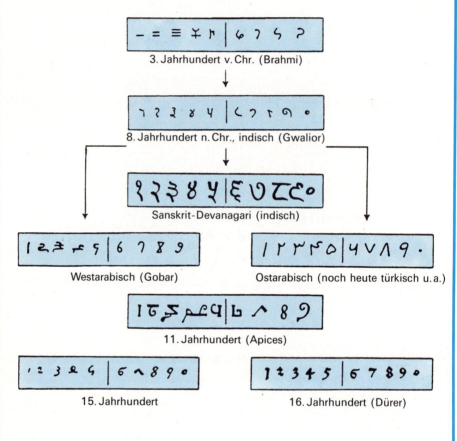

Indische Mathematiker legten 700 v. Chr. die Grundlagen für unser Zehnersystem

Darstellung von Zahlen

Das Zehnersystem

Wir können mit den zehn Ziffern 0, 1, 2, 3, 4, 5, 6, 7, 8, 9 alle natürlichen Zahlen darstellen.

Beispiele

1. Eine natürliche Zahl können wir auf drei verschiedene Arten darstellen. Wir zeigen dies am Beispiel der Zahl 6788.

   Neben der *Stellenwertschreibweise*
   $6788 = 6 \cdot \mathbf{1000} + 7 \cdot \mathbf{100} + 8 \cdot \mathbf{10} + 8 \cdot \mathbf{1}$
   gibt es die *Stufenschreibweise*: 6 T 7 H 8 Z 8 E
   und die *Wortform*: sechstausendsiebenhundertachtundachtzig.

2. Um große Zahlen gut lesen zu können, trägt man sie in eine *Stellenwerttafel* ein:

HBd	ZBd	Bd	HB	ZB	B	HMd	ZMd	Md	HM	ZM	M	HT	ZT	T	H	Z	E	
						1	9	7	8	7	1	2	4	9	0			Eine Milliarde neunhundertachtundsiebzig Millionen siebenhundertzwölftausend vierhundertneunzig
		1	4	0	0	0	0	0	0	0	0	0	0	0	8	6		Vierzehn Billionen sechsundachtzig

(Spalten: Billiarden, Billionen, Milliarden, Millionen, Tausender, Hunderter Zehner Einer)

Aufgaben

1. Gib bei den folgenden Zahlen von jeder Ziffer ihren *Eigenwert* und ihren *Stellenwert* an:
   a) 111   b) 308   c) 1554   d) 640 348

2. Schreibe in der Wortform:
   a) 202, 2022, 20 222, 2 000 200 002, 4 000 020 000 000, 500 080 003 004, 70 020 040, 400 000 008 000 005
   b) 6Z 4E,   6H 5Z,   4M 5T 6H 4E
   c) 6Md,   3Md 3M 3E,   3ZT 2T 5H 4Z 1E,   8B 5HMd 1M 5HT
   d) 3Bd 3M 3Z,   6ZB 8HM 7M 6HT 5ZT 8T 4Z,   5B 7HM 5M 6HT 3H

3. Schreibe mit Ziffern:
   a) siebenhunderttausendvierundsiebzig
   b) dreißig Millionen achttausendsechs
   c) neun Millionen neunhunderttausendvierundfünfzig
   d) sechzig Milliarden acht Millionen achthunderttausenddreißig

e) einhundertfünf Milliarden dreißig Millionen zweihundert
f) dreihundertvier Milliarden siebzig Millionen sechsundneunzig
g) vierhundert Billionen acht Millionen zwanzig

4. Martin hat sich aus Teilen seines Technik-Baukastens ein Zählwerk zusammengebaut:

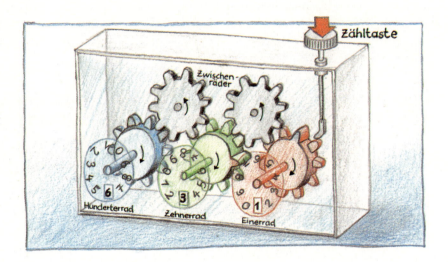

a) Schau dir die Zeichnung genau an! Wie arbeitet das Zählwerk?
Wie oft muß Martin auf die Taste drücken, bis sich das Zehnerrad um einen Zahn weiterdreht?
b) Wie oft hat sich das Zehnerrad um jeweils einen Zahn weitergedreht, bis sich das Hunderterrad um einen Zahn weiterdreht?
c) Lies die Zahl vor, die das Zählwerk in der Abbildung anzeigt!
d) Welche anderen Zahlen könntest du mit den Ziffern 6, 3 und 1 auch noch schreiben, wenn jede Ziffer genau einmal vorkommen darf?

5. Gib den Stellenwert der Ziffern 5 und 7 in den folgenden Zahlen an:
a) 500 720   b) 70 005   c) 27 112 325 001

6. Zeichne die Stellenwerttafel ab und trage ein:
a) 1027; 30 066; 66 637 453 217
b) dreiunddreißig Milliarden achthunderteins
c) 6Md 3M 2T 1E; 6Bd 3B 9T 9Z 9E

7. Übertrage in die Stufenschreibweise:
a) 3077; 88 762; 537 844; 987 000 008; 1 000 023 050
Beispiel: 6344 = 6 · **1000** + 3 · **100** + 4 · **10** + 4 · **1**
= 6T + 3H + 4Z + 1E = 6T 3H 4Z 1E
b) neunhundertdreißig, vierzig Milliarden dreiundfünfzig, dreizehntausendsieben, achthunderttausendsiebzehn, siebzig Millionen zweiundzwanzigtausendvierzig.

Darstellung von Zahlen

8. Übertrage die Zahlen in den folgenden Sätzen in die Wortform:
 a) Unser Milchstraßensystem ist etwa 9 000 000 000 Jahre alt.
 b) In einem Liter Blut sind durchschnittlich 5 000 000 000 000 rote Blutkörperchen.
 c) Eine Birke verdunstet durchschnittlich im Jahr 25 000 Liter Wasser.
 d) Unter den Amazonas-Wäldern liegt der größte bekannte Erzvorrat der Erde: 18 000 000 000 Tonnen Eisen, 4 000 000 000 Tonnen Bauxit, 60 000 000 Tonnen Magnesium und 10 000 000 Tonnen Kupfer.
 e) Die Lichtgeschwindigkeit beträgt 1 080 000 000 km in der Stunde.
 f) Auf der Erde lebten im Jahr 1960 etwa 2 915 000 000 Menschen, man schätzt die Weltbevölkerung des Jahres 2000 auf 6 250 000 000 Menschen.
 g) Dein Körper besteht aus rund 1 000 000 000 000 Zellen.
 h) Im Jahr 1983 waren 10 300 000 000 Ein-Pfennig-Münzen im Umlauf.
 i) Wechselkurs: Im Jahr 1924 war ein US-Dollar soviel wert wie 4 200 000 000 000 Mark.

Vermischte Aufgaben

9. a) Wie heißt die größte fünfstellige Zahl, welche die Ziffern 7 und 9 nicht enthält?
 b) Wie heißt die größte vierstellige Zahl aus lauter verschiedenen Ziffern?
 c) Wie heißt die kleinste sechsstellige Zahl, welche die Ziffer 0 nicht enthält?

10. Schreibe die größtmögliche
 a) zweistellige, b) dreistellige, c) fünfstellige Zahl auf!

11. Wie viele zweistellige Zahlen haben
 a) 4 als Einerziffer, b) 2 als Zehnerziffer, c) keine 4 als Einerziffer?

12. Welche dreistelligen Zahlen kann man aus den Ziffern 3, 4 und 5 bilden?

13. Gib alle dreistelligen Zahlen an, in denen die Ziffer 8 zweimal und sonst nur noch die Ziffern 3 oder 9 vorkommen.

14. Gib die Anzahl aller dreistelligen Zahlen an!

15. Wie heißt die um 3 kleinere Zahl?
 a) 200 000 b) 3 100 000 c) 1 000 000 d) 500 600
 e) dreihundertvierundvierzigtausend f) zwei Millionen eins

Das Dualsystem

> Wir können mit den zwei Ziffern 0 und 1 alle natürlichen Zahlen darstellen.
>
> Im Zehnersystem heißen die Stufenzahlen 1, 10, 100, 1000, ...
> Im Zweiersystem heißen die Stufenzahlen 1, 2, 4, 8, 16, 32, ...

Beispiele

Wir übertragen Dualzahlen in das Zehnersystem und umgekehrt Zahlen aus dem Zehnersystem in das Dualsystem.

1. Übertrage die Dualzahl $(1011)_2$ ins Zehnersystem!
Wir tragen die Zahl in die Stellenwerttafel ein

32	16	8	4	2	1
		1	0	1	1

und erhalten:
$1 \cdot 8 + 0 \cdot 4 + 1 \cdot 2 + 1 \cdot 1 = 11$

Also: $(1011)_2 = 11$

2. Übertrage die Dezimalzahl 99 ins Dualsystem!
Wir müssen Zehnerbündel in Zweierbündel umsortieren. Also:

...	1000	100	10	1

→

...	128	64	32	16	8	4	2	1

Wir rechnen:
$99 = 1 \cdot 64 + 35$.

Wir tragen die 1 in die 64er Spalte der Stellenwerttafel ein und bündeln den Rest weiter:
$35 = 1 \cdot 32 + 3$.

Wir tragen die 1 in die 32er Spalte ein und bündeln den Rest weiter:
$3 = 1 \cdot 2 + 1$.

Wir tragen die 1 in die 2er Spalte und den verbleibenden Rest in die Einerspalte ein:

...	128	64	32	16	8	4	2	1
		1	1	0	0	0	1	1

Also: $99 = (1100011)_2$

Darstellung von Zahlen

Aufgaben

1. Ein Transportunternehmer hat vier Fahrzeuge:

| Kleintransporter | Lieferwagen | Lastwagen | Lastwagen mit Anhänger |
| für 1 Kiste | für 2 Kisten | für 4 Kisten | für 8 Kisten |

a) Bei einem Umzug müssen 11 Kisten befördert werden.
Der Fahrer erhält den Auftrag, nur mit voll beladenen Fahrzeugen den Umzug vorzunehmen, wobei er mit jedem der Fahrzeuge höchstens einmal fahren darf.
Welche Fahrzeuge kommen zum Einsatz?
b) Welche Fahrzeuge kommen zum Einsatz, wenn 15 Kisten unter denselben Bedingungen befördert werden sollen?
c) Übertrage die Tabelle in dein Heft und fülle sie dort vollständig aus!

Lastwagen mit Anhänger für 8 Kisten	Lastwagen für 4 Kisten	Lieferwagen für 2 Kisten	Kleintransporter für 1 Kiste	Anzahl der beförderten Kisten
			1	1
		1	0	2
		1	1	3
				⋮
				15

2. Übertrage vom Zehnersystem ins Zweiersystem!
   a) 64; 50; 117; 85; 17; 3   b) 15; 18; 31; 32; 33; 66; 93; 100

3. Übertrage ins Zehnersystem
   a) $(11)_2$; $(1101)_2$; $(100)_2$; $(10000)_2$ b) $(101)_2$; $(1111)_2$; $(110101)_2$

4. Schreibe dein Geburtsjahr im Zweiersystem!

5. Im Lande Fantasia ist ein besonderes Geldsystem eingeführt: Zwei Blech-Münzen sind soviel wert wie eine Kupfer-Münze, für zwei Kupfer-Münzen erhält man eine Silber-Münze, für zwei Silber-Münzen eine Gold-Münze und für zwei Gold-Münzen eine Platin-Münze.
   a) Wie viele Blech-Münzen muß man für eine Silber-Münze geben?
   b) Im Gasthof zum „Blauen Ochsen" kostet ein Wildschweinbraten 1 Kupfer-Münze und 1 Blech-Münze. Ein Gast zahlt mit 1 Gold-Münze. Welches Wechselgeld erhält er zurück?

c) Bettina hat in ihrer Sparbüchse 25 Blech-Münzen gesammelt. Wie kann sie diese Blech-Münzen in andere Münzen umwechseln? Gib mehrere Möglichkeiten an!

d) Im Land Fantasia zählen die Menschen mit Hilfe ihrer zehn Finger bis 1023. Wie ist das möglich? Erkläre!

e) Der Wirt vom „Blauen Ochsen" ist mit seinem Geschäft zufrieden: seine Tageseinnahmen sind 14 Blech-Münzen, 4 Kupfer-Münzen und 10 Silber-Münzen.
Am nächsten Tag tauscht er auf der Bank das Geld in möglichst großes Münz-Geld um. Wie viele Platin-, Gold-, Silber-, Kupfer- und Blech-Münzen hat er dann?

6. Den Weg durch einen Irrgarten kann man mit Hilfe des Zweiersystems beschreiben. An jeder Verzweigung des Irrgartens muß man sich nämlich entscheiden, ob man nach rechts (r) oder nach links (l) gehen soll.
In der Abbildung führt die Folge llrlrl vom Eingang zum Ausgang. Schreibt man 1 für l und 0 für r, so ist die Zahl 53 (= 32 + 16 + 4 + 1) ein Schlüssel für einen Weg zum Ausgang. Wir verabreden dabei, daß wir an der ersten Verzweigung stets nach links gehen.

a) Gib einen anderen Schlüssel im Zweiersystem und im Zehnersystem für den Weg vom Eingang zum Ausgang an.

b) An den Orten A, B und C ist jeweils ein Schatz vergraben. Gib die Schlüssel zum Auffinden der Schätze an.

Darstellung von Zahlen

7. Du kennst den Lichtschalter; es gibt nur zwei Stellungen:

ein
es fließt Strom

aus
es fließt kein Strom

Es gibt eine Maschine, die elektrisch gesteuert, rechnen und logische Schlüsse ziehen kann, der Computer. Er muß mit dem Dualsystem rechnen, weil er nur zwei Zeichen kennt:

        Schalter geschlossen   Schalter offen
        Strom fließt   es fließt kein Strom

Dies bedeutet die Ziffern:

        1   0

Aus diesen Ziffern werden alle Zahlen gebildet.
Ein elektrischer Computer entsteht, wenn wir z. B. fünf Taschenlampen nebeneinanderlegen und vereinbaren, daß eine eingeschaltete Birne „1" und eine ausgeschaltete „0" bedeutet.

Elektrische Darstellung der Zahl 10

a) Welche Zahl wird damit signalisiert: ?
b) Signalisiere: 4, 11, 16, 22, 32!

8. In der Empfangsstation eines Nachrichtensatelliten treffen folgende Signale ein: „75755 74447 55755…". Diese werden in einen Computer eingegeben, der jede Ziffer ins Zweiersystem überträgt. Gemäß nebenstehender Skizze, die den Buchstaben „A" veranschaulicht, leuchtet dann für die Ziffer 1 jeweils ein Lämpchen auf, für die Ziffer 0 hingegen nicht.

Entziffere die Nachricht:
a) 77755 75755 72222 55755 74747 77755 75755
    72222 22222 76755
b) 74744 75676 75557 55755 74747 74744 74747
    74717 72222 72222 75755 74557 74747

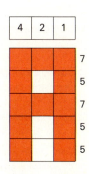

9. Man kann jeden geschriebenen Text kodieren, das heißt in ein bestimmtes Alphabet übersetzen. Unser Alphabet soll nur aus den zwei Zeichen „0" und „1" bestehen.

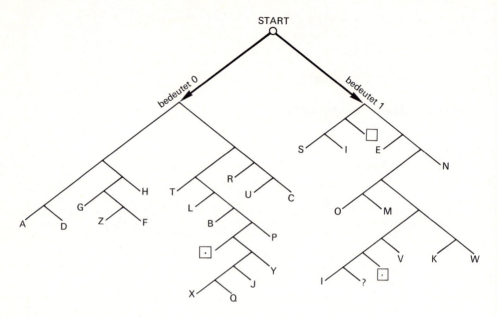

Beispiel: 1110111 bedeutet W

Entziffere mit Hilfe dieses sogenannten Codebaumes die folgende Nachricht:

a) 010001100000011101110100110000111100110000011101011110

111110111001111010000

b) 001111100011001101000010010100010111010100011101111110

111101100111001111111011001110011111110110101011001111

000101111011111110100011

Die Reihenfolge der natürlichen Zahlen

Durch das Zählen ist bei den natürlichen Zahlen 1, 2, 3, 4, 5, 6, ... eine natürliche Ordnung gegeben. Wir veranschaulichen diese an Hand des *Zahlenstrahls*:

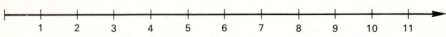

Von zwei verschiedenen Zahlen ist diejenige die kleinere (größere), deren Bildpunkt am Zahlenstrahl weiter links (rechts) steht.

Darstellung von Zahlen

> **Beispiel**
>
> Auf dem Zahlenstrahl liegt der Bildpunkt der Zahl 4 links vom Bildpunkt der Zahl 8. Also ist
>
>   4 < 8,   gelesen: „4 kleiner 8"
>   oder
>   8 > 4,   gelesen: „8 größer 4".
>
> **Merke:**   Die Spitze des Kleinerzeichens < weist stets auf die kleinere Zahl.

Aufgaben

1. Schreibe zwischen die folgenden Zahlen jeweils das richtige Zeichen „<" oder „>":

a) 47, 48   b) 7, 6   c) 491, 498
d) 570, 620   e) 2054, 2005   f) 2118, 2811
g) 9999, 11 111   h) 777 677, 777 767   i) 300 030 000, 3 000 030 000
j) 200 300, 203 000   k) 11 111, 22 222   l) 302 000, 300 200

2. Es ist zum Beispiel 7 < 14 < 28. Ordne ebenso die folgenden Zahlen:

a) 67, 5, 105   b) 11, 111, 1   c) 187, 186, 6
d) 20 011, 20 101, 20 001   e) 95, 94, 49   f) 100 007, 100 010, 10 010

3. Wer ist am größten, wer am kleinsten?
   a) Martin ist größer als Peter, aber kleiner als Stefan.
   b) Thomas ist kleiner als Bettina, aber größer als Christoph.
   c) Robert ist kleiner als Stefan, aber Stefan ist größer als Birgit, und diese ist kleiner als Robert.

4. Es bedeuten a, b und c Platzhalter für natürliche Zahlen.
   a) Es gilt: a < b und b < c. Was folgt daraus für a und c?
   b) Es gilt: a < c und b > c. Was folgt daraus für a und b?
   c) Es gilt: b > a und b > c. Was folgt daraus für a und c?

5. Hier sind Ausschnitte aus dem Zahlenstrahl abgebildet. Zeichne sie ab und vervollständige sie!

a) ──•──•──•──•──•──   b) ──•──•──•──•──•──
         199   2001

c) ──•──•──•──•──•──   d) ──•──•──•──•──•──
       20 000   66 099

6. Fünf Schüler stehen der Größe nach in einer Reihe. Schreibe die Reihenfolge ihrer Namen auf, wenn du folgendes weißt:
   1. Thomas steht zwischen Christoph und Stefan.
   2. Stefan steht neben Robert.
   3. Martin hat nur einen Nachbarn.
   4. Thomas ist kleiner als Martin.
   Es gibt zwei Lösungen.

Zahlenfolgen

> Eine Reihenfolge von Zahlen heißt *Zahlenfolge*.
> In einer Zahlenfolge hat jede Zahl einen *Vorgänger* und einen *Nachfolger*. Nur die erste Zahl hat keinen Vorgänger, und wenn es eine letzte Zahl gibt, so hat diese keinen Nachfolger.

Beispiel

Wir bestimmen Nachfolger und Vorgänger in einer Zahlenfolge.
In der Zahlenfolge

2, 3, 5, 8, 13, 21, 34, ...

ist zum Beispiel 8 der Nachfolger von 5, und 21 ist der Vorgänger von 34. Die Punkte ... zeigen an, daß die Zahlenfolge keine letzte Zahl hat.
Man findet den Nachfolger von 34, indem man die beiden unmittelbar vorhergehenden Zahlen zusammenzählt. Der Nachfolger von 34 heißt damit 55, denn 21 + 34 = 55.

Aufgaben

1. Gib jeweils den Vorgänger und den Nachfolger an:
  a) 10 807 400   b) 58 064 999   c) 478 099
  d) 60 709 909   e) 3 678 100   f) 19 909 999

2. Wie heißen die nächsten vier Zahlen?
  a) 1, 4, 7, 10, ...   b) 34, 30, 26, 22, ...   c) 2, 3, 5, 8, 12, 17, ...
  d) 2, 4, 8, 16, ...   e) 3, 9, 27, ...   f) 1, 3, 6, 10, 15, ...

3. Setze die Zahlenfolge nach vorwärts und rückwärts um je vier Zahlen fort.
  a) ...., 43, 48, 53, 58, 63, ...   b) ...., 10, 13, 11, 14, 12, ...
  c) ...., 22, 21, 42, 41, 82, 81, ...   d) ...., 16, 14, 32, 30, 64, 62, ...

4. Wahr (w) oder falsch (f)?
  a) Es gibt eine natürliche Zahl, die keinen Nachfolger hat.
  b) Es gibt eine natürliche Zahl, die keinen Vorgänger hat.
  c) Der Vorgänger jeder natürlichen Zahl ist um 1 kleiner als die Zahl.
  d) Der Vorgänger jeder Zahl ist um 1 kleiner als die Zahl.

5. Wie heißt die 20. Zahl der Zahlenfolge?
  a) 4, 8, 12, ...   b) 1, 3, 5, 7, ...
  c) 4, 11, 18, 25, ...   d) 46, 45, 44, ..., 3, 2, 1

Darstellung von Zahlen

Vermischte Aufgaben

6. a) Schreibe in Ziffern: 7HBd 1ZMd 5M 5ZT
   b) Schreibe den Vorgänger der Zahl aus a) in Ziffern, und zerlege ihn in Stufen.

7. a) Gib von der Zahl 20 099 100 den Vorgänger und den Nachfolger an!
   b) Zerlege den Vorgänger in Stufen!

8. Schreibe – der Größe nach geordnet – alle dreistelligen Zahlen auf, deren Hunderterziffern genau um 7 kleiner sind als die Einerziffern. Beginne mit der kleinsten dieser Zahlen!

9. Schreibe – der Größe nach geordnet – alle dreistelligen Zahlen auf, in denen
   a) die Ziffern 3, 4 und 5 genau einmal vorkommen.
   b) die Ziffern 4 und 6 höchstens zweimal vorkommen.
   Beginne jeweils mit der kleinsten dieser Zahlen.

10. Wie viele dreistellige Zahlen gibt es, bei denen die Einerziffer um 5 größer ist als die Hunderterziffer?

11. Übertrage den nachfolgenden Zahlenstrahl in dein Heft, und kennzeichne dort die Bildpunkte aller Zahlen, die vom Punkt 6 mindestens 2 cm, aber zugleich weniger als 5 cm entfernt sind.

12. Herr Meier benutzt für die Fahrt ins Stadtzentrum die S-Bahn. Die Züge treffen mit je 7 Minuten Abstand an der Haltestation ein. Eine der Abfahrtszeiten ist 8.50 Uhr.
   a) Herr Meier möchte zwischen 7.15 Uhr und 7.30 Uhr mit der S-Bahn fahren. Zu welchen Zeitpunkten kann er abfahren?
   b) Herr Meier ist 12.12 Uhr an der Haltestation. Muß er auf seinen Zug warten? Wenn ja, wie lange?

13. Gib den Nachfolger und Vorgänger an:
   a) $(1001)_2$ b) XI   c) $(10110)_2$ d) M

14. Rohre werden so gestapelt, daß jede Schicht auf Lücke mit der darunter liegenden Schicht liegt. Die oberste Schicht besteht aus drei Rohren.
   a) Wie viele Rohre liegen in der zehnten Schicht?
   b) Wie viele Rohre liegen in der zwanzigsten Schicht?
   c) Wie viele Rohre liegen insgesamt in den ersten zehn Schichten?

15. Befolge die Anweisungen des Flußdiagramms. Welche Zahlenfolge erhältst du?

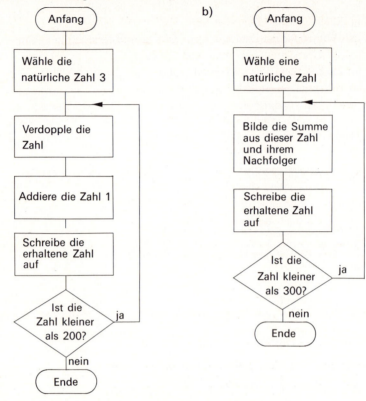

16. Ersetze die Leerstelle ... jeweils durch das richtige Zeichen < oder >!
  a) XV ... XIII   b) LI ... XL   c) LX ... LIX
     XX ... XC   XLV ... LV   CCX ... CXC

Besondere Zahlenmengen

1. Die Menge der natürlichen Zahlen

Die Menge aller natürlichen Zahlen bezeichnet man mit ℕ

$$\mathbb{N} = \{1, 2, 3, 4, 5, ...\}$$

lies: „ℕ ist die Menge mit den *Elementen* 1, 2, 3, 4, 5 usw."

Soll die Zahl Null dazugehören, so schreibt man $\mathbb{N}_0$.

$$\mathbb{N}_0 = \{0, 1, 2, 3, 4, 5, ...\}$$

Darstellung von Zahlen

2. Vielfachenmengen

Die Menge aller Vielfachen einer Zahl heißt *Vielfachenmenge*.

> Für „Die Menge aller Vielfachen von 3 ist {3, 6, 9, 12, ...}"
> schreibt man kurz: $V_3 = \{3, 6, 9, 12, ...\}$

lies: „V von drei ist die Menge mit den Elementen 3, 6, 9, 12 usw."

3. Teilermengen

Die Menge aller Teiler einer Zahl heißt *Teilermenge*.

> Für „Die Menge aller Teiler von 16 ist {1, 2, 4, 8, 16}"
> schreibt man kurz: $T_{16} = \{1, 2, 4, 8, 16\}$

Beispiele

Wir schreiben Zahlenmengen in aufzählender Form auf.

1. Die Vielfachenmenge V_5 lautet in aufzählender Form
$V_5 = \{5, 10, 15, 20, 25, ...\}$.

2. Die Teilermenge T_7 lautet in aufzählender Form
$T_7 = \{1, 7\}$.

3. Statt $\{1, 2, 3, 4, 6, 12\}$ kann T_{12} geschrieben werden.

Aufgaben

1. Gib die Teilermenge in aufzählender Form an!
a) T_{14} b) T_{18} c) T_{28} d) T_{70} e) T_{125} f) T_{180}

2. Gib die Vielfachenmenge in aufzählender Form an!
a) V_6 b) V_{25} c) V_{17} d) V_{20} e) V_{100} f) V_{125}

3. Bestimme die Menge aller Vielfachen von 2 in der angegebenen *Grundmenge* G!
Beispiel: Die Vielfachenmenge V_2 in der Grundmenge
$G = \{1, 2, 3, ..., 19, 20\}$ ist $\{2, 4, 6, 8, 10, 12, 14, 16, 18, 20\}$.
a) $G = \mathbb{N}$
b) $G = \{1, 3, 4, 7, 8, 13, 14, 21, 22, 26, 30\}$
c) $G = \{2, 4, 6, 8, ..., 20\}$
d) $G = \{3, 6, 9, 12, 15, ..., 30\}$
e) $G = \{6, 12, 18, 24, ..., 120\}$
f) $G = \{1, 3, 5, 7, 9, 11, 13, ...\}$

4. Bestimme die Teilermenge der Zahl 24 in der jeweiligen Grundmenge G!

Beispiel: Für die Zahl 24 lautet in der Grundmenge G = {1, 5, 10, 12, 25} die Menge aller Teiler {1, 12}.

a) G = $\mathbb{N}$
b) G = {2, 4, 6, 8, 10, 12, 14, 16, 18, 20, 22, 24}
c) G = {5, 10, 15, 20, 24, 25}
d) G = {3, 6, 9, 12, 15, 18, ...}
e) G = {1, 12, 24, 48, 90}
f) G = {60, 56, 52, 48, 44, ..., 4}

5. Wir können zwischen je zwei natürlichen Zahlen in der Zahlenfolge 1, 2, 3, ... das Zeichen „<" einfügen und erhalten die *steigende Kette*:

$$1 < 2 < 3 < 4 < 5 < 6 < 7 < 8 < 9 ...$$

Schreibe die Elemente folgender Mengen jeweils als steigende Kette:

a) {45, 40, 35, 30, 25, 20, 15, 10, 5, 0}
b) {43, 47, 5, 7, 1, 13, 40, 37}
c) {101, 1001, 10001, 99, 105, 999, 9999}
d) {10001, 1, 101, 1101, 10011, 11111, 111}

6. Steht in einer Zahlenfolge zwischen je zwei aufeinanderfolgenden Zahlen das Zeichen „>", so nennt man das eine *fallende Kette*.

Beispiel: $12 > 10 > 8 > 6 > 4 > 2 > 0$

Bilde fallende Ketten: a) {1, 2, 3, 4, 5}   b) {17, 19, 21, 13, 5, 1}
c) mit den natürlichen Zahlen zwischen 47 und 59.

7. Betrachtet wird die Zahlenmenge A = {1, 2, 3, ..., 12} auf dem Zahlenstrahl

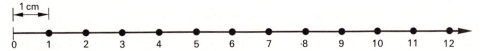

Übertrage den Zahlenstrahl in dein Heft, und kennzeichne dort alle Zahlen, deren Bildpunkte vom Bildpunkt

a) der Zahl 7 höchstens 3 cm entfernt liegen, mit blauer Farbe,
b) der Zahl 5 mehr als 2 cm entfernt liegen, mit grüner Farbe.
c) Nenne alle Zahlen aus {1, 2, 3, ..., 12}, die die Eigenschaften a) und b) zugleich erfüllen.

8. a) Zeichne einen Zahlenstrahl mit der Einheit 5 mm, und trage die der Zahlenmenge A = {10, 11, 12, 13, ..., 19} zugeordnete Punktmenge ein.
b) Welche Zahlen aus A besitzen auf dem Zahlenstrahl Bildpunkte, die vom Punkt 15 höchstens 2 cm entfernt sind?

9. Zeichne einen Zahlenstrahl mit der Einheit 5 mm. Kennzeichne mit Farbstift auf dem Zahlenstrahl alle ungeraden Zahlen aus $\mathbb{N}$, die vom Punkt 10 höchstens 3 cm entfernt sind!

10. Schreibe die Menge M aller natürlichen Zahlen zwischen 30 und 100 auf, deren Zehnerziffer um 2 größer ist als die Einerziffer!

11. Ein Zahlenstrahl hat die *Einheit 1 cm*.
Schreibe die Menge A aller Zahlen aus $\mathbb{N}$ an, die vom Bildpunkt der Zahl 6 nicht weniger als 1 cm, aber höchstens 3 cm entfernt sind.

Darstellung von Zahlen

12. Auf einem Zahlenstrahl wird durch die Bildpunkte der Zahlen 5 und 15 eine Strecke von *40 mm* Länge begrenzt. Bestimme die Einheit durch Rechnung! Zeichne den Zahlenstrahl, und trage die Bildpunkte der Zahlen 5, 15 und 20 ein!

13. Auf einem Zahlenstrahl stellt ein 6 cm vom Nullpunkt entfernter Punkt den Bildpunkt der Zahl 4 dar.
    a) Welche Einheit hat der Zahlenstrahl?
       Trage auf diesem Zahlenstrahl die Bildpunkte der Zahlen 2 und 5 ein.
    b) Welche Zahlen aus der Zahlenmenge {1, 3, 5, 7, 9, ...} besitzen auf dem Zahlenstrahl Bildpunkte, die vom Punkt 4 mindestens 3 cm entfernt sind?

Zusammenfassung der Seiten 6 bis 31

Die Erfindung von *Zahlzeichen* bedeutet eine gewaltige Vereinfachung für das Zählen und Rechnen.
Die einfachsten Zahlzeichen sind Zahlstriche, z. B. ||||| || = 7, oder geordnet ⊞ || = 7

1. Zehnersystem

Statt   I, II, III, IIII, ⊞, ⊞ I, ⊞ II, ⊞ III, ⊞ IIII,

schreiben wir: 1, 2, 3, 4, 5, 6, 7, 8, 9.

Für die nächste natürliche Zahl ⊞ ⊞ verwendet man keine neue *Ziffer*. Wir schreiben 10 und zählen ohne neue Ziffern weiter:

11, 12, 13, ..., 19, 20, 21, ..., 49, 50, 51, ..., 98, 99, 100, 101, ...

Es treten gleiche Ziffern an verschiedenen Stellen auf.
Bei 13 bedeutet 3 „drei Einer", bei 31 bedeutet 3 „drei Zehner".

Jede Ziffer hat damit, außer ihrem *Eigenwert*, einen ganz bestimmten *Stellenwert*. Dieser ist, je nach der Stellung der Ziffer, das Ein-, Zehn-, Hundert-, Tausendfache ihres Eigenwertes. Fehlt eine Stufe, so ist dies durch das Zeichen 0 angedeutet.

Das Zehnersystem ist ein *Stellenwertsystem*. Die Stellenwerte 1, 10, 100, 1000, 10000, ... heißen *Stufenzahlen* des Zehnersystems.
Schreibt man Zahlen im *Zehnersystem*, so bedeuten die Ziffern an der

5.	4.	3.	2.	1. Stelle
Zehntausender	Tausender	Hunderter	Zehner	Einer
ZT	T	H	Z	E

Beispiel:

	5	8	2	0	4
bedeutet	5ZT	8T	2H	0Z	4E

2. Zweiersystem

Im Zweiersystem kommt man mit nur zwei verschiedenen Ziffern aus: 0 und 1.
Die Stufenzahlen sind 1, 2, 4, 8, 16, ...

Schreibt man Zahlen im *Zweiersystem*, so bedeuten die Ziffern an der

5.	4.	3.	2.	1. Stelle
Sechzehner	Achter	Vierer	Zweier	Einer

Beispiel: 1   1   0   1   1
bedeutet $1 \cdot 16$ $1 \cdot 8$ $0 \cdot 4$ $1 \cdot 2$ $1 \cdot 1$ oder: $(11011)_2 = 27$

3. Römische Zahlzeichen

Das römische Zahlsystem verwendet sieben verschiedene römische Ziffern:
I, V, X, L, C, D, M.
Durch Aneinanderreihen dieser Zeichen werden die Zahlen gebildet.

Beispiel: XXX bedeutet 30

Das römische Zahlsystem ist *kein* Stellenwertsystem.

4. Vergleich von Zahlen

Ein Zahlvergleich in einem Stellenwertsystem ist besonders einfach.

Von zwei Zahlen ist diejenige mit mehr Stellen die größere.
Beispiel: $4002 > 91$; $(1101)_2 > (11)_2$;

Haben beide Zahlen gleich viele Stellen, so ist diejenige Zahl größer, die von links gelesen zuerst die größere Zahl hat.
Beispiele: $3568 > 3558$; $2280 > 2276$.

Das römische Zahlsystem ist kein Stellenwertsystem. Das oben genannte Verfahren gilt demnach nicht mehr für römische Zahlzeichen.
Beispiele: XXX < C;   VI < IX.

Gleichungen und Ungleichungen

1. Bezeichnungen

a) Ausdrücke der Form
   $2 + 7 = 9$; $\square + 3 = 6$; $x = 4$; $y = 10$ nennt man *Gleichungen*.
   Die Zeichen $\square$, x, y heißen Leerstellen oder Platzhalter.

b) Ausdrücke der Form
   $\square < 35$; $x < 4$; $y \leq 14$ nennt man *Ungleichungen*.

Darstellung von Zahlen

2. Bestimmen der Lösungsmenge

Wir setzen der Reihe nach die Zahlen der Grundmenge in die Leerstellen ein.
Erfüllt eine Zahl aus der Grundmenge, die für den Platzhalter eingesetzt wird, die Gleichung bzw. Ungleichung, so nennen wir sie eine *Lösung* der Gleichung bzw. Ungleichung.
Die Menge aller Lösungen heißt *Lösungsmenge*.

Beispiele

Wir bestimmen die Lösungsmenge einer Ungleichung bzw. einer Gleichung über verschiedene Grundmengen.

Bestimme die Lösungsmengen für die angegebenen Grundmengen!

1. Grundmenge: $G_1 = V_4$ $G_2 = V_8$
   Ungleichung: $x \leq 24$ $x \leq 24$
   Lösungsmenge: $L_1 = \{4, 8, 12, 16, 20, 24\}$ $L_2 = \{8, 16, 24\}$

2. Grundmenge: $G_1 = \{2, 4, 6, 8, 10, 12\}$ $G_2 = \{0, 5, 8\}$
   Gleichung: $x = 10$ $x = 10$
   Lösungsmenge: $L_1 = \{10\}$ $L_2 = \{\ \}$; $\{\ \}$ heißt die leere Menge

Beachte: Die Lösungsmenge ist abhängig von der Grundmenge!

Aufgaben

1. Die Volkshochschule bietet in ihrem Programm für den Herbst 8 Kurse an. Die Kurse werden tatsächlich durchgeführt, wenn mindestens 12 Personen daran teilnehmen. Bei der Durchsicht der Anmeldungen ergibt sich:

Kurs-Nr.	1	2	3	4	5	6	7	8	9
Teilnehmerzahl	16	9	33	7	12	11	21	25	11

a) Welche Kurse werden durchgeführt?
b) Schreibe die Bedingung der Volkshochschule in mathematische Kurzform!

2. Bestimme die Lösungsmenge bezüglich der angegebenen Grundmenge!
  a) $x \leq 14$; $G = V_7$
  b) $x \geq 3600$; $G = \{3600, 6300, 3060, 6030, 3006, 6003\}$
  c) $x < 13$; $G = \{1, 3, 5, \ldots, 33\}$
  d) $x \leq 9$; $G = \{1, 3, 5, \ldots, 33\}$
  e) $x > 9$; $G = \{1, 3, 5, \ldots, 33\}$
  f) $x = 7$; $G = V_{14}$ h) $x = 27$; $G = V_3$ j) $x < 7$; $G = \mathbb{N}_0$
  g) $x = 4$; $G = T_7$ i) $x = 18$; $G = T_{36}$ k) $x = 4$; $G = T_{64}$

3. Bestimme die Lösungsmenge der Ungleichungskette bezüglich der angegebenen Grundmenge!

Beispiel: Bestimme die Lösungsmenge der Ungleichungskette $2 \leq x \leq 12$ in der Grundmenge $G = \mathbb{N}_0$.

Wir setzen ein:

$\left.\begin{array}{l} \text{0 für x:} \quad 2 \leq 0 \leq 12 \\ \text{1 für x:} \quad 2 \leq 1 \leq 12 \end{array}\right\}$ falsche Aussagen

$\left.\begin{array}{l} \text{2 für x:} \quad 2 \leq 2 \leq 12 \\ \text{3 für x:} \quad 2 \leq 3 \leq 12 \\ \text{4 für x:} \quad 2 \leq 4 \leq 12 \\ \quad \vdots \\ \text{12 für x:} \quad 2 \leq 12 \leq 12 \end{array}\right\}$ wahre Aussagen

$\left.\begin{array}{l} \text{13 für x:} \quad 2 \leq 13 \leq 12 \\ \text{14 für x:} \quad 2 \leq 14 \leq 12 \\ \quad \vdots \end{array}\right\}$ falsche Aussagen

Also heißt die Lösungsmenge: $L = \{2, 3, 4, 5, 6, 7, 8, 9, 10, 11, 12\}$

a) $4 < x < 13$; $G = \mathbb{N}$
b) $17 > x > 10$; $G = \mathbb{N}$
c) $5 \leq x < 15$; $G = V_3$
d) $54 \geq x \geq 12$; $G = \{6, 12, 18, \ldots\}$
e) $14 < x \leq 63$; $G = V_7$
f) $32 < x \leq 56$; $G = \{12, 23, 34, 45, 56, 67, 78, 89\}$
g) $23 < y \leq 54$; $G = \{$Alle Zahlen, deren Einerziffer um 1 kleiner ist als die Zehnerziffer$\}$
h) $6 < y < 8$; $G = \{2, 4, 6, 8, 10, \ldots\}$
i) $4 < x < 5$; $G = \mathbb{N}$
j) $9 > y > 7$; $G = \mathbb{N}$
k) $2 < x < 2$; $G = \mathbb{N}$

4. Klaus hat im Heft gekleckst. Was könnte unter den Klecksen stehen?

a) $G = \mathbb{N}$; ■ $< x < 10$; $L = \{8, ■\}$
b) $G = \mathbb{N}$; ■ $\leq x \leq$ ■; $L = \{3, 4, 5, 6, 7\}$
c) $G = \mathbb{N}$; $11 < x$ ■; $L = \{\ \}$
d) $G = \mathbb{N}$; 12 ■ x ■; $L = \{7, 8, 9, 10, 11, 12\}$
e) $G = \mathbb{N}$; ■ x ■; $L = \{5, 6, 7, 8\}$
f) $G = \mathbb{N}$; ■ $< x \leq$ ■; $L = \{3, 4, 5, 6, 7, 8, 9\}$
g) $G = \mathbb{N}$; ■ $\geq x >$ ■; $L = \{5, 6, \ldots, 10\}$

5. Gib jeweils die Lösungsmenge an:

a) $x \geq 1$; $G = \mathbb{N}$
b) $13 \leq x < 15$; $G = \{$Alle ungeraden Zahlen$\}$
c) $16 \leq x < 20$; $G = \{$Alle durch 5 teilbaren Zahlen$\}$
d) $x \leq 6$; $G = \mathbb{N}_0$

Darstellung von Zahlen

6. Stelle die angegebenen Beispiele als Ungleichungen mit den Zeichen <, >, ≦ oder ≧ dar!

Beispiel: „Die Höchstbelastung eines Personenaufzugs beträgt 6 Personen."
Übersetzung in die Sprache der Mathematik: x < 7 oder auch x ≦ 6.
a) 120 ist kleiner als 200.
b) 25 liegt zwischen 20 und 30.
c) Der Stundenlohn muß mehr als 15 DM betragen.
d) Der Stundenlohn muß mindestens 15 DM betragen.
e) Die Geschwindigkeit in geschlossenen Ortschaften darf höchstens 50 km in der Stunde betragen.

7. Sätze, bei denen man mit Sicherheit feststellen kann, ob sie wahr (w) oder falsch (f) sind, heißen *Aussagen*.
Entscheide, welche der folgenden Aussagen wahr (w), welche falsch (f) sind!

Beispiel: Köln liegt am Rhein (w); Rom ist die Hauptstadt Frankreichs (f); 3 + 5 = 8 (w); 12 < 14 (w); 11 ≦ 11 (w); 14 > 18 (f); 4 ≧ 4 (w); 3 ≦ 3 < 5 (w)

a) Amerika ist ein Kontinent   b) München liegt in Afrika
c) 7 < 8   d) 10 ≧ 14   e) 17 > 19   f) 18 ≦ 18
g) 9 < 8   h) 0 ≦ 0   i) 2 ≦ 2 ≦ 7   j) 4 > 3 ≧ 5
k) 5 > 6 ≧ 6 l) 3 ≦ 3 ≦ 8 m) 3 > 2 ≧ 4   n) 6 < 17 < 99

8. Gib die Lösungsmenge der Ungleichung 93 ≧ x > 87 in der jeweils angegebenen Grundmenge an:
a) G = {95, 93, 92, 91}
b) G = {1, 3, 5, 7, 9, 11, ...}
c) G = V_3
d) G = {Alle Stufenzahlen}
e) G = T_{1000}
f) G = {Alle Zahlen, deren Einerziffer um 1 größer ist als ihre Zehnerziffer}

Vermischte Aufgaben

9. Gib eine Grundmenge an, die zur Ungleichung 10 < x ≦ 30 die Lösungsmenge L = {12, 18, 24, 30} liefert.

10. Gegeben ist die Doppelungleichung 7 < x ≦ 35. Gib die Lösungsmenge jeweils in der angegebenen Grundmenge an.
a) G_1 = {7, 14, 21, ...}   b) G_2 = {Stufenzahlen}   c) G_3 = {Alle Vielfachen von 10}

11. Gegeben ist die Ungleichung 22 > y > 3.
a) Bestimme ihre Lösungsmenge in der Grundmenge G = {1, 2, 5, 10, 15, 20, 21, 22, 23}!
b) Gib eine geeignete Grundmenge G ≠ { } an, in der die gegebene Ungleichung die Lösungsmenge L = { } hat!

12. Welche Ungleichung erfaßt die Menge aller natürlichen Zahlen, die größer als 2, aber nicht größer als 10 sind?

13. Welche Zahlen (Grundmenge G = {1, 3, 5, 7, ...}) vertreten in der Ungleichung □ ≦ x ≦ △ die Zeichen □ und △, wenn die Lösungsmenge 4 Elemente hat und das Endglied (△) der Ungleichung dreimal so groß ist wie das Anfangsglied (□)?

14. In den folgenden Aufgaben sind a und b Platzhalter für natürliche Zahlen. Setze in die Leerstelle ... eines der Zeichen =, <, >, ≦, ≧ ein, so daß gleichwertige Aussageformen entstehen:
   a) „b ist kleiner als a" ist gleichwertig mit „b ... a"
   b) „a ist höchstens so groß wie b" ist gleichwertig mit „a ... b"
   c) „Der Punkt a liegt auf dem Zahlenstrahl nicht links vom Punkt b"
       ist gleichwertig mit „a ... b"
   d) „a ist weder kleiner noch größer als b" ist gleichwertig mit „a ... b"
   e) „b ist mindestens so groß wie a" ist gleichwertig mit „b ... a"

15. Ordne vier Geschwister nach ihrem Alter, wenn du das folgende weißt:
    1. Thomas ist jünger als Bettina.
    2. Simone ist jünger als Thomas.
    3. Jens ist älter als Simone.
    4. Bettina ist älter als Jens.

    Beachte: Es gibt mehrere Lösungen.

Wiederholungsaufgaben zu den Seiten 17 bis 33

16. a) Gib die Menge aller natürlichen Zahlen an, die 3 als Einerziffer haben, größer als 17 und kleiner als 96 sind.
    b) Gib die Menge aller ungeraden Zahlen an, die 9 als Zehnerziffer haben und die Ungleichung $397 \leqq x < 491$ erfüllen.
    c) Gegeben sind die Mengen $A = \{6, 12, 18, 24, 30, ...\}$ und
       $B = \{6, 9, 12, 15, 18, ..., 132\}$.
       Wie heißt das 25. Element von A und wie das 24. Element von B?
    d) Gib die Lösungsmenge bezüglich der Grundmenge $G = V_5$ an: $35 < x \leqq 65$
    e) Schreibe mit Ziffern (Zehnersystem): Zwei Billionen dreihundert Millionen zweiundneunzig.
    f) Übertrage ins Zehnersystem: $(10011)_2$
    g) Gegeben ist die Ungleichung $3 < x \leqq 12$.
       Bestimme zu den folgenden Grundmengen die zugehörigen Lösungsmengen:
       $G_1 = \mathbb{N}$; $G_2 = \{2, 4, 6, 8, ...\}$; $G_3 = V_4$; $G_4 = \{10, 100, 1000, ...\}$; $G_5 = T_{19}$.
    h) Schreibe in Ziffern (Zehnersystem):   3B 6HMd 3ZT 2T 1E.
    i) Gib den Vorgänger von 5 689 000 und den Nachfolger von 50 609 999 an.
    k) Gib die kleinste dreistellige Zahl im Zweiersystem an.
    l) Gib zur Zahl $(100)_2$ den Vorgänger und den Nachfolger im Zweiersystem an.
    m) Gib eine Ungleichung an, die die Lösungsmenge $L = \{3, 5, 7\}$ hat.
       Vergiß nicht, die Grundmenge anzugeben!
    n) Setze die Zahlenfolgen nach der zugrundeliegenden Gesetzmäßigkeit fort:
       (1) 2, 5, 8, 11, ..., 23
       (2) 7, 10, 9, 12, 11, 14, ..., 18
       (3) 256, 128, 64, ..., 1
       (4) 6, 5, 10, 9, 18, 17, ..., 129
    o) Welche Zahl ist um 1000 größer als 456 789 123?
    p) Gib zur Zahl 67 006 999 den Vorgänger und den Nachfolger an! Zerlege außerdem den Vorgänger in Stufen!

Darstellung von Zahlen

q) Gib alle dreistelligen Zahlen an, die die Ziffer 2 als Einerziffer und gleichzeitig als Hunderterziffer haben.
r) Schreibe alle richtigen Aussagen auf, die sich aus der Ungleichung $a \leq b$ ergeben, wenn für a ein Element der Menge $\{10, 11, 12, 13, \ldots\}$ und für b ein Element der Menge $\{1, 2, 3, 4, 5, 6, 7, 8, 9, 10, 11\}$ eingesetzt wird!
s) Wie heißen die ersten sieben Stufenzahlen für das Zweiersystem?
t) Gib eine Ungleichung an, welche die leere Menge als Lösungsmenge hat, wenn $G = V_3$.
u) Wie heißt das 50. Element der Menge $\{6, 9, 12, 15, \ldots\}$?
v) Zeichne einen Zahlenstrahl mit der Einheit 1 cm. Kennzeichne durch einen Kreis die Bildpunkte aller Zahlen, die vom Punkt 6 höchstens 5 cm, jedoch mehr als 2 cm entfernt sind.
w) Es ist
   A = {Alle Viererzahlen größer als 20}.
   a) Schreibe A in aufzählender Form an.
   b) Wie heißt das 30. Element von A?
x) Welche Zahlen aus der Grundmenge $G = \{1, 10, 100, 1000, \ldots\}$ vertreten in der Ungleichung $\square < x < \bigcirc$ die Zeichen $\square$ und $\bigcirc$, wenn $\{100, 1000, 10000, 100000, 1000000\}$ Lösungsmenge ist?
y) Gegeben ist die Ungleichung $15 < x \leq 165$.
   Bestimme zu den folgenden Grundmengen die zugehörigen Lösungsmengen:
   $G_1 = V_8$; $G_2 = T_{64}$; $G_3 = $ {Alle natürlichen Zahlen, deren Einerziffer um 1 kleiner ist als die Zehnerziffer}.
z) Gegeben ist die Menge $\{5, 12, 19, 26, \ldots\}$.
   Schreibe das Bildungsgesetz auf, und errechne damit das 1000. Element!

*Zwei plus zwei, das ist gleich vier,
Fipps, der Affe, zeigt es dir.*

Die Addition natürlicher Zahlen

7 + 6 = 13   lies: „7 *plus* 6 gleich 13"

7 + 6 heißt *Summe*,
7 heißt *1. Summand*, 6 heißt *2. Summand*,
13 heißt *Wert der Summe*.

Aufgaben

1. Im Lande Fantasia sind die Städte nur durch Einbahnstraßen miteinander verbunden (→ Abb.). Die Fahrpreise in FM (Fantasiamark) sind in den Kästchen angegeben. Wir wollen von der Stadt A zur Stadt B.

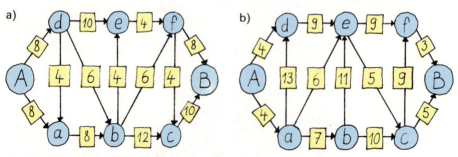

(1) Was kostet der Weg über d, e und f (b: über a, b und c)?
(2) Was ist der billigste Weg?
(3) Gibt es einen Weg, der 38 FM (b: 33 FM) kostet?
    Wenn ja, wie verläuft er?
(4) Wie verläuft der teuerste Weg?

2. Von einem 4-Personen-Haushalt werden monatlich ausgegeben:
Für Miete 430 DM, für Heizung, Licht und Wasser 156 DM, für Zeitschriften 57 DM, für Lebensmittel 412 DM, für Bekleidung 95 DM, für Versicherung 248 DM, für das Auto 185 DM, für sonstiges 287 DM.
Wie hoch ist die Gesamtausgabe?

3. Herr Flott fährt von München nach Koblenz mit dem PKW. Zu Beginn der Reise zeigt der Kilometerzähler 32 812 km an. In der ersten Stunde legt er nur 19 km zurück, da er während des Berufsverkehrs fahren muß. In der zweiten Stunde fährt er 101 km, in der dritten 88 km, in der vierten wegen einer Ruhepause nur 33 km, in der fünften 108 km, in der sechsten 48 km und erreicht nach weiteren 121 km endlich sein Ziel.
  a) Wieviel km ist der Autofahrer gefahren?
  b) Was zeigt der Kilometerzähler am Ende der Reise an?

4. Addiere im Kopf:
  a) 12 + 22   b) 25 + 45   c) 67 + 33   d) 76 + 34
  e) 41 + 56   f) 117 + 23   g) 846 + 24   h) 333 + 89
  i) 99 + 505   j) 22 + 777   k) 111 + 333   l) 565 + 129
  m) 470 + 290   n) 748 + 352   o) 445 + 145   p) 3080 + 2020

5. Addiere im Kopf:
  a) 8 + 4 + 7
  b) 4 + 600 + 300
  c) 200 + 100 + 700
  d) 1800 + 700 + 300 + 1200
  e) 1500 + 400 + 900 + 1200
  f) 7000 + 23 000 + 31 000 + 40 000
  g) 22 000 + 46 000 + 44 000
  h) 903 + 1207 + 2900
  i) 60 + 70 + 90 + 80 + 100 + 50 + 150 + 400 + 1

6. Addiere fortlaufend die Zahlen von links nach rechts im Kopf!
  a) 34 + 26 ⋮ + 38 ⋮ + 14 ⋮ + 28 ⋮ + 36 ⋮ + 17
  b) 18 + 51 ⋮ + 29 ⋮ + 46 ⋮ + 26 ⋮ + 38 ⋮ + 14
  c) 67 + 23 ⋮ + 77 ⋮ + 44 ⋮ + 159 ⋮ + 231 ⋮ + 43
  d) 24 + 16 ⋮ + 28 ⋮ + 14 ⋮ + 32 ⋮ + 17 ⋮ + 36 ⋮ + 38

7. Wie ändert sich der Summenwert, wenn in der Summe 5 + 17 der
  a) 1. Summand um 4 verkleinert wird,
  b) 1. Summand um 8 vergrößert wird,
  c) 2. Summand um 17 verkleinert wird,
  d) der 1. Summand und der 2. Summand jeweils um 3 vergrößert werden?

8. Ordne die folgenden Summen nach ihrem Wert.
  Beispiel: 88 + 12 < 89 + 13 < 101 + 24
  a) 17 + 18; 13 + 7; 12 + 29   b) 18 + 23; 4 + 5; 24 + 23
  c) 5 + 17; 9 + 36; 19 + 4   d) 508 + 81; 500 + 87; 499 + 76; 499 + 92

9. Welche Aussagen sind wahr, welche falsch? Rechne nicht, sondern überlege!
  Beispiel: 208 + 14 > 208   (w)
              227 + 97 < 226 + 97   (f)
  a) 227 + 18 < 227   b) 309 + 461 < 319 + 460
  c) 187 + 383 = 185 + 346   d) 941 + 307 < 942 + 306

Vermischte Aufgaben

10. Prüfe, ob die Zeichen richtig stehen!
    Kennzeichne wahre Aussagen durch (w), falsche Aussagen durch (f).
    a) $13 + 48 = 44 + 17$
    b) $86 + 35 > 97 + 11$
    c) $71 + 39 < 81 + 19$
    d) $222 + 47 < 112 + 97$
    e) $228 + 82 > 306 + 13$
    f) $578 + 62 < 346 + 304$
    g) $834 + 95 > 436 + 509$
    h) $227 + 527 < 580 + 205$
    i) $816 + 68 = 588 + 296$
    j) $349 + 712 = 302 + 75$;
    k) $123 + 200 + 304 > 84 + 300 + 278$
    l) $378 + 222 + 17 = 117 + 400 + 100$

11. Ein Kaufhaus hatte in einer Woche folgende Tageseinnahmen:
    Montag 36417 DM, Dienstag 29815 DM, Mittwoch 38912 DM,
    Donnerstag 34018 DM, Freitag 40112 DM, Samstag 27899 DM.
    Wie hoch waren die Einnahmen insgesamt?

12. Herr Wegner fährt täglich mit dem Auto zu seiner Arbeitsstätte. In der ersten Woche stoppt er von Montag bis Freitag folgende Zeiten für den Hin- und Rückweg:
    47 min, 1 h 2 min, 54 min, 1 h 17 min, 58 min.

    In der nächsten Woche sind die entsprechenden Zeiten:
    51 min, 1 h 18 min, 58 min, 1 h 12 min, 1 h 24 min.
    Vergleiche die Gesamtfahrzeit der 1. Woche mit der der 2. Woche.

13. Herrn Flotts PKW wiegt leer 1220 kg; beladen darf der PKW nicht mehr als 1650 kg wiegen.
    Für eine Reise hat Herr Flott bereits Koffer mit insgesamt 44 kg eingeladen. Sein eigenes Gewicht beträgt 71 kg, das seiner Frau 54 kg und das der Kinder 29 kg und 36 kg. Der volle Tank macht zusätzlich 62 kg aus.
    Wieviel kg darf Herr Flott noch zuladen?

14. Der Unterricht beginnt 7.55 Uhr. Eine Schulstunde dauert 45 min. Nach der 3. Stunde ist 20 min Pause.
    a) Wann endet die 4. Stunde?
    b) Frau Maier möchte ihrem Sohn den vergessenen Zeichenblock in der Pause bringen. Wann muß sie kommen?

Das schriftliche Addieren

Beim schriftlichen Addieren schreiben wir entsprechende Stellen untereinander. Dann bestimmen wir von rechts nach links die einzelnen Ziffern der Summe.

	sprich	schreibe	übertrage auf die nächste Stelle
356			
+563	3 plus 6 gleich 9	9	
1	6 plus 5 gleich 11	1	1
919	6 plus 3 gleich 9	9	

Addition

Aufgaben

1. Schreibe die Aufgaben ins Heft und addiere!

a)	5409 + 393	b)	7067 + 262	c)	3888 +7333	d)	4964 +5172
e)	3007 + 928	f)	85367 +19161	g)	32452 +56888	h)	15892 +11398
i)	64167 +1007	j)	1968 +8691	k)	106260 + 62601	l)	3142 +2413

2. Schreibe die Aufgaben ins Heft und addiere!

a)	297 389 + 67	b)	6457 555 +7327	c)	3456 283 + 38	d)	9123 7566 +5383
e)	7834 166 +2894	f)	3333 7777 +5500	g)	20338 35231 +47228	h)	35380 15519 +93875
i)	106260 62601 +168861	j)	983544 445389 +983544	k)	900013 5097 +296800	l)	381 5183 +888826

3. Übertrage die folgende Tabelle in dein Heft und vervollständige sie!

1. Summand	255	982		1456
2. Summand	345		425	
Wert der Summe		1018	800	2753

4. Addiere zunächst die Zahlen einer Spalte und dann die Zahlen einer Zeile. Bilde die Summe aller Zeilensummen und die Summe aller Spaltensummen und vergleiche sie!

a)
	Spalte		Zeile
3344	5711	52	
6710	3047	117	
2638	118	628	

b)
101	307	907
208	404	317
707	808	505

c)
45368	101913	7181	10875
3712	5005	8133	11222
8715	60006	3067	33444
3447	700007	7008	55666

5. Addiere die Zahlen, ohne sie untereinander zu schreiben!

Beispiel: $\dot{7}\dot{2}\dot{0} + \dot{3}\dot{9}\dot{3} + \dot{1}\dot{0}\dot{7} + \dot{5}\dot{6} = 1276$

a) $9345 + 376 + 348$
b) $20000 + 888 + 5222$
c) $7538 + 1122 + 3066$
d) $3047 + 5045 + 138$
e) $8007 + 303 + 873$
f) $90007 + 10003 + 90$
g) $7073 + 923 + 187$
h) $8003 + 6736 + 3264 + 5147 + 3253$
i) $2111 + 379 + 889 + 1001$
j) $378 + 12 + 622 + 378 + 112 + 208$

Vermischte Aufgaben

6. Übertrage die folgenden Additionstafeln in dein Heft und vervollständige sie!

a)

+				400
130				530
150			530	
180		530		
200	530			
240	530			

b)

+		18	22		50
5	25				
			45		
					71
18				40	
			52		

7. Addiere – möglichst im Kopf! – zu jedem Summanden der 1. Zeile jeden Summanden der 2. Zeile (64 Aufgaben!).
  1. Summand: 5; 0; 9; 1; 15; 30; 40; 100.
  2. Summand: 5; 11; 15; 45; 85; 101; 990; 1005.

8. Addiere
  a) alle ungeraden Zahlen von 0 bis 20,
  b) alle geraden Zahlen von 0 bis 20,
  c) alle Zahlen der Sechserreihe bis 60,
  d) alle Zahlen der Neunerreihe von 27 bis 99!

9. Gegeben ist das folgende Zahlenquadrat:
  a) Addiere vier Zahlen nach vorgegebenem „Muster"!

Beispiel:

⇒ 174 + 170 + 275 + 325 = 944

  b) Gib sechs verschiedene Muster an, nach denen man den Summenwert 1000 erhält!

Addition

Rechengesetze der Addition

1. Vertauschungsgesetz (Kommutativgesetz)

> Bei Summen darf man die Summanden vertauschen, ohne daß sich der Wert der Summe ändert.

Beispiel

Wir veranschaulichen das Vertauschungsgesetz durch Pfeiladdition am Zahlenstrahl.

Stelle die Summe 7 + 3 und 3 + 7 durch das Aneinandersetzen von Pfeilen am Zahlenstrahl dar! Zeichne auch den Summenpfeil ein!

Lösung:

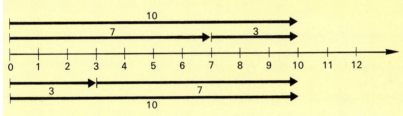

In beiden Fällen heißt der Summenwert 10.

Aufgaben

1. Veranschauliche durch Pfeiladdition am Zahlenstrahl (Einheit 1 cm):
   a) 5 + 3 = 3 + 5
   b) 2 + 7 = 7 + 2
   c) 1 + 8 + 7 = 8 + 1 + 7
   d) 1 + 8 + 7 = 8 + 7 + 1

2. Wende das Vertauschungsgesetz an und rechne im Kopf!
   a) 17 + 83
   b) 25 + 275
   c) 289 + 711
   d) 33 + 167
   e) 8 + 182
   f) 15 + 945
   g) 1011 + 2089
   h) 31 + 1040
   i) 103 + 2097
   j) 455 + 1265
   k) 11 + 9847
   l) 304 + 8796

3. Berechne durch geschicktes Vertauschen und Zusammenfassen:
   Beispiel: 1 + 2 + 3 + 4 + 5 + 6 + 7 + 8 = (1 + 8) + (2 + 7) + (3 + 6) + (4 + 5)
   = 9 + 9 + 9 + 9 = 36
   a) 2 + 4 + 6 + 8 + 10 + 12
   b) 4 + 8 + 12 + 16 + 20 + 24
   c) 1 + 3 + 5 + 7 + 9 + 11
   d) 12 + 13 + 14 + 15 + 16 + 17 + 18 + 19
   e) 20 + 40 + 60 + 80 + 100 + 120 + 140 + 160

2. Verbindungsgesetz (Assoziativgesetz)

> Bei Summen darf man Klammern umsetzen oder weglassen, ohne daß sich der Wert der Gesamtsumme ändert.

Beispiel

Wir benutzen das Verbindungsgesetz, um mehrgliedrige Summen mit Rechenvorteil zu addieren.

Wende das Verbindungsgesetz an und rechne (möglichst) im Kopf!
a) $25 + (75 + 303) = (25 + 75) + 303 = 100 + 303 = 403$
b) $(140 + 63) + 37 = 140 + (63 + 37) = 140 + 100 = 240$
c) $(113 + 27) + 23 = 113 + (27 + 23) = 113 + 50 = 163$

Aufgaben

1. Berechne so wie es die Klammern anzeigen und vergleiche:
   a) $(64 + 66) + 17;\quad 64 + (66 + 17)$
   b) $(335 + 13) + 87;\quad 335 + (13 + 87)$
   c) $(235 + 15) + 98;\quad 235 + (15 + 98)$
   d) $(9345 + 55) + 105;\quad 9345 + (55 + 105)$

2. Wende das Verbindungsgesetz an und rechne (möglichst) im Kopf!
   a) $12 + (88 + 134)$
   b) $(324 + 289) + 711$
   c) $307 + (303 + 61)$
   d) $202 + (38 + 92)$
   e) $315 + (75 + 85)$
   f) $563 + (37 + 14)$
   g) $1375 + (625 + 230)$
   h) $8715 + (285 + 378)$
   i) $7073 + (927 + 186)$

3. Veranschauliche durch Pfeiladdition am Zahlenstrahl (Einheit 1 cm):
   a) $(5 + 3) + 2 = 5 + (3 + 2)$
   b) $(1 + 5) + (2 + 4) = 1 + (5 + 2) + 4$

Vermischte Aufgaben

4. Rechne möglichst einfach im Kopf! Wende dabei das Vertauschungsgesetz und das Verbindungsgesetz an.
   Beispiel: $141 + (123 + 59) + 77 = 141 + (59 + 123) + 77 =$
   ↳ Vertauschungsgesetz
   $= (141 + 59) + (123 + 77) = 200 + 200 = 400$
   ↳ Verbindungsgesetz

   a) $3 + 1017$
   b) $(27 + 84) + 16$
   c) $(74 + 37) + 26$
   d) $51 + 38 + 119$
   e) $24 + (13 + 36)$
   f) $(527 + 102) + 98$
   g) $6383 + 696 + 3117$
   h) $324 + (421 + 226)$
   i) $75 + (25 + 37)$
   j) $(90000 + 3180) + 10000$
   k) $80007 + (10003 + 417)$
   l) $8007 + (308 + 3)$
   m) $155 + (307 + 45) + 603$
   n) $1007 + 804 + 2083 + 46$
   o) $5055 + 91 + 394 + 245$

5. Veranschauliche durch Pfeiladdition am Zahlenstrahl (Einheit 5 mm):
 a) (2 + 4) + (2 + 4) = 2 + (4 + 2) + 4
 b) (2 + 4) + 6 + 8 = 2 + (4 + 6) + 8 = (2 + 8) + (4 + 6)

6. Addiere im Kopf:
 a) 38 + 12 + 47
 b) 55 + 35 + 2
 c) 59 + 22 + 8
 d) 66 + 88 + 12
 e) 89 + 51 + 31
 f) 41 + 18 + 39
 g) 23 + 8 + 77
 h) 225 + 87 + 85
 i) 47 + 57 + 53
 j) 15 + 19 + 72 + 75 + 21 + 18
 k) 44 + 23 + 66 + 77 + 41 + 19
 l) 330 + 230 + 120 + 220 + 100
 m) 245 + 280 + 155 + 520 + 244
 n) 15 800 + 1 400 + 2 200 + 1 600
 o) 100 800 + 30 600 + 20 200 + 400

7. Jürgen rechnet so:
(134 + 75) + (25 + 66 + 209) =
= 134 + (75 + 25) + 66 + 209 = 134 + 66 + (75 + 25) + 209 =
= (134 + 66) + (75 + 25) + 209 = 200 + 100 + 209 = 509
Übertrage die Rechnung in dein Heft, und schreibe unter das Gleichheitszeichen jeweils das Rechengesetz, das Jürgen verwendet hat.

8. Berechne möglichst einfach im Kopf:
 a) (247 + 768) + 132
 b) (4 745 + 897) + 455
 c) (30 000 + 6 555) + 345
 d) 2 222 + (8 888 + 1 377)
 e) 773 + (27 + 149)
 f) 988 + (122 + 11)
 g) 80 000 + (1 300 + 20 000)
 h) 22 + (144 + 88)

9. a) Führe die folgende Aussageform in eine wahre Aussage über (G = $\mathbb{N}$):
(... + 3) + 5 = 2 + (3 + 5)
 b) Übertrage die nachfolgende Zeichnung in dein Heft, und veranschauliche dort die wahre Aussage der Teilaufgabe a) durch Pfeiladdition!

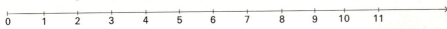

10. Addiere möglichst vorteilhaft!
Der Rechenvorteil muß an der Schreibweise ersichtlich sein.
 a) 73 + 27 + 51 + 49 + 78 + 22
 b) 107 + 53 + 56 + 44 + 102 + 88 + 46 + 4 + 14 + 26
 c) 277 + 123 + 448 + 165 + 135 + 262
 d) 280 + 175 + 88 + 25 + 20 + 12

11. Schreibe zunächst eine Summe. Berechne dann ihren Wert.
Beispiel: Addiere zur Summe der Zahlen 43 und 117 die Zahl 208!
(43 + 117) + 208 = 160 + 208 = 368
 a) Addiere zu 317 die Summe der Zahlen 88 und 183!
 b) Vergrößere 111 um die Summe der Zahlen 74 und 1 089!
 c) Addiere zur Summe der Zahlen 18 und 57 die Summe der Zahlen 105, 367 und 245!
 d) Addiere die Summe der Zahlen 824 und 376 zur Summe der Zahlen 927 und 813!
 e) Bilde die größte und die kleinste vierstellige Zahl, die jede der Ziffern 2 und 5 genau zweimal enthalten, und addiere die Summe dieser Zahlen zur größten fünfstelligen Zahl, die es gibt!

12. Formuliere zu den folgenden Aufgaben einen Text wie in Aufgabe 11.
Berechne jeweils den Wert der Summe.
a) 317 + (88 + 22) b) (351 + 447) + 88
c) (94 + 107) + (55 + 145) d) (51 + 49 + 17) + (88 + 102)

13. Setze bei den folgenden Aufgaben Klammern so, daß die Rechnungen einfach durchzuführen sind. Wende, wenn nötig, vorher das Vertauschungsgesetz an.
a) 73 + 27 + 51 + 49 + 78 + 22
b) 107 + 53 + 56 + 44 + 102 + 98 + 46 + 4 + 14 + 26
c) 277 + 123 + 448 + 165 + 135 + 262
d) 39 + 40 + 21 + 57 + 91 + 24 + 49 + 60 + 66 + 143

14. Bestimme zwei Summanden, welche
a) den Summenwert 100 b) den Summenwert 10000 ergeben!
Wie heißt der größte, wie der kleinste Summand, den du jeweils wählen kannst?

15. Addiere die Summe der Zahlen 3411 und 1491 zur Summe der größten zweistelligen und der größten dreistelligen Zahl!
Mache einen Gesamtansatz und führe die Rechnung durch!

16. Addiere zur größten dreistelligen Zahl, die du aus den Ziffern 3, 7 und 8 bilden kannst, die kleinste dreistellige Zahl, die du aus den Ziffern 2, 9 und 1 bilden kannst.

17. Welche der folgenden Zahlen 35, 17, 19, 56, 87, 1, 3 ergeben zusammen weniger als 100, wenn man
a) zwei dieser Zahlen b) drei dieser Zahlen c) mehr als drei dieser Zahlen addiert?

18. Übertrage die folgende Zeichnung in dein Heft!
Trage in jedes Feld die Summe aus den Zahlen ein, die in den beiden darunter liegenden Feldern liegen!

a)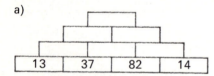

b)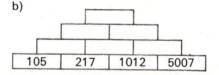

19. In einem alten Rechenbuch sind einzelne Ziffern von Additionsaufgaben nicht mehr lesbar. Ergänze die fehlenden Ziffern.

a)   ●47
   +7083
   ─────
    723●

b)   ●●
     ●53
   +8925
   ─────
    9102

c)   53
     6●2
     ●57
     305
   + 5●
   ─────
    6300

d)   4●512
      17●5
   + 88●3●
   ──────
    ●5947

e)   74912
      2●●3
   + 7211
   ──────
    10728●

f)   5●7
      99●
   + 4●73
   ─────
    8232

Addition

20. Bettina spart auf ein Fahrrad. Zum Geburtstag bekommt sie insgesamt 133 DM geschenkt, in der Sparbüchse befinden sich 76,70 DM, fürs Autoputzen nahm sie 45 DM ein, fürs Rasenmähen 42 DM, die Eltern legen noch 110 DM dazu. Das Fahrrad kostet 397 DM. Reicht das Geld?

21. Herr Schmidt hat ein Haus gebaut.
    Das sind seine Baukosten:

	DM
Erdaushub	6.780.—
Rohbauarbeiten	114.700.—
Dach	19.340.—
Heizung und Wasser	28.486.—
Elektriker	7.428.—
Türen, Fenster	17.465.—
Innen- und Außenputz	21.000.—
Estrich	5.600.—
Steinmetz, Fliesen	10.740.—
Schlosserarbeiten	2.600.—
Malerarbeiten	6.200.—
Bodenbelag	5.800.—
Baunebenkosten	19.380.—

    Wie hoch ist der Wert des Anwesens, wenn das Grundstück selbst 150 000 DM kostete und für Terrasse und Gartenanlage 20 600 DM ausgegeben werden mußten?
    Herr Schmidt finanzierte seinen Hausbau so:

	DM
Bausparvertrag	140.000.—
Darlehen	110.000.—
Verkauf eines Grundstücks	84.700.—
Erbschaft	165.000.—

    Wieviel Geld bleibt ihm zum Kauf von Tapeten und Möbeln?

Wiederholungsaufgaben zu den Seiten 38 bis 44

22. a) Addiere alle natürlichen Zahlen, die 3 als Einerziffer haben, größer als 27 und kleiner als 76 sind.
    b) Addiere zur Summe der größten und kleinsten vierstelligen Zahl die Summe der Zahlen 10 005 und 16 483! Mache einen Gesamtansatz, und führe die Rechnung durch!
    c) Führe die Aussageform $(\Box + 3) + 4 = 2 + (4 + 3)$
       in eine wahre Aussage über, und veranschauliche diese durch Pfeiladdition.
    d) Wende das Vertauschungsgesetz und das Verbindungsgesetz an, und berechne damit vorteilhaft:
       $367 + (459 + 324) + 641$
       Gib jeweils an, welches Gesetz du benutzt hast!
    e) Berechne in einer Zeile: $456 + 6789 + 12345$.
    f) Mache einen Gesamtansatz und berechne:
       Bilde die größte und die kleinste vierstellige Zahl, die jede der Ziffern 5 und 6 genau zweimal enthalten, und addiere die Summe dieser Zahlen zur größten fünfstelligen Zahl, die es gibt!
    g) Addiere möglichst vorteilhaft! Der Rechenvorteil muß an der Schreibweise ersichtlich sein.
       (1) $423 + 516 + 277 + 109 + 184$
       (2) $723 + 1058 + 415 + 177 + 242 + 585$

h) Übertrage die nachfolgende Angabe in dein Heft, und bilde dort die Summe jeder Zeile und jeder Spalte!
Addiere dann die Zeilensummen, und vergleiche dieses Ergebnis mit dem Summenwert der Spaltensummen!

$$\begin{array}{r}
2115 + 317 + 1506 = \\
408 + 8928 + 240 = \\
1517 + 4 + 309 = \\
\hline
 + + =
\end{array}$$

i) Wieviel DM gab ein Bundesbürger (mit mittlerem Einkommen) entsprechend der Grafik durchschnittlich im Jahre 1990 für die Freizeit aus?

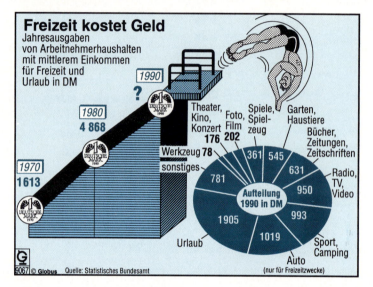

j) So viele Personen waren im Jahr 1990 in den verschiedenen Wirtschaftszweigen tätig:

Land- und Forstwirtschaft, Fischerei	959 000	
Energie- und Wasserversorgung, Bergbau	424 000	
Baugewerbe	1 878 000	
Verarbeitendes Gewerbe	8 757 000	
Handel	3 831 000	
Verkehr und Nachrichtenübermittlung	1 626 000	
Kreditinstitute und Versicherungsgewerbe	1 024 000	
Dienstleistungen	6 750 000	(Quelle:
Organisationen ohne Erwerbszweck	602 000	Statistisches
Gebietskörperschaften und Sozialversicherung	2 782 000	Jahrbuch 1991)

Wie viele Personen waren 1990 in der Bundesrepublik Deutschland insgesamt erwerbstätig?

Zusammenfassung der Seiten 38 bis 44

Das Addieren läßt sich am *Zahlenstrahl* durch Aneinanderlegen von Pfeilen veranschaulichen.

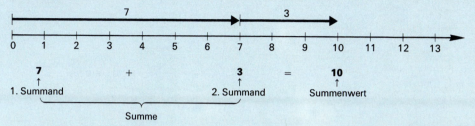

```
  7              +              3          =        10
  ↑                              ↑                   ↑
1. Summand                   2. Summand          Summenwert
         └─────────── Summe ───────────┘
```

Bei mehr als zwei Summanden mußt du schrittweise addieren. Hierbei darfst du die Summanden in beliebiger Reihenfolge schreiben und dir den Rechenweg aussuchen.

Beispiel: Die Zahlen 19, 64, 71 und 116 sollen addiert werden.
Du rechnest vorteilhaft:

$$19 + 64 + 71 + 116 = 19 + 71 + 64 + 116 = (19 + 71) + (64 + 116) = 90 + 180 = 270$$

Du benutzt das *Vertauschungsgesetz (Kommutativgesetz)*
Bei Summen darf man die Summanden vertauschen, ohne daß sich der Wert der Summe ändert.

Hier: $19 + \boxed{64 + 71} + 116 =$
$19 + \boxed{71 + 64} + 116$

Du benutzt das *Verbindungsgesetz (Assoziativgesetz)*
Natürliche Zahlen dürfen zum Addieren beliebig durch Klammern zusammengefaßt werden.

Hier: $19 + 71 + 64 + 116 =$
$(19 + 71) + (64 + 116) =$
$\quad 90 \quad + \quad 180$
$\quad ↑ \qquad\quad ↑$
Es entstehen Zehnerzahlen; die Addition ist im Kopf leicht ausführbar.

*Den Meterstab hat Böck dabei,
doch messen will er nicht die zwei.*

Messen von Größen

Längen

Die *Länge* des Bleistifts beträgt:

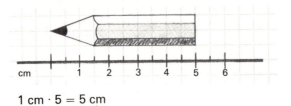

1 cm · 5 = 5 cm
↑ ↑
Maßzahl Maßeinheit

Die Maßzahl gibt an, wie oft eine Strecke von 1 cm Länge bei der Längenmessung abgetragen wird.

50

Messen von Größen

Aufgaben

1. Übertrage die Tabelle in dein Heft! Schätze, wie lang die Fische sind. Miß dann die Länge, und trage deine Ergebnisse in die vorgefertigte Tabelle ein.
Gib auch den Unterschied zwischen geschätztem und gemessenem Wert an.

2. Schätze die Länge, die Breite und die Dicke deines Mathematikbuches. Miß dann, und trage die Ergebnisse in eine Tabelle ein. Gib auch den Unterschied zwischen geschätztem und gemessenem Wert an.

3. Versuche nach Augenmaß die kürzeste und die längste Strecke herauszufinden.

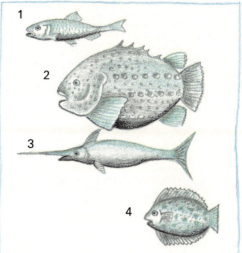

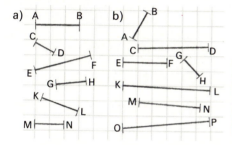

Nummer	Länge		Unterschied
	geschätzt	gemessen	
1			
2			
3			
4			

4. Schätze die Länge der gezeichneten Streckenzüge in Zentimetern! Miß dann die Länge der Streckenzüge, und trage deine Ergebnisse in eine Tabelle ein. Gib auch den Unterschied zwischen geschätztem und gemessenem Wert an.

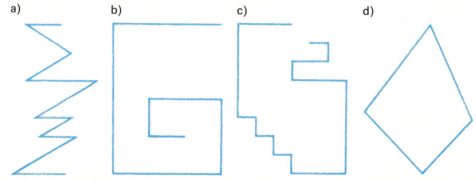

5. Schätze und miß erst danach:
   a) die Länge eines Streichholzes
   b) die Länge und Breite einer Postkarte
   c) die Länge, Breite und Höhe deines Schultisches
   d) die Höhe und Breite deiner Klassenzimmertür

Gewichte, Geldwerte, Zeitdauern

Hier siehst du weitere Meßvorgänge. Erkläre!

Aufgaben

1. Nimm verschiedene Gegenstände und halte sie in der Hand! Schätze, wie schwer sie sind! Dein Lehrer hilft dir, das genaue Gewicht zu bestimmen.

2. Welche dieser Sachen wiegen 1 Kilogramm?
   - a) 10 Eier
   - b) ein Wasserball
   - c) ein Laib Brot
   - d) eine Tafel Schokolade
   - e) 20 cm Wurst
   - f) 50 Briketts
   - g) eine Vase mit Blumen
   - h) ein Paar Schuhe
   - i) eine Tube Klebstoff
   - j) eine Schultasche

3. Du hast den nebenstehenden Wägesatz zur Verfügung.
   Welche Wägestücke nimmst du, um folgende Messungen vorzunehmen?
   - a) 1110 g
   - b) 1 kg 565 g
   - c) 899 g
   - d) 2 kg 57 g

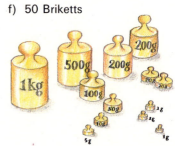

Messen von Größen

4. Welche Dinge werden nach Gewicht verkauft, welche nicht? Warum? Wie hängt der Preis vom Gewicht ab?

5. Schätze, wie hoch der Geldwert der nebenstehend dargestellten Münzen und Banknoten ist.

6. Nenne Vorgänge, die ungefähr eine Stunde dauern.

7. Wie lange kannst du den Atem anhalten? Miß die Zeitdauer mit deiner Armbanduhr!

8. *Nur 1 Sekunde*
Verkehrsteilnehmer müssen abschätzen können, wieviel Zeit ihnen ein herankommendes Fahrzeug läßt.
Weißt du, wie gefährlich nahe dir ein Fahrzeug in 1 Sekunde kommen kann?

50 km/h fährt das Auto.
Kommt es in einer Sekunde bis a, b oder c?

Der Radfahrer will nach links abbiegen. Kommt das Auto in zwei Sekunden bis a, b oder c heran, wenn es mit 90 km/h fährt?

Ein Fahrrad mit 18 km/h kommt in 1 s 5 m näher.

Ein Auto mit 50 km/h kommt in 1 s 14 m näher.

Ein Auto mit 80 km/h kommt in 1 s 22 m näher.

Ein Auto mit 120 km/h kommt in 1 s 33 m näher.

9. Zeitspannen mißt man z. B. in Sekunden (s), Minuten (min), Stunden (h), Tage (Tg.) oder Jahren (J.).
Gib an, mit welcher Maßeinheit du messen würdest:

   a) die Dauer der Sommerferien,
   b) die Brenndauer eines Streichholzes,
   c) das Volltanken eines Pkw,
   d) die Dauer der Grünphase für Fußgänger an der Ampel,
   e) die Dauer, bis ein Ei hart gekocht ist,
   f) die Dauer eines Fußballspiels,
   g) die Amtszeit des Bundespräsidenten.

10. Benutze die nebenstehende Abbildung und drücke das Gewicht von 1 kg auf verschiedene Arten aus!
    Beispiel: 8 Äpfel von je 125 g wiegen 1 kg

11. Welche Gegenstände wiegen ungefähr
    a) 1 g   b) 1 kg   c) 1 t?

12. Zähle Gegenstände auf, die ungefähr 1 m lang, 1 m breit und 1 m hoch sind!

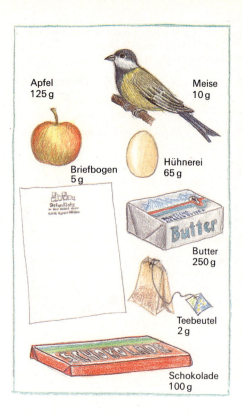

Apfel 125 g
Meise 10 g
Briefbogen 5 g
Hühnerei 65 g
Butter 250 g
Teebeutel 2 g
Schokolade 100 g

Umwandlungstabelle

Geld:	1 DM = 100 Pf	Gewicht:	1 t = 1000 kg
			1 kg = 1000 g
Länge:	1 km = 1000 m		1 g = 1000 mg
	1 m = 100 cm		
	1 m = 10 dm	Zeitdauer:	1 J. = 365 Tg.
	1 dm = 10 cm		1 Tg. = 24 h
	1 cm = 10 mm		1 h = 60 min
			1 min = 60 s

Addition von Größen

a) Nur *gleichartige* Größen können addiert werden.

b) Vor dem Addieren von gleichartigen Größen muß in die *gleiche Einheit* umgewandelt werden.

Messen von Größen

Beispiele

1. Wir geben Größen in verschiedenen Einheiten an.
Gib in der kleinsten Einheit an!

3 h 4 min 37 s = 180 min 4 min 37 s = 10 800 s 240 s 37 s = 11 077 s
33 DM 14 Pf = 3314 Pf
2 m 1 dm 12 cm = 200 cm 10 cm 12 cm = 222 cm

2. Wir wandeln Größen in gleiche Einheiten um und addieren sie dann.

a) 23 m 3 dm + 4 dm 9 cm   ← Umwandeln in die kleinste Einheit
= 2330 cm + 49 cm   ← Zusammenfassen
= 2379 cm
= 23 m 79 cm   ← Umwandeln in gemischte Einheiten

b) 3 t 2 kg + 12 kg 500 mg   ← Umwandeln in die kleinste Einheit
= 3 002 000 000 mg + 12 000 500 mg   Zusammenfassen
= 3 014 000 500 mg
= 3 t 14 kg 500 mg   ← Umwandeln in gemischte Einheiten

Aufgaben

1. Verwandle in die jeweils kleinste vorkommende Einheit!

a) 5 DM 37 Pf   b) 11 m 1 dm 1 cm   c) 5 m 5 dm
d) 2 t 65 kg   e) 13 DM 13 Pf   f) 1 kg 10 mg
g) 9 dm 3 cm   h) 14 t 105 kg   i) 50 kg 50 g 50 mg
j) 3 g 3 mg   k) 3 m 3 dm 3 cm   l) 5 km 100 m 95 cm
m) 3 min 2 s   n) 3 Tg. 12 h   o) 3 h 5 min
p) 1 J. 12 Tg. 12 h   q) 1 km 1 m 11 dm

2. Berechne!

a) 10 DM + 5 DM 5 Pf   b) 1 km 30 m + 3 km 300 m
c) 68 DM + 32 Pf + 88 Pf   d) 10 kg 5 g + 995 g
e) 17 dm 3 cm + 17 cm 20 mm   f) 3 h 20 min + 4 h 50 min
g) 4 min 17 s + 55 min 43 s   h) 240 min + 4 h
i) 22 m 12 dm + 50 cm   j) 1 t 50 kg + 880 kg

3. Berechne!

a) 2 m 3 dm + 4 dm 5 cm + 85 cm   c) 102 kg + 2 kg 800 g + 400 g
b) 5 DM + 23 Pf + 7 DM 77 Pf + 8 Pf   d) 17 m 3 dm + 4 dm 5 cm + 55 cm

4. Die Uhr zeigt 8 h 15 min. Welche Uhrzeit haben wir

a) nach 35 min   b) nach 1 h 12 min
c) nach 3 h 50 min   d) nach 900 s?

5. Es ist 15 h 34 min + 20 h 27 min + 13 min = 35 h 74 min = 36 h 14 min
Berechne entsprechend:
a) 4 h 33 min + 48 min b) 3 h 17 min + 2 h 38 min
c) 24 h 37 min + 34 h 27 min d) 26 h 49 min + 25 h 41 min
e) 1 Tg. 11 h + 3 Tg. 23 h + 17 h
f) 2 J. 6 Mon. + 14 J. 7 Mon. + 11 Mon.
g) 15 h 27 min 18 s + 23 h 55 min 58 s + 12 min 2 s + 29 min
h) 19 min 32 s + 7 min 8 s + 25 min 35 s
i) 3 Tg. 17 h + 11 Tg. 3 h + 21 h + 2 Tg. 8 h

6. Bestimme die reinen Flugzeiten für folgende Linienflüge:

a) Linie 1:
München	ab	7.10 Uhr
Frankfurt	an	8.05 Uhr
Frankfurt	ab	9.30 Uhr
Düsseldorf	an	10.15 Uhr
Düsseldorf	ab	16.40 Uhr
Berlin	an	17.45 Uhr

b) Linie 2:
Istanbul	ab	12.50 Uhr
München	an	17.05 Uhr
München	ab	18.10 Uhr
Düsseldorf	an	19.20 Uhr
Düsseldorf	ab	20.15 Uhr
Paris	an	21.20 Uhr

7. Es ist 160 min < 2 h 50 min < 1 Tg. Ordne entsprechend der Größe nach:
a) 80 s; 1 min; 3 min 10 s; 1 min 10 s
b) 60 h; 2 Tg.; 3 Tg. 15 h; 600 min; 10 h
c) 600 s; 9 min; 8 min 15 s; 9 min 3 s

8. Es ist 60 g < 1 kg 500 g < 3 kg. Ordne entsprechend der Größe nach:
a) 3 kg 600; 3500 g; 2 kg 900 g; 900 g
b) 500 g; 495 g; 1050 g; 1 kg 500 g; 1 kg 100 g
c) 8 g; 7000 mg; 8 g 50 mg; 8005 mg

9. Es ist 6 dm < 3 m 5 dm < 1 km. Ordne der Größe nach:
a) 25 dm; 2 m 60 cm; 290 cm; 2 m 6 dm 9 cm
b) 1 m 3 dm; 140 cm; 95 cm; 8 dm; 1350 mm
c) 5 m 3 dm; 478 cm; 54 dm; 5300 mm; 51 dm 17 cm

10. Verwandle in DM und Pf!
Beispiel: 8,60 DM = 8 DM 60 Pf.
a) 3,30 DM b) 5,17 DM c) 5,02 DM

11. Es ist 80 Pf < 1,50 DM < 10 DM. Ordne entsprechend der Größe nach:
a) 3,50 DM; 0,50 DM; 45 Pf
b) 300 Pf; 3,02 DM; 2,95 DM
c) 4,03 DM; 4 DM 15 Pf; 400 Pf; 4,05 DM

12. Größen in dezimaler Schreibweise kann man addieren, indem man Komma unter Komma setzt und dann die Ziffern mit gleichem Stellenwert addiert.

Beispiel 1:
```
  12 DM 17 Pf
   1 DM  2 Pf
 +18 DM 18 Pf
 ───────────
  31 DM 37 Pf
```

Beispiel 2:
```
  12,17 DM
   1,02 DM
 +18,18 DM
 ─────────
  31,37 DM
```

Messen von Größen

Verfahre wie im Beispiel 2:
a) 18,45 DM + 26,77 DM + 0,60 DM
b) 3,25 DM + 18,25 DM + 12,75 DM
c) 20 DM + 0,60 DM + 55 Pf + 1,15 DM
d) 135 DM + 27,60 DM + 8,24 DM + 0,96 DM
e) 816 Pf + 15 DM 17 Pf + 176 Pf + 9 Pf + 37 DM 6 Pf + 0,76 DM
f) 3412,02 DM + 8,60 DM + 98,16 DM + 66 Pf + 80 DM 56 Pf

Vermischte Aufgaben

13. Ordne den angegebenen Längen die richtige Größenangabe zu!

    Höhe des Berliner Funkturms; Entfernung München–Hamburg; Länge des Erdäquators; Durchmesser eines Fußballs; Durchmesser eines Bleistifts.
    240 mm; 40 000 km; 0,7 cm; 720 000 m; 362 m.

14. Ordne richtig einander zu!
    Dauer einer Erdumdrehung; Dauer eines Herzschlags; Zeit, die ein Wanderer für 1 km benötigt; Umlaufzeit der Erde um die Sonne; Dauer des Pauseklingelns in der Schule.
    10 min; 1 Jahr; 1 s; 1 Tag; 3 s.

15. Schätze, wie weit München in Luftlinie von den anderen Städten entfernt ist.

16. Frau Blum wohnt in Hannover und fliegt leidenschaftlich gern mit ihrem Sportflugzeug. In einer Art Rundflug möchte sie ihre Verwandten in Rostock, Frankfurt, Leipzig, Nürnberg und München besuchen. In welcher Reihenfolge sollte sie dies tun, damit die Flugroute möglichst kurz ausfällt? Wie lang ist diese?

17. Ordne! Beginne mit der kleinsten Größe!
    a) 2 m, 18 dm, 2100 mm, 179 cm, 195 cm
    b) 40 000 cm, 399 m, 3 990 000 mm, 401 m

18. Welche Aussage ist wahr?
    a) 74 kg = 740 g
    b) 70 kg = 7000 g
    c) 4 t = 4000 kg
    d) 2 kg 50 g = 2050 g
    e) 1 kg 2 g = 1020 g

19. Übertrage in dein Heft, und füge die fehlende Einheit hinzu, so daß wahre Aussagen entstehen!
    a) 49 m = 490 ...
    b) 53 m = 5300 ...
    c) 8000 m = 8 ...
    d) 700 m = 7000 ...
    e) 11 kg = 11 000 ...
    f) 13 000 g = 13 ...
    g) 180 min = 3 ...
    h) 300 s = 5 ...
    i) 1 km = 10 000 ...

20. Wandle in die in Klammern angegebene Einheit um!
(1 Monat = 30 Tage.)
a) 240 h (Tg.) b) 195 Tg. (Monate) c) 360 min (h)
d) 180 Tg. (Monate) e) 72 h (Tg.) f) 0,5 Tg. (h)

21. Addiere möglichst vorteilhaft! Der Vorteil muß an der Schreibweise ersichtlich sein.
a) 3 kg 200 g + (5 kg 800 g + 2 kg) + 8 kg b) (28 min + 36 min 18 s) + 55 min 42 s
c) 17 m 8 cm + (92 cm + 1 m 11 cm) d) 25 h 14 min + (31 h 46 min + 15 h)
e) 85 l + 1 hl 50 l + 2 hl 15 l f) (2 m + 2 m 18 cm) + 1,82 m + 8 m

22. Bettina kauft ein: eine Tafel Schokolade 0,98 DM, eine Dickmilch 0,79 DM, 10 Semmeln 3,00 DM, Fleisch und Wurst für 14,14 DM. Wieviel muß Bettina insgesamt bezahlen?

23. Familie Hemberger schickt zu Weihnachten Geschenke an Verwandte. Weil Päckchen schneller befördert werden, verpacken sie die Waren nicht in ein Paket sondern in mehreren Päckchen. Wie können die Geschenke auf gleiche Päckchen (Höchstgewicht 2 kg) verteilt werden, wenn ein leeres Päckchen etwa 200 g wiegt?

> Kaffee 1 kg 570 g,
> 6 × Schokolade je 100 g,
> Rosinen 250 g,
> Käse 380 g,
> Bücher: 290 g, 490 g
> Parfüm 180 g,
> Rasierapparat 340 g

24. Auf den Schalen einer Balkenwaage liegen links 1 kg 2 g und rechts 500 g, 300 g, 100 g, 20 g. Welche Seite senkt sich?

25. Eine Wandergruppe startet um 7.15 Uhr und beendet die Wanderung um 15.45 Uhr. Sie legt Pausen von 10.10 Uhr bis 10.35 Uhr und von 12.20 Uhr bis 13.15 Uhr ein.
a) Wie lange war die Wandergruppe unterwegs?
b) Wie lange dauerte die eigentliche Wanderzeit?

26. Berechne die reine Fahrtzeit mit der Bundesbahn von Krumbach nach Wien:

Krumbach	ab	6.28 Uhr
Mindelheim	an	7.10 Uhr
Mindelheim	ab	7.19 Uhr
Buchloe	an	7.35 Uhr
Buchloe	ab	7.40 Uhr
München	an	8.30 Uhr
München	ab	9.48 Uhr
Wien	an	15.36 Uhr

27. Herr Strebsam hat zwölf Fachzeitschriften abonniert. Sie kosten jährlich:
15 DM; 82,80 DM; 89,40 DM; 23,85 DM; 29,80 DM; 16,80 DM; 55,65 DM; 44,90 DM; 51,60 DM; 24,40 DM; 47,40 DM und 44,50 DM.
Wie teuer kommen Herrn Strebsam die Fachzeitschriften jährlich?

Messen von Größen

28. Aus dem Angebot der Lebensmittelabteilung:

Wieviel Geld sparst du, wenn du drei Dickmilch, zwei Früchtejoghurt, einen Quark und eine Packung Eis kaufst?

29. Zur Renovierung eines alten Forsthauses wurden ausgegeben für:

Kaminisolierung	6 502,02 DM
Spengler- und Installateurarbeiten	15 543,33 DM
Türen	5 730,57 DM
Dachstuhlsanierung	5 401,00 DM
Maurerarbeiten	146 774,00 DM
Fenster und Steinmetzarbeiten	13 410,16 DM
Malerarbeiten (außen und innen)	16 809,30 DM
Fliesenlegerarbeit	6 529,92 DM
Gerüstbau	5 526,72 DM

a) Berechne die Gesamtkosten!
b) Welchen Betrag muß die Gemeinde aufbringen, wenn der Staat einen Zuschuß von 220 000 DM gibt?

30. Schätze und miß die Dicke einer 10-Pf-Münze. Lege für die Messung zehn dieser Münzen übereinander.

31. Das Messen von Längen ist mitunter schwierig.
a) Du sollst die Dicke eines Blattes Papier in deinem Mathematikbuch bestimmen. Wie machst du das?
b) Du sollst die Höhe eines Hochhauses ungefähr bestimmen. Wie machst du das?
c) Du sollst die Länge deines Schulweges ungefähr bestimmen. Wie machst du das?

32. Während einer Leichtathletikveranstaltung gibt der Stadionsprecher durch: „Noch 5 Runden im 10 000-m-Lauf!"
a) Eine Runde ist 400 m lang.
Wie viele Runden sind die Läufer bereits gelaufen?
b) Wie viele Runden sind bei 10 km, 5 km, 3 km zurückzulegen?

33. a) Kann ein Mensch 1 Million Stunden alt werden?
b) Wie alt ist ein Mensch 8 640 000 s nach der Geburt? Gib das Ergebnis in Tagen an!

Diese Form der Subtraktion bringt den beiden raschen Lohn.

Die Subtraktion natürlicher Zahlen

Die Subtraktion als Umkehrung der Addition

Es ist zum Beispiel

5 + 8 = 13 und 13 − 8 = 5
oder ausführlich: (5 + 8) − 8 = 5

Wir erkennen: Addieren von 8 und anschließendes Subtrahieren von 8 heben einander auf.

> Die Addition einer Zahl wird durch die Subtraktion der gleichen Zahl rückgängig gemacht. Die Subtraktion ist die *Umkehrung der Addition*.

Subtraktion

Beispiele

Wir überprüfen das Ergebnis der Addition zweier Zahlen durch die entsprechende Subtraktion.

Prüfe, ob die folgenden Aussagen wahr sind. Benutze dabei die Eigenschaft, daß die Subtraktion die Umkehrung der Addition ist!

1. 187 + 648 = 835

Lösung:
Wenn die Aussage wahr ist, dann muß die Differenz 835 − 648 den Wert 187 haben.
Wir überprüfen das:
835 − 648 = 187
Die Aussage „187 + 648 = 835" ist also wahr.

2. 367 + 173 = 430

Lösung:
Wenn die Aussage wahr ist, dann muß die Differenz 430 − 173 den Wert 367 haben.
Wir überprüfen das:
430 − 173 = 257
Die Aussage „367 + 173 = 430" ist also falsch.

Aufgaben

1. Prüfe durch eine entsprechende Subtraktion, ob die folgenden Aussagen wahr sind:
 a) 44 + 166 = 210
 b) 93 + 197 = 280
 c) 504 + 807 = 1 311
 d) 765 + 355 = 1 120
 e) 55 386 + 20 807 = 75 193
 f) 88 055 + 23 170 = 111 225

2. Setze für □ die gesuchte Zahl ein!
 a) 24 + 17 = □
 b) 83 + 107 = □
 c) 14 + □ = 80
 d) □ + 19 = 31
 e) 73 + □ = 200
 f) 64 + □ = 94
 g) □ + 109 = 300
 h) 78 + 87 = □
 i) □ + 305 = 1 000

3. Wir denken uns eine Maschine mit einer Eingabe und einer Ausgabe. Gibt man in die Eingabe eine bestimmte Zahl ein, so addiert bzw. subtrahiert die Maschine automatisch eine bestimmte Zahl.

Beispiel:

a) Eingabe 17 → +12 → Ausgabe 29

b)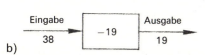

Übertrage in dein Heft und ergänze!

a)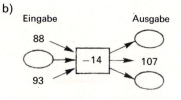

b)
Eingabe		Ausgabe
88	−14	107
93		

4. Übertrage die nachfolgende Tabelle in dein Heft, und ergänze sie dort!

a)

Eingabe −37	Ausgabe
88	
	87
60	
37	
	37

b)

Eingabe	Ausgabe
29	
48	65
17	
	93
	1305

c)

Eingabe	Ausgabe
105	
63	27
165	
	91
	304

5. Wir können Maschinen auch hintereinanderschalten.
Übertrage die nachfolgende Tabelle in dein Heft, und fülle sie dort aus!
Die beiden Operatoren können durch einen einzigen, *gleichwertigen* Operator ersetzt werden. Wie heißt dieser gleichwertige Operator?

a)

Eingabe +16	Ausgabe/Eingabe −15	Ausgabe
	70	
100		
200		
320		
		117

b)

Eingabe +17	Ausgabe/Eingabe −18	Ausgabe
40		
52		
80		
64		
103		

c)

Eingabe −25	Ausgabe/Eingabe	Ausgabe
105	80	105
66		
43		
215		
307		

Subtraktion

Pfeildarstellung der Subtraktion

Die Subtraktion läßt sich am Zahlenstrahl durch Pfeile veranschaulichen.

Beispiele

1. $12 - 7 = 5$

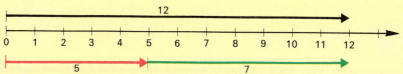

2. Wir bestimmen die Lösungsmenge von Gleichungen über einer bestimmten Grundmenge.

Bestimme die Lösungsmenge der Gleichung
$x + 7 = 10$ in der Grundmenge $G = \mathbb{N}_0$!

Lösung 1: Wir setzen der Reihe nach 0, 1, 2, 3, ... ein und erhalten
$0 + 7 = 10$ (f), $1 + 7 = 10$ (f), $2 + 7 = 10$ (f), $3 + 7 = 10$ (w), $4 + 7 = 10$ (f),
ebenso sind alle folgenden Aussagen falsch.

Die Lösungsmenge ist $L = \{3\}$.

Lösung 2: Wir fragen nach der Lösungszahl:
Welche Zahl muß ich um 7 vergrößern, damit ich 10 erhalte?

Am Zahlenstrahl läßt sich die Antwort leicht ablesen:

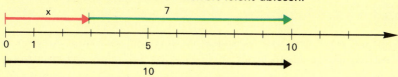

Wir lesen ab: $x = 10 - 7$; $x = 3$; $L = \{3\}$

Aufgaben

1. Bestimme am Zahlenstrahl mit Hilfe von Pfeilen:
a) $8 - 3$ b) $13 - 8$ c) $4 - 4$ d) $5 - 0$
e) $(2 + 4) - 2$ f) $(5 + 1) - (1 + 3)$ g) $(3 + 2) - 1$ h) $8 - (5 + 3)$

2. Zu den folgenden Pfeilbildern gehören verschiedene Aufgaben. Welche?

a)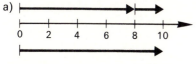

b)

c)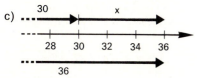

d)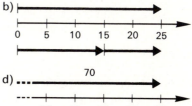

63

3. Bestimme mit Hilfe des Zahlenstrahls jeweils die Lösungsmenge!
   a) $3 + x = 7$; $G = \mathbb{N}_0$
   b) $x + 4 = 12$; $G = \mathbb{N}_0$
   c) $10 - x = 3$; $G = \mathbb{N}_0$
   d) $8 - x = 2$; $G = \mathbb{N}_0$

4. Bestimme die Lösungsmenge folgender Gleichungen in der jeweiligen Grundmenge durch Probieren!
   a) $x + 10 = 17$; $G = \{2; 4; 6; 8; \ldots\}$
   b) $30 - x = 15$; $G = V_5$
   c) $x + 65 = 80$; $G = V_4$
   d) $3 + x = 3 - x$; $G = \mathbb{N}_0$
   e) $10 - x = 5 + x$; $G = \{0; 1; 2; 3; 4; 5\}$
   f) $8 - x = x - 8$; $G = \mathbb{N}_0$

5. Gib die Lösungsmenge folgender Gleichungen in der jeweiligen Grundmenge an!
   a) $10 + x = 17$; $G = \mathbb{N}$
   b) $15 - x = 7$; $G = \mathbb{N}$
   c) $33 - x = 17$; $G = \{1; 3; 5; 7; \ldots\}$
   d) $x + 65 = 110$; $G = \mathbb{N}$
   e) $x + 65 = 110$; $G = V_4$
   f) $9 - x = 9$; $G = \mathbb{N}_0$
   g) $9 - x = 8$; $G = V_2$
   h) $4 - x = 4 + x$; $G = \mathbb{N}$
   i) $44 - x = 22 + x$; $G = \mathbb{N}_0$

Bezeichnungen

$12 - 7 = 5$

lies: „12 minus 7 gleich 5"

$12 - 7$ heißt *Differenz*,
12 heißt *Minuend*,
7 heißt *Subtrahend*,
5 heißt *Wert der Differenz*.

Beispiel

Wir benutzen die Fachwörter Minuend, Subtrahend, Differenz, Summe und Summand, um eine gegebene Wortform in die Ziffernschreibweise umzuwandeln.

Wandle die Wortform in die Ziffernschreibweise um, und bestimme den Wert der Differenz:

a) Subtrahiere 28 von 59!
   Lösung: $59 - 28 = 31$ (Beachte die Reihenfolge!)

b) Subtrahiere 19 von der Differenz der Zahlen 62 und 22!
   Lösung: $(62 - 22) - 19 = 40 - 19 = 21$

c) Subtrahiere von der Summe der Zahlen 88 und 102 die Differenz der Zahlen 68 und 48!
   Lösung: $(88 + 102) - (68 - 48) = 190 - 20 = 170$

Aufgaben

1. Beschreibe folgende Aufgabe unter Verwendung der entsprechenden Fachausdrücke!
   Beispiel: $13 + 17 = 30$
   Beschreibung: 13 ist der 1. Summand, 17 der 2. Summand und 30 der Wert der Summe.
   a) $33 + 39 = 72$
   b) $57 - 19 = 38$
   c) $33 - 4 = 29$

Subtraktion

2. Wandle die Wortform in die Ziffernschreibweise um, und bestimme den Wert der Summe bzw. der Differenz:
   a) Addiere die Zahl 93 zur Zahl 63!
   b) Bilde die Differenz der Zahlen 807 und 308!
   c) Vermehre die Zahl 105 um die Zahl 607!
   d) Vermindere die Zahl 808 um die Zahl 666!
   e) Subtrahiere die Zahl 8005 von der Zahl der Summe der Zahlen 805 und 9895!
   f) Füge zur Zahl 8088 die Differenz der Zahlen 3004 und 1984 hinzu!
   g) Subtrahiere die größte dreistellige Zahl von der Zahl 1057!
   h) Subtrahiere von der Summe der Zahlen 803 und 207 die Zahl 109!

3. a) Der Minuend beträgt 88, der Differenzwert 24. Wie lautet der Subtrahend?
   b) Der Subtrahend beträgt 802, der Differenzwert 105. Wie heißt der Minuend?
   c) Der Differenzwert zwischen einer Zahl und 68 ist 112. Wie heißt die Zahl?
   d) Der Minuend ist um 17 größer als der Subtrahend. Wie heißt der Wert der Differenz?
   e) Bilde zu den Zahlen 17, 999 und 100 jeweils den Vorgänger. Subtrahiere die Summe der Vorgänger von der Summe der Zahlen 17, 999 und 100. Was stellst du fest?

4. Wie ändert sich der Wert der Differenz 108−63, wenn
   a) der Minuend um 7 vergrößert wird,
   b) der Subtrahend um 5 vergrößert wird,
   c) der Minuend um 8 verkleinert wird,
   d) der Subtrahend um 18 verkleinert wird,
   e) der Minuend und der Subtrahend um jeweils 5 vergrößert werden?

Vermischte Aufgaben

5. Berechne die Differenz durch Subtrahieren!
   Beispiel: 57 − 18 = 57 − 10 − 8 = 47 − 8 = 39
   a) 27 − 8   b) 45 − 14   c) 45 − 18   d) 38 − 14
   e) 65 − 52   f) 85 − 47   g) 68 − 34   h) 94 − 72
   i) 87 − 39   j) 65 − 23   k) 43 − 18   l) 136 − 95
   m) 86 − 53   n) 112 − 36   o) 304 − 214   p) 565 − 85

6. Wieviel fehlt
   von   4   7   12   9   32   63   61   72   83
   bis 53 48   63 91 107 185 209 200 135?

7. Gib heraus
   a) von 12,80 DM; 13,10 DM; 14,58 DM; 17,92 DM   auf 20 DM
   b) von 32,20 DM; 48,19 DM; 17,91 DM; 37,67 DM   auf 50 DM
   c) von 60,80 DM; 70,20 DM; 81,14 DM; 93,27 DM   auf 100 DM

8. Berechne im Kopf! Die Subtraktionen sind nacheinander auszuführen.
a) 36 − 18 − 5 − 4
b) 36 − 17 − 3 − 12
c) 94 − 12 − 8 − 37 − 14 − 7
d) 145 − 18 − 17 − 40 − 28 − 21
e) 196 − 15 − 21 − 17 − 22 − 19 − 3 − 33 − 9 − 36 − 12
f) 377 − 172 − 23 − 32 − 23 − 28 − 12 − 14 − 24 − 18 − 18 − 12

9. Subtrahiere mit Rechenvorteil!
Beispiel: 6735 − 998 = (6735 − 1000) + 2 = 5735 + 2 = 5737

Statt 998 wird die um 2 größere *Stufenzahl 1000* subtrahiert.

Zum Ausgleich muß die 2 addiert werden.

Rechne entsprechend im Kopf:
a) 375 − 99
b) 2051 − 95
c) 3008 − 96
d) 4555 − 499
e) 388 − 197
f) 2668 − 699
g) 4014 − 798
h) 5718 − 599
i) 10008 − 9699
j) 391 − 97
k) 444 − 97
l) 7903 − 2897

10. Addiere mit Rechenvorteil!
Beispiel: 447 + 96 = (447 + 100) − 4 = 547 − 4 = 543

Statt 96 wird die um 4 größere *Stufenzahl 100* addiert.

Im Ausgleich muß die 4 subtrahiert werden.

Rechne entsprechend im Kopf!
a) 208 + 99
b) 347 + 998
c) 3033 + 999
d) 99 999 + 50 017
e) 397 + 669
f) 54 + 398
g) 3033 + 1099
h) 1817 + 99
i) 3874 + 698
j) 336 + 999
k) 667 + 199
l) 8543 + 1499

11. Subtrahiere im Kopf jeden Subtrahenden von jedem Minuenden! (Das sind 25 Aufgaben!)
Minuend: 505, 467, 725, 2000, 10000
Subtrahend: 5, 45, 125, 250, 315

12. Ergänze die Zahlen 7, 32, 54, 105, 127 zu 212, 720.
Beispiel: 7 + 205 = 212

13. a) Ergänze zum folgenden ganzen Hunderter!
312, 227, 365, 512, 1348, 6742, 9451, 11505
Beispiel: 312 + 88 = 400
b) Ergänze jede Zahl auf 3800: 1700, 3620, 585, 2910, 108
c) Ergänze jede Zahl auf 10000: 3773, 5601, 2771, 4057, 999

14. Nenne den Differenzwert zwischen je zwei aufeinanderfolgenden Gliedern der Folge, und setze dann die Folge entsprechend fort:
a) 1, 16, 31, 46, …
b) 1, 4, 9, 16, 25, 36, 49, …
c) 0, 5, 10, 15, …
d) 1, 4, 7, 10, …
e) 2, 6, 14, 30, 62, …
f) 10, 25, 55, 100, …

15. Bilde aus den Zahlen 0, 1, 2, ..., 9, 10 alle Differenzen mit dem Wert 6.
16. Zwei natürliche Zahlen unterscheiden sich um 32. Auf dem Zahlenstrahl sind sie gleich weit von der Zahl 41 entfernt. Wie heißen die Zahlen?
17. Die Differenz zweier natürlicher Zahlen ist 17. Gib dafür drei Beispiele an!
18. Die Differenz zweier natürlicher Zahlen ist kleiner als 12. Gib dafür drei Beispiele an!
19. Die Summe zweier natürlicher Zahlen hat den Wert 100, ihre Differenz hat den Wert 20. Wie heißen die beiden Zahlen?
20. Subtrahiert man von einer natürlichen Zahl die Zahl 18 und von der Differenz die Zahl 27, so erhält man die Zahl 137. Wie heißt die gesuchte Zahl?
21. Rechne schrittweise!
    Beispiel: 5 m − 17 dm − 1 m 2 dm = 50 dm − 17 dm − 12 dm =
    = 33 dm − 12 dm = 21 dm = 2 m 1 dm
    a) 70 DM − 11,50 DM − 12,30 DM   b) 78 DM − 43,25 DM − 20,85 DM
    c) 70 m − 15 dm − 30 m 5 dm − 20 m 80 cm
    d) 15 kg 300 g − 9 kg 600 g − 3 kg 500 g − 800 g
    e) 15 km 300 m − 505 m − 8 km 200 m − 100 m
    f) 9 kg 3 g − 1 kg 525 g − 800 g − 500 g − 700 g
22. Eine Flasche Wein kostet 6,50 DM. Die leere Flasche kostet 6 DM weniger als der Wein. Was kostet der Wein, und was kostet die leere Flasche?
23. Bettina sagt zu Thomas: „Wenn du mir 1,80 DM gibst, dann haben wir beide gleich viel Geld. Gebe ich dir 75 Pf, so hast du genau 7 DM." Wieviel Geld besitzt jeder von ihnen?

Das schriftliche Subtrahieren

Beim schriftlichen Subtrahieren schreiben wir Minuend und Subtrahend stellengerecht untereinander. Dann zählen wir von rechts nach links vom Subtrahenden zum Minuenden hinauf.

	sprich	*schreibe*	*übertrage auf die nächste Stelle*
5376			
− 982	2 plus 4 gleich 6	4	
1 1	8 plus 9 gleich 17	9	1
4394	10 plus 3 gleich 13	3	1
	1 plus 4 gleich 5	4	

Aufgaben

1. Schreibe die Aufgaben ins Heft und subtrahiere!

    a) 752   b) 656   c) 767   d) 840
       −418   −143   −363   −791

    e) 1756   f) 3001   g) 17000   h) 1001
       − 899   − 666   − 4663   − 674

i)	25050 − 6405	j)	34567 − 8459	k)	7870000 − 899695	l)	468005 −397824
m)	789439 −348333	n)	8000000 111111	o)	897854 −458798	p)	901009 −900079

2. Subtrahiere in einer Zeile!
Beispiel: 807 − 459 = 348

sprich	schreibe
9 plus 8 gleich 17	8
1 gemerkt	
6 plus 4 gleich 10	4
1 gemerkt	
5 plus 3 gleich 8	3

a) 405 − 306   b) 809 − 492   c) 568 − 394
d) 1056 − 847   e) 3451 − 1367   f) 6874 − 3092
g) 14312 − 11202   h) 18727 − 904   i) 33033 − 4944
j) 123604 − 96066   k) 365812 − 96017   l) 965356 − 665077

Vermischte Aufgaben

3. Übertrage die folgende Tabelle in dein Heft, und fülle sie aus!

	a)	b)	c)	d)	e)	f)	g)	h)
Minuend	98	91	2027	1805	74			777
Subtrahend	17			503		48	96	
Wert der Differenz		13	97		0	236	97	207

4. Die folgenden Aufgaben sind nicht alle fehlerfrei. Berichtige!
Die Subtraktionen sind nacheinander auszuführen.
   a) 865 − 195 − 62 − 138 − 404 − 37 = 29
   b) 3080 − 1025 − 259 − 1059 − 327 − 86 = 241
   c) 5571 − 982 − 2014 − 369 − 1234 − 578 − 98 = 206
   d) 6877 − 3222 − 1099 − 594 − 688 − 999 = 275
   e) 10083 − 4289 − 1036 − 3209 − 108 − 441 = 1000

5. Herr Makler verkauft ein Grundstück, das er für 107500 DM erworben hat, für 163700 DM. Wieviel hat er dabei verdient, wenn er auf seine Kosten vorher noch den Zaun um das Grundstück für 1230,70 DM anlegen ließ?

6. Ein Faß enthält 50 l Bier. Es werden abgezapft: 3 l, 7 l, 12 l, 15 l.
Wieviel Liter befinden sich noch im Faß?

7. Ein Lastkahn ist mit 875000 kg Kohle beladen. Er soll in vier Tagen gelöscht werden. In den ersten drei Tagen wurden gelöscht: 137815 kg; 237170 kg; 208800 kg.
Wieviel Kohle muß am vierten Tag noch gelöscht werden?

8. Ein Ballen Stoff ist 25 m lang. Nacheinander werden verkauft: 3 m 80 cm; 4 m; 730 cm; 125 cm; 60 cm; 55 cm; 2 m 5 dm. Wieviel Meter Stoff bleibt übrig?

Subtraktion

9. Eine Kiste Äpfel wiegt 30 kg 600 g, die leere Kiste 2 kg 700 g. Wieviel Kilogramm Äpfel waren in der Kiste?

10. Am 17. August befinden sich auf einem laufenden Konto noch 2023,56 DM. Im Laufe des Tages werden davon überwiesen:

Krankenversicherung	289,60 DM
Lebensversicherung	36,80 DM
Strom	172,00 DM
Zeitungsgeld	29,90 DM

Wie ist der Kontostand am 18. August?

11. Der Unterricht beginnt um 7.55 Uhr. Peter braucht zur Schule 8 min. Wann muß Peter von zu Hause weggehen, wenn er 10 min. vor Unterrichtsbeginn in der Schule sein will?

12. Übertrage die folgende Zeichnung in dein Heft.
Trage dort Zahlen so in die leeren Felder ein, daß in jedem Feld die Summe aus den Zahlen steht, die sich in den beiden darunterliegenden Feldern befinden!

a)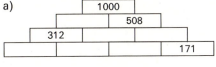

b)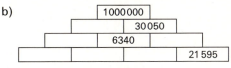

c)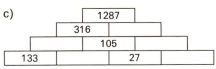

d)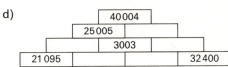

13. Welche Zahlen sind unter den Klecksen versteckt?
Schreibe die vollständige Rechnung ins Heft!

a)   4874
   −4739
        ●●●

b)   8276
   −3●12
     ●664

c)   5●62
   −●3●1
     2821

d)   857●63
   −4●62●
   ●60781

14. a) Bestimme den Minuenden, wenn der Subtrahend 502 und der Wert der Differenz die Hälfte davon ist.
b) Bestimme den Subtrahenden, wenn der Minuend eine zweistellige Zahl ist und der Wert der Differenz mehr als 97 beträgt.
c) Bestimme den Minuenden, wenn er dreimal so groß ist wie der Differenzwert und der Subtrahend 40 beträgt.

Besonderheiten bei der Subtraktion

Eine Differenz, in der Minuend und Subtrahend gleich groß sind, hat als Wert die Zahl 0.

> **Beispiele**
>
> 24 − 24 = 0;   105 − 105 = 0
>
> Daraus folgt, daß eine Subtraktion dann *nicht ausführbar* ist, wenn der *Subtrahend größer ist als der Minuend*.
>
> z. B.:   3 − 5   bedeutet keine natürliche Zahl
> 167 − 240   bedeutet keine natürliche Zahl

Aufgaben

1. Für die Subtraktion natürlicher Zahlen gilt das Vertauschungsgesetz nicht.
   Beispiel: 18 − 5 = 13, jedoch 5 − 18 bedeutet keine natürliche Zahl
   Zeige an zwei weiteren Beispielen, daß das Vertauschungsgesetz für die Subtraktion nicht gilt.

2. Vergleiche die Ergebnisse:
   a) 186 − (51 − 39);   186 − 51 − 39
   b) 357 − (172 − 99);   357 − 172 − 99
   c) 493 − (87 + 134);   (493 − 87) + 134
   d) 980 − (271 − 66);   (980 − 271) − 66

3. Für die Subtraktion natürlicher Zahlen gilt das Verbindungsgesetz nicht.
   Beispiel: (18 − 7) − 3 = 11 − 3 = 8
   18 − (7 − 3) = 18 − 4 = 14   Also: (18 − 7) − 3 ≠ 18 − (7 − 3)
   Zeige an zwei weiteren Beispielen, daß das Verbindungsgesetz für die Subtraktion nicht gilt!

Zusammenfassung der Seiten 60 bis 70

Die Subtraktion ist die Umkehrung der Addition.

Beispiel: $2 + 5 = 7$ und $7 - 5 = 2$
ausführlich
$(2 + 5) - 5 = 2$

Das läßt sich anschaulich klarmachen, indem wir am Zahlenstrahl Pfeile anbringen.

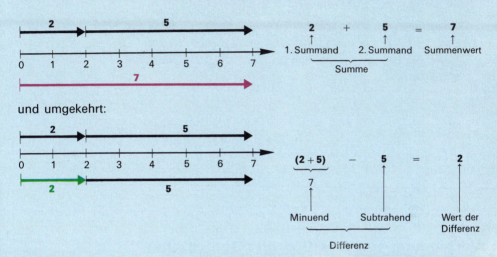

und umgekehrt:

Eine Subtraktion ist dann *nicht ausführbar*, wenn der *Subtrahend größer ist als der Minuend*.

Beispiel: $7 - 8$ bedeutet keine natürliche Zahl

*Der Wurstdieb sieht es mit Verdruß:
sein Minus ist des Hundes Plus.*

Verbindung von Addition und Subtraktion

Überprüfung der Addition

Wir können die Addition $\quad 12 \quad + \quad 4 \quad = \quad 16$

                1. Summand   2. Summand   Wert der Summe

überprüfen durch $16 - 4 = 12$
oder durch $16 - 12 = 4$

Hieraus ergibt sich die

> *Probe auf den Summanden:* Subtrahieren wir vom Wert der Summe einen Summanden, so erhalten wir den anderen Summanden.

Beispiel

Wir überprüfen das Ergebnis der Addition zweier Zahlen durch die Probe auf den 1. Summanden.

Berechne den Wert der Summe $427 + 1068$, und mache die Probe auf den 1. Summanden!

Lösung: $427 + 1068 = 1495;$ Probe: $1495 - 1068 = 427$

Verbindung von + und −

Aufgaben

1. Berechne den Wert der Summe, und mache die Probe auf den 1. Summanden!
   a) 10 472 + 692   b) 1109 + 66 045   c) 30 357 + 9478

2. Berechne den Wert der Summe, und mache die Probe auf den 2. Summanden!
   a) 608 + 3642   b) 9045 + 12 607   c) 33 027 + 45 924

Überprüfung der Subtraktion

Wir können die Subtraktion   18 − 7 = 11
                           Minuend Subtrahend Wert der Differenz

überprüfen durch   18 − 11 = 7
oder durch   7 + 11 = 18

Bei der Subtraktion gibt es zwei Proben:

Probe auf den Subtrahenden: Subtrahieren wir vom Minuenden den Wert der Differenz, so erhalten wir den Subtrahenden.

Probe auf den Minuenden: Addieren wir zum Subtrahenden den Wert der Differenz, so erhalten wir den Minuenden.

Beispiel

Wir überprüfen das Ergebnis einer Subtraktion durch die Probe auf den Minuenden.

Berechne den Wert der Differenz 77 044 − 6058, und mache die Probe auf den Minuenden!

Lösung: 77 044 − 6058 = 70 986;   Probe: 70 986 + 6058 = 77 044

Aufgaben

1. Berechne den Wert der Differenz, und mache die Probe auf den Minuenden!
   a) 1089 − 612   b) 947 − 249   c) 600 082 − 590 108

2. Berechne den Wert der Differenz, und mache die Probe auf den Subtrahenden!
   a) 6539 − 517   b) 905 − 388   c) 367 002 − 48 709

3. Überprüfe folgende Rechnungen jeweils auf 2 Arten. Verbessere gegebenenfalls den Wert der Summe oder der Differenz, so daß eine wahre Aussage entsteht.
   Beispiel: 812 + 1017 = 1829   Probe: 1829 − 812 = 1017
                                              1829 − 1017 = 812
   a) 23 046 + 71 085 = 94 131   b) 888 029 + 443 089 = 1 331 018
   c) 93 063 − 9017 = 84 046   d) 234 588 − 55 994 = 178 694

4. Welches Ergebnis kann nicht stimmen? Entscheide und begründe, ohne auszurechnen:
  a) $306 + 407 = 702$ b) $12\,476 + 17\,828 = 30\,303$
  c) $12\,345 + 98\,765 = 11\,110$ d) $26\,537 - 18\,474 = 863$
  e) $37\,674 - 14\,790 = 22\,885$ f) $8705 - 1985 = 6830$

5. Rechne mit Vorteil!
  a) $147 + 98$ b) $899 + 98$ c) $667 + 299$ d) $717 + 697$
  e) $502 - 99$ f) $603 - 497$ g) $788 - 196$ h) $1014 - 299$

6. Addiere bzw. subtrahiere fortlaufend im Kopf!
  a) $36 + 64 \vdots - 20 \vdots + 130 \vdots + 400 \vdots - 80 \vdots + 170 \vdots + 300$
  b) $55 - 54 \vdots + 68 \vdots + 102 \vdots + 50 \vdots - 34 \vdots - 66 \vdots - 108 \vdots + 88$
  c) $3050 - 2680 \vdots - 60 \vdots - 150 \vdots + 240 \vdots + 88 \vdots + 22 \vdots - 505 \vdots + 95$
  d) $10\,000 - 8200 \vdots + 300 \vdots - 800 \vdots - 500 \vdots - 450 \vdots + 750 \vdots + 900 \vdots - 1899$
  e) $804 - 752 \vdots + 38 \vdots + 199 \vdots - 19 \vdots - 80 \vdots + 715 \vdots - 305 \vdots - 188 \vdots - 212$

7. Ersetze die Sternchen * durch + oder −, so daß richtig gelöste Aufgaben entstehen!
  a) $3 * 4 * 4 * 3 * 4 * 3 * 6 * 4 = 3$ b) $8 * 5 * 8 * 5 * 8 * 5 * 5 * 5 = 3$

Gleichungen

> Aussageformen wie: $x + 27 = 63$, $69 - x = 17$, $99 + x = 207$, $x - 286 = 33$ sind weitere Beispiele für *Gleichungen*.
>
> Setzen wir für den Platzhalter eine Zahl aus der Grundmenge ein, welche die Gleichung erfüllt, so nennen wir sie *Lösung* der Gleichung.
>
> Bei Gleichungen mit großen Zahlen ist das Finden der Lösungszahl durch *Probieren* zu umständlich und zeitraubend. Man kommt schneller zum Ziel, wenn man den Zusammenhang zwischen Addition und Subtraktion verwendet.

Beispiele

Wir bestimmen die Lösungsmengen von Gleichungen, indem wir den Zusammenhang zwischen Addition und Subtraktion benutzen.

1. Bestimme die Lösungsmenge der folgenden Gleichung in der Grundmenge $G = \mathbb{N}_0$:

$$304 + x = 908$$

Lösung: Wir bestimmen den fehlenden Summanden, indem wir die gleichwertige Subtraktionsaufgabe lösen. Also:

$304 + x = 908$
$x = 908 - 304$ *Probe auf den 2. Summanden*
$x = 604$
$L = \{604\}$

Verbindung von + und −

2. Bestimme die Lösungsmenge der folgenden Gleichung in der Grundmenge $G = \mathbb{N}_0$:

$$x - 27 = 84$$
$$x = 84 + 27 \quad \textit{Probe auf den Minuenden}$$
$$x = 111$$
$$L = \{111\}$$

3. Bestimme die Lösungsmenge der folgenden Gleichung in der Grundmenge $G = \mathbb{N}_0$:

$$209 - x = 84$$

Lösung: Wir bestimmen den fehlenden Subtrahenden, indem wir die „Probe auf den Subtrahenden" durchführen. Also

$$209 - x = 84$$
$$x = 209 - 84$$
$$x = 125$$
$$L = \{125\}$$

4. Wir stellen zu einem gegebenen Sachverhalt die zugehörige Gleichung auf.

Welche natürliche Zahl ergibt, von 605 subtrahiert, 127?

Lösung: Für die natürliche Zahl setzen wir den Platzhalter x; $G = \mathbb{N}$.

Wir wissen nun: $\quad\quad\quad\quad\quad\quad\quad\quad\quad\quad 605 - x = 127$
Wir machen die Probe auf den Subtrahenden: $\quad\quad x = 605 - 127$
$\quad\quad\quad\quad\quad\quad\quad\quad\quad\quad\quad\quad\quad\quad\quad\quad x = 478$

Probe: $\quad\quad\quad\quad\quad\quad\quad\quad\quad\quad\quad\quad\quad 605 - 478 = 127$

Ergebnis: Die gesuchte Zahl ist 478.

Aufgaben

1. Suche den fehlenden Summanden, indem du die Probe auf diesen Summanden machst.
   a) $93 + \blacksquare = 497$ \quad\quad\quad\quad\quad b) $88 + \blacksquare = 705$
   c) $\blacksquare + 194 = 3046$ \quad\quad\quad\quad d) $\blacksquare + 888 = 9999$

2. Suche den fehlenden Minuenden bzw. Subtrahenden, indem du die Probe auf den Minuenden bzw. auf den Subtrahenden machst.
   a) $\blacksquare - 5987 = 3082$ \quad\quad\quad b) $6085 - \blacksquare = 1099$
   c) $\blacksquare - 608 = 304$ \quad\quad\quad\quad d) $\blacksquare - 111 = 8088$
   e) $\blacksquare - 6042 = 805 - 309$ \quad f) $3387 - \blacksquare = 863 + 902$

3. Ermittle die Lösungsmenge!
   a) $13 + x = 47; \quad G = V_5$ \quad\quad\quad b) $93 + x = 109; \quad G = V_4$
   c) $x - 111 = 227; \quad G = V_2$ \quad\quad d) $x - 33 = 118; \quad G = V_2$
   e) $305 - x = 108; \quad G = \mathbb{N}$ \quad\quad f) $x - 13 = 71; \quad G = V_7$
   g) $x - 107 = 37; \quad G = V_{12}$ \quad\quad h) $1005 - x = 660; \quad G = V_{15}$

4. Stelle eine Gleichung auf. Berechne dann die Lösungszahl. Grundmenge $G = \mathbb{N}$.
   a) Zu welcher Zahl muß man 3067 addieren, um 6955 zu erhalten?
   b) Welche Zahl muß man zu 6703 addieren, um 9596 zu erhalten?
   c) Zu welcher Zahl muß man 681 addieren, um die größte dreistellige Zahl zu erhalten?

5. Stelle eine Gleichung auf. Berechne dann die Lösungszahl. Grundmenge $G = \mathbb{N}_0$.
   a) Von welcher Zahl muß man 78 subtrahieren, um 98 zu erhalten?
   b) Welche Zahl muß man von 705 subtrahieren, um 609 zu erhalten?
   c) Welche Zahl muß man von 600 subtrahieren, um 41 zu erhalten?
   d) Die Differenz aus einer gedachten Zahl und 405 ist 88. Wie heißt die gedachte Zahl?

Vermischte Aufgaben

6. Thomas hat fleißig gespart. Er bekommt zur Belohnung dafür von seinem Vater 5 DM geschenkt. Jetzt hat Thomas 29,50 DM.
   a) Stelle eine Gleichung auf! Bezeichne den gesparten Geldbetrag mit x.
   b) Wieviel Geld hatte also Thomas gespart?

7. Betrachte die folgende Bildgeschichte! Bezeichne den vom Vater gewonnen Geldbetrag mit x. Stelle eine Gleichung auf, und bestimme die Lösung durch Überlegung!

8. Die Zahlen in den folgenden Gleichungen stellen Geldbeträge in DM dar. Erfinde zu den Gleichungen ähnliche Geschichten wie in Aufgabe 6 oder Aufgabe 7. Bestimme dann die Lösung der Gleichung durch Überlegung!
   a) $x - 256 = 398$
   b) $344 - x = 108$
   c) $x - 138 = 604$
   d) $84 + x = 702$
   e) $6983 + x = 11\,023$
   f) $4614 - x = 353$

9. Gib zu den folgenden Textaufgaben die Gleichungen an und löse sie. Von Benennungen ist abzusehen.
   a) Bettina hat beim Einkaufen 12,45 DM ausgegeben. 7,17 DM bleiben ihr noch. Wieviel Geld hatte sie ursprünglich im Geldbeutel?
   b) Im Benzintank eines Autos befinden sich vor Beginn der Reise 60 l Benzin. Wieviel l Benzin sind beim Fahren verbraucht worden, wenn nach der Fahrt noch 28 l im Tank sind?
   c) Von einer Fahrradtour sind bereits 24 km zurückgelegt, die ganze Strecke beträgt 67 km. Wie viele km sind noch zu fahren?
   d) Aus einem Gymnasium treten im Laufe eines Schuljahres 7 Schüler aus und 4 Schüler ein. 81 Abiturienten verlassen die Schule. Die Schule hatte zu Beginn des Schuljahres 811 Schüler. Wie viele Schüler hat das Gymnasium am Ende des Schuljahres?

Verbindung von + und −

10. Übertrage die Gleichungen in die Wortform, und löse dann die Gleichungen in der angegebenen Grundmenge.
   a) $13 + x = 51$; $G = \mathbb{N}_0$
   b) $x - 212 = 308$; $G = V_2$
   c) $74 + x = 107$; $G = V_3$
   d) $307 - x = 107$; $G = V_5$
   e) $x + 930 = 2073$; $G = \mathbb{N}_0$
   f) $26 - x = 4$; $G = \mathbb{N}$

11. Thomas, Bettina, Armin und Peter denken sich jeweils eine einstellige Zahl. Jeder addiert 70 und dann noch so viel, wie von der gedachten Zahl zu 30 fehlt. Alle erhalten das Ergebnis 100. Wie ist das möglich, obwohl sich jeder eine andere Zahl gedacht hat? Kannst du es mit einer Gleichung klarmachen?

12. Günther unternimmt eine Bergtour. Von Bolsterlang aus möchte er das Riedbergerhorn besteigen. Mit der Hörnerbahn läßt er sich zunächst auf 1500 m Höhe bringen. Danach geht es ohne Anstieg zum Berghaus „Schwaben". Jetzt wird's anstrengender. Nach 56 m Aufstieg (das bedeutet, daß er 56 m an Höhe gewinnt) muß er 37 m absteigen. Anschließend geht es 18 m aufwärts und wieder 12 m abwärts. Danach müht er sich 46 m einen steilen Pfad aufwärts.
   a) Betrachte die nachfolgende Abbildung! Wie viele m Aufstieg hat Günther noch vor sich? x-Ansatz!
   b) Die Zunkleiten-Hütte liegt gegenüber dem Berghaus „Schwaben" um 328 m tiefer. Auf welcher Höhe über dem Meeresspiegel liegt die Zunkleiten-Hütte?

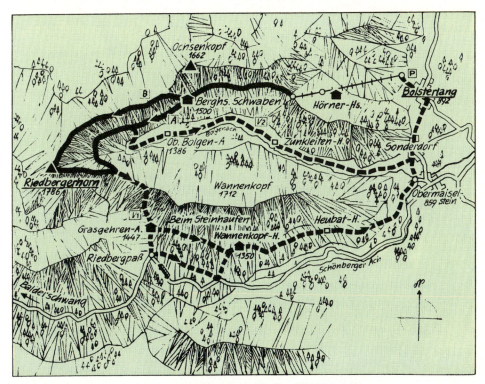

(entnommen aus: H. Kulmus, C. Heik: Das Allgäu-Wanderbuch, München: BLV 1981, S. 38)

Ungleichungen

Aussageformen wie:

x + 17 ≦ 104, x − 17 ≦ 12, 98 − x ≦ 108, x + 16 ≧ 27, 16 − x ≧ 4

sind weitere Beispiele für *Ungleichungen*.

Diese Ungleichungen können alle durch „Probieren" gelöst werden.

Beispiele

1. Wir bestimmen die Lösungsmenge durch Probieren.

    Bestimme die Lösungsmenge der folgenden Ungleichung in der Grundmenge $G = V_3$:

    $$17 + x \leqq 26$$

    Lösung: Wir setzen der Reihe nach ein: 3 für x: 17 + 3 ≦ 26 (w)
    6 für x: 17 + 6 ≦ 26 (w)
    9 für x: 17 + 9 ≦ 26 (w)
    12 für x: 17 + 12 ≦ 26 (f)

    Alle folgenden Einsetzungen erbringen falsche Aussagen.
    Also heißt die Lösungsmenge

    $$L = \{3, 6, 9\}.$$

2. Wir stellen zu einem Zahlenrätsel die zugehörige Ungleichung auf und ermitteln die Lösungszahlen durch Überlegung.

    a) Stelle die zugehörige Ungleichung auf, und bestimme dann die Lösungsmenge: Von welcher natürlichen Zahl muß man 312 subtrahieren, damit das Ergebnis kleiner als 13 ist?

    Lösung: Die gesuchte Zahl bezeichnen wir mit x.
    Dann heißt die zugehörige Ungleichung
    $$x - 312 < 13; \quad G = \mathbb{N}.$$

    Das Bestimmen der Lösungsmenge durch ausschließliches „Probieren" ist bei dieser Aufgabe zeitraubend und langwierig.
    Wir erkennen jedoch, daß die Zahlen von 1 bis 311 als Lösungszahlen ausscheiden, da x − 312 erst ab der Einsetzzahl 312 berechenbar ist.
    Das kleinste Element der Lösungsmenge ist also 312. Die weiteren Lösungszahlen finden wir entweder durch „Probieren" oder indem wir den größtmöglichen Wert von x − 312 berechnen.
    Dieser ist 324, denn 324 − 312 = 12 < 13.

    Also: $L = \{312, 313, 314, \ldots, 324\}$

Verbindung von + und −

Zusatz: $\quad x - 312 \leq 13; \quad G = \mathbb{N}$

Die Lösung erfolgt wie oben. Einziger Unterschied: Der größtmögliche Wert von $x - 312$ ist 13. Damit ist das kleinste Element der Lösungsmenge 313, das größte 325 ($= 312 + 13$).

Also: $\quad L = \{313, 314, \ldots, 325\}$.

b) Welche natürliche Zahl muß man zu 91 addieren, damit das Ergebnis größer als 107 ist?

Lösung: Die zugehörige Ungleichung heißt

$$91 + x > 107; \quad G = \mathbb{N}.$$

Welche Zahlen kommen als Lösungszahlen nicht in Frage? Es sind dies die Zahlen von 0 bis 16 ($107 - 91 = 16$). Alle anderen Zahlen ergeben in $(91 + x)$ für x eingesetzt, stets einen Wert, der größer ist als 107.

Also: $\quad L = \{17, 18, 19, \ldots\}$.

Zusatz: $\quad 91 + x \geq 107; \quad G = \mathbb{N} \qquad L = \{16, 17, 18, 19, \ldots\}$.

Aufgaben

1. Bestimme die Lösungsmenge durch Probieren:
- a) $x + 3 < 10; \quad G = V_3$
- b) $x + 3 < 10; \quad G = V_4$
- c) $x + 19 \leq 24; \quad G = T_{14}$
- d) $x - 4 > 5; \quad G = T_{14}$
- e) $20 - x < 16; \quad G = \mathbb{N}_0$
- f) $20 - x < 16; \quad G = V_5$
- g) $30 - x \leq 15; \quad G = V_5$
- h) $25 - x \geq 7; \quad G = V_4$
- i) $x - 12 \leq 48; \quad G = V_{12}$

2. Bestimme die Lösungsmengen folgender Ungleichungen in der Grundmenge $\mathbb{N}_0$, wobei du zweckmäßigerweise die Lösungsmethode des 2. Beispiels benutzen solltest:
- a) $x + 105 > 142$
- b) $x + 607 > 700$
- c) $x + 312 < 309$
- d) $x + 48 \leq 65$
- e) $x - 50 < 25$
- f) $x - 8 \leq 36$
- g) $x - 26 > 52$
- h) $x - 40 \geq 80$
- i) $100 + x > 20$

3. Gib die Ungleichungen zu folgenden Zahlenrätseln an und bestimme die Lösungsmenge:
- a) Welche natürliche Zahl mußt du von 28 subtrahieren, um mehr als 15 zu erhalten?
- b) Zu welcher natürlichen Zahl mußt du 17 addieren, um weniger als 52 zu erhalten?
- c) Welche natürliche Zahl mußt du zu 15 addieren, damit du mehr als 59 erhältst?
- d) Von welcher natürlichen Zahl mußt du 27 subtrahieren, damit du weniger als 18 erhältst?

4. Ein Öltank faßt 9500 l Öl. Wieviel l Öl können nachgefüllt werden, wenn der Öltank noch 4300 l Öl enthält?
- a) Stelle eine Ungleichung auf! Bezeichne die Litermengen, die nachgefüllt werden können, mit x.
- b) Löse die Ungleichung durch Überlegung!

5. Ein Jumbo Jet (Boeing 747) hat Platz für 346 Passagiere. Wie viele Passagiere können in Frankfurt zusteigen, wenn auf dem Flug von Tokio über Karachi nach Frankfurt in Tokio zunächst 315 Passagiere an Bord waren und in Karachi 192 ausstiegen und 81 wieder zustiegen? ▶

a) Stelle eine Ungleichung auf! Bezeichne die Anzahl der Passagiere, die in Frankfurt zusteigen können, mit x.
b) Löse die Ungleichung!

6. Bestimme die Lösungsmengen folgender Gleichungen bzw. Ungleichungen in der Grundmenge $\mathbb{N}$!

a) $x + 0 = x$
b) $x < x + 1$
c) $x - 1 < x$
d) $3 + x < x + 5$
e) $x + 12 < 20$
f) $12 + x \geq 12$
g) $a + 3 > a$
h) $a + 13 < a + 25$
i) $4 + a < 17 - a$
j) $x - 1 \geq 2$
k) $a + 7 = a$
l) $a + 6 = a + 2$

7. Bestimme jeweils die Lösungsmenge folgender Aussageformen!
Grundmenge: $x \in \mathbb{N}_0, y \in \mathbb{N}_0$

Beispiel: $x + y \leq 2$; $0 + 0 \leq 2$ (w)
$0 + 1 \leq 2$ (w)
$1 + 0 \leq 2$ (w)
$1 + 1 \leq 2$ (w)

Alle anderen Einsetzungen liefern falsche Aussagen.
$L = \{(0;0), (0;1), (1;0), (1;1)\}$

a) $x + y < 3$ b) $x < 2 - y$ c) $x + y \geq 0$ d) $x + 2 = y$ e) $x - y > 2$

Vermischte Aufgaben

8. Stelle eine Gleichung auf. Bestimme dann die Lösung durch Probieren.
a) Gibt es eine natürliche Zahl, die zu 7 addiert dasselbe ergibt, wie wenn man sie von 22 subtrahiert?
b) Gibt es eine natürliche Zahl, die zu 21 addiert dasselbe ergibt, wie wenn man sie von 31 subtrahiert?

9. Gib die Ungleichungen zu folgenden Textaufgaben an, und bestimme anschließend die Lösungsmenge:
a) Ein Auto hat das Leergewicht von 1200 kg. 1650 kg ist das zulässige Gesamtgewicht. Wie viele kg können zugeladen werden, ohne daß das Auto überladen ist?
b) 24 l Benzin wurden getankt, ohne daß der Benzintank mit 60 l überlief. Wieviel l Benzin könnten schon im Tank gewesen sein?
c) Wieviel Geld muß Thomas mindestens gespart haben, damit er sich mit den vom Onkel geschenkten 18 DM einen Handball für 33,50 DM kaufen kann?
d) Wieviel Geld kann Simone im Geldbeutel gehabt haben, wenn sie für 12,80 DM einkaufte und ihrer kleinen Schwester noch ein Eis für 0,60 DM kaufen konnte?

10. Übertrage die folgende Tabelle in dein Heft, und fülle sie dort aus!

x	1	2	3	4	5	6	7	8	9	10	11	12
x + 6	7											
22 − x	21											

Für welche Einsetzzahlen gilt: $x + 6 < 22 - x$?

Verbindung von + und −

11. Gib die kleinste natürliche Zahl an, welche die Ungleichung erfüllt:
    a) $x + 7 \geq 16$ b) $x + 9 \leq 10$

12. Bestimme die Lösungsmenge in der jeweils angegebenen Grundmenge:
    a) $x + 15 < 16 + x$; $G = \mathbb{N}_0$
    b) $x + 15 < 16 - x$; $G = \{1, 2, 3, 4, 5\}$
    c) $24 + x > 24$; $G = \mathbb{N}_0$
    d) $10 = 27 + x$; $G = \{1, 10, 1000, \ldots\}$
    e) $x + 74 = 74 - x$; $G = \mathbb{N}_0$

13. Bestimme die Lösungsmenge der Ungleichung $4 \leq y + 3 < 27$ in der Grundmenge
    a) $G = V_5$ b) $G = \{1, 7, 13, \ldots\}$ c) $G = T_{36}$

14. Übertrage in dein Heft, und setz dort diejenigen natürlichen Zahlen in die Kästchen, für die die angegebenen Lösungsmengen zutreffen:
    a) $x \leq \square$; $L = \{1, 2, 3\}$
    b) $\square + x < 19$; $L = \{1, 2, 3\}$
    c) $\square + x > x + 7$; $L = \{\}$
    d) $x + 14 = \square - x$; $L = \{7\}$
    e) $6 < x + \square$; $L = \{1, 2, 3, \ldots\}$
    f) $7 \leq x + \square$; $L = \{3, 4, 5, \ldots\}$
    g) $6 < x < \square$; $L = \{\}$
    h) $4 > x > \square$; $L = \{\}$
    i) $\square \geq x \geq \square$; $L = \{5, 6, 7, 8\}$
    j) $\square \geq x \geq \square$; $L = \{3, 4, 5, 6\}$

15. Entscheide! Wahr (w) oder falsch (f)?
    a) $216 - 45 \leq 171$
    b) $17 + 28 < 201 - 155$
    c) $288 - 84 = 105$
    d) $215 - 85 \geq 425 - 295$
    e) $176 + 88 = 144 + 134$
    f) $208 - 109 > 108 - 6$

16. Übertrage die nachfolgende Gleichungskette in dein Heft, und schreibe unter das Gleichheitszeichen jeweils das Gesetz, das die Umformung begründet:
    $a + b + c = b + a + c = b + (a + c) = b + (c + a) = (b + c) + a$

17. In einer Schule gibt es 234 Schüler. Es sind 12 Jungen mehr als Mädchen. Wie viele Jungen und Mädchen sind es?
    Benutze die folgende Tabelle:

Jungen	Mädchen	Differenzwert	Summenwert
117	117	0	234
118	116	2	234
⋮	⋮	⋮	⋮

Rechnen mit Klammern

Wir vereinbaren:

> Was in Klammern steht, wird zuerst berechnet.

Beispiele

Wir rechnen so, wie es die Klammern anzeigen.

1. 3865 − (108 + 1722) = 3865 − 1830 = 2035

> Beachte! Was noch nicht zum Rechnen dran ist, wird unverändert abgeschrieben!

2. (3865 − 108) + 1722 = 3757 + 1722 = 5479

3. (337 − 39) − (715 − 605) = 298 − 110 = 188

4. 1065 − (367 − 129) − (183 − 97) = 1065 − 238 − 86 = 827 − 86 = 741

Aufgaben

1. Berechne! Kein Mißbrauch des Gleichheitszeichens!
   a) 240 − 75 + 25 − 60 − 32
   b) 240 + 75 − 25 − 60 − 32
   c) 1390 − 910 + 90 + 190 − 10 − 110
   d) 1390 + 910 − 90 − 190 + 10 − 110
2. Rechne so, wie es die ‚Klammern anzeigen!
   a) 70 300 − 18 400 − 9 300 + 2 800
   b) 70 300 − [18 400 − (9 300 + 2 800)]
   c) 70 300 − [18 400 + (9 300 − 2 800)]
   d) 70 300 − [18 400 − (9 300 − 2 800)]
   e) 70 300 − (18 400 − 9 300 + 2 800)
3. Berechne!
   a) 104 000 + (85 460 − 15 640) − 2 080
   b) 104 000 − (85 460 − 15 640) + 2 080
   c) 104 000 − (85 460 + 15 640 − 2 080)
   d) 104 000 − 85 460 − (15 640 + 2 080)
   e) 104 000 − [85 460 − (15 640 − 2 080)]
4. Berechne!
   a) 7067 − 706 − 607 − 76
   b) 7067 − (706 − 607) − 76
   c) 7067 − (706 − 607 − 76)
   d) 7067 − 706 − (607 − 76)
   e) (7067 − 706) − (607 − 76)

Verbindung von + und −

5. Berechne!

a) 106 − 43 − 26 − 9
(106 − 43) − 26 − 9
(106 − 43 − 26) − 9
106 − (43 − 26) − 9
106 − (43 − 26 − 9)
106 − 43 − (26 − 9)
(106 − 43) − (26 − 9)

b) 217 + (104 − 80) + 27
(217 + 104) − (80 + 27)
(217 + 104 − 80) + 27
217 + (104 − 80 + 27)
217 + 104 − (80 + 27)
217 + 104 − 80 + 27
(217 + 104) − 80 + 27

c) (305 + 408) − 108 − 82
(305 + 408) − (108 − 82)
305 + 408 − 108 − 82
305 + (408 − 108) − 82
305 + 408 − (108 − 82)
(305 + 408 − 108) − 82
(305 + 408) − (108 + 82)

6. Setze Klammern so, daß wahre Aussagen entstehen:
  a) 200 − 100 − 100 = 200
  b) 10 − 30 − 20 − 10 = 80
  c) 200 − 100 + 100 = 0
  d) 100 − 30 − 20 − 10 = 100
  e) 100 − 30 − 10 + 20 = 40
  f) 30 − 10 + 10 − 10 = 0
  g) 100 − 30 − 10 + 20 = 60
  h) 30 − 10 + 10 + 10 = 0

Gliedern eines Terms

1. Terme

> Jede sinnvolle Zusammenstellung aus Zahlen und Platzhaltern mit Hilfe von Rechenzeichen nennt man *Term*.

Aufgaben

1. Es soll eine Schreibmaschine gebaut werden, mit der man besonders gut mathematische Ausdrücke und Formeln schreiben kann.
  a) Welche Typen (Schriftzeichen) müßte diese Schreibmaschine haben?
  Mit einer solchen Schreibmaschine werden z.B. folgende Zeichenreihen getippt:
  (1) 17 = 11 + 6
  (2) 3 · x < 14
  (3) 512 + ≦
  (4) 23 + (104 − 88) − 1
  (5) 5 + x > 27 − 11
  (6) x − + 12) − 6 > 18
  (7) (3 + 107) − 18
  (8) 4 + x
  (9) 4 + x = 16 − (2 + 4)
  b) Welche Zeichenreihen haben einen mathematischen Sinn?
  c) Welche der Zeichenreihen bezeichnet man mit dem Begriff „Term"?
  d) Welche der Zeichenreihen bezeichnet man mit dem Begriff „Ungleichung"?
  e) Welche der Zeichenreihen bezeichnet man mit dem Begriff „Gleichung"?

2. Bei einem Fußballspiel befinden sich auf der Tribüne 5027 Zuschauer, auf den anderen Plätzen sind noch weitere 13270 Zuschauer. Zur Pause verlassen 885 Zuschauer das Stadion, 10 min vor Schluß des Spiels wandern weitere 2540 Zuschauer ab. Die anderen Zuschauer harren aus.
  a) Übersetze den Sachverhalt in mathematische Kurzschrift!
  b) Berechne den Termwert! Wie viele Zuschauer hielten also bis zum Spielende durch?

2. Summe oder Differenz?

Der Term   28 + 17 ist das Beispiel für eine *Summe*,
der Term   63 − 19 ist das Beispiel für eine *Differenz*.

Mit Summen und Differenzen können wir weitere Terme bilden.

Term	Berechnung des Terms	Wert	Art des Terms
(67 + 895) − (305 + 68)	962 − 373	589	Differenz
(888 − 512) + (451 + 293)	376 + 744	1120	Summe
(504 − 82) − (83 + 61)	422 − 144	278	Differenz
8307 − (402 + 508)	8307 − 910	7397	Differenz

Merke: Dasjenige Rechenzeichen (+ oder −), das sich bei der Berechnung des Termwerts am längsten hält, bestimmt die Termart (Summe oder Differenz).

Aufgaben

1. Überlege! Welches Rechenzeichen hält sich bei der Berechnung der folgenden Terme am längsten? Wie heißt also jeweils der Term?
    a) (302 + 64) + (74 − 13)   b) (208 + 66) − (88 − 17)
    c) (309 − 105) − (58 − 19)   d) (498 − 305) − (52 + 107)
    e) 83 + (140 − 73)   f) (305 + 82) − 109
    g) 505 − (88 + 132)   h) (309 − 27) + (83 + 55)

2. Übertrage die nachfolgenden Aufgaben in dein Heft, und setze die Zeichen = oder ≠ zwischen die Terme.
    a) (23 + 17) − (13 − 9)   ☐   23 + 17 − 13 − 9
    b) (84 + 25) + (405 − 85) ☐   84 + 25 + 405 − 85
    c) (33 + 76) + (22 + 93)   ☐   33 + 76 + 22 + 93
    d) (304 − 97) + (93 − 12)   ☐   304 − 97 + 93 − 12
    e) (402 − 88) − (95 − 60)   ☐   402 − 88 − 95 − 60
    f) (94 + 88) − (26 + 13)   ☐   94 + 88 − 26 + 13
    g) (102 − 89) + (27 + 43)   ☐   102 − 89 + 27 + 43
    h) (309 − 133) − (133 + 37) ☐   309 − 133 − 133 + 37

Verbindung von + und −

3. Termgliederung

Jeder Term läßt sich gemäß der Reihenfolge, in der die einzelnen Rechenoperationen durchgeführt werden müssen, in eine Folge von Teiltermen gliedern.

> **Beispiele**
>
> Wir gliedern zusammengesetzte Terme
>
> **1.** Gliedere den Term   895 − (305 + 68)!
>   *Lösung:*   Der Term ist eine Differenz. Ihr Minuend ist die Zahl 895, ihr Subtrahend ist die Summe der Zahlen 305 und 68.
>
> **2.** Gliedere den Term   (888 − 512) + (451 + 293)!
>   *Lösung:*   Der Term ist eine Summe. Ihr 1. Summand ist die Differenz der Zahlen 888 und 512, ihr 2. Summand ist die Summe der Zahlen 451 und 293.

Aufgaben

1. Gliedere die Terme!
   a) 93 + (105 − 78)
   b) (88 + 93) − 73
   c) (99 + 105) + 312
   d) (63 + 85 + 45) − 120
   e) (730 − 510) − 81
   f) (82 + 105 + 924) + 107
   g) (83 + 412 + 501) − (802 − 407)
   h) (93 + 840) − (307 + 120)

2. Berechne den Termwert, gib die Art des Terms an, und gib die zugehörige Wortform an!
   Beispiel: 95 − (73 − 18) = 95 − 55 = 40
      Der Term ist eine Differenz.
      Wortform: Subtrahiere die Differenz der Zahlen 73 und 18 von der Zahl 95!
   a) 107 + (555 − 408)
   b) 309 − (212 − 109)
   c) 212 − (18 + 94)
   d) 630 + (520 + 1070)
   e) (95 + 102) + (680 − 370)
   f) (318 − 204) − (509 − 458)
   g) (1017 − 489) − (19 + 131)
   h) (1 000 000 − 55 555) + 55 555
   i) 1000 − (100 + 101 + 111 + 222)
   j) (459 + 303 + 841) − (2508 − 1306)

3. Bilde zu den folgenden Wortformen Terme! Berechne ihren Wert!
   a) Addiere die Zahl 78 zur Summe der Zahlen 95 und 115!
   b) Addiere zur Summe der Zahlen 96 und 114 die Zahl 207!
   c) Addiere zur Summe der Zahlen 81 und 119 die Summe der Zahlen 207 und 363!
   d) Addiere zur Summe der Zahlen 111 und 289 die Differenz der Zahlen 509 und 408!
   e) Subtrahiere von 3807 die Summe der Zahlen 804 und 1006!
   f) Subtrahiere von der Summe der Zahlen 560 und 540 die Summe der Zahlen 605, 195 und 105!

4. Bei jeder Aufgabe gibt es als Antwort jeweils genau eine Zahl aus $\mathbb{N}_0$. Wie heißt sie? Stelle eine Gleichung auf! Bezeichne die gesuchte Zahl mit x.
   a) Welche Zahl muß man von 510 subtrahieren, um 108 zu erhalten?
   b) Zu welcher Zahl muß man 612 addieren, um 1010 zu erhalten?
   c) Welche Zahl muß man von 600 subtrahieren, um die Summe der Zahlen 27 und 103 zu erhalten?
   d) Von welcher Zahl muß man die Summe der Zahlen 4500, 6500 und 3050 subtrahieren, um 0 zu erhalten?
   e) Von welcher Zahl muß man 391 subtrahieren, um die größte dreistellige natürliche Zahl zu erhalten?
   f) Welche Zahl muß man zu 717 addieren, um 1 000 000 zu erhalten?

5. Fasse die Aufgabe in Worte und bestimme die Lösungsmenge in der Grundmenge $\mathbb{N}$:
   a) $305 - x = 105$
   b) $47 + x = 207$
   c) $x + 108 = 488$
   d) $x - 308 = 692$
   e) $(999 + 111) - x = 444$
   f) $x - (99 + 502) = 9$
   g) $x - (1000 - 501) = 311$
   h) $x - (2004 - 1008) = 303 + 736$

Vermischte Aufgaben

6. Welche natürliche Zahl ist um die Differenz der Zahlen 802 und 257 größer als die Summe dieser beiden Zahlen? Stelle eine Gleichung auf!

7. Addiere zur größten vierstelligen Zahl die Summe aus der kleinsten vierstelligen Zahl und den Zahlen 2468 und 7731! Gesamtansatz!

8. Welche natürliche Zahl muß ich von der Summe der Zahlen 7936 und 6789 subtrahieren, um die Differenz dieser Zahlen zu erhalten? Stelle eine Gleichung auf!

9. Die Summe dreier Zahlen ist 9465. Die zweite Zahl ist um 590 größer als die dritte Zahl. Die dritte Zahl heißt 2180. Wie heißt die erste Zahl? Gesamtansatz!

10. Bestimme die Lösungsmenge L in der jeweiligen Grundmenge G:
   a) $[(1984 + 709) - 709 - (3481 - 2077)] - x = 500$; $G = V_4$
   b) $(14414 - 13515) + x = 14414 + 13515$; $G = \mathbb{N}$
   c) $32 - x = 24 + x$; $G = V_2$
   d) $(1000 - x) + x = 1000$; $G = \mathbb{N}$
   e) $(1000 - x) + x = 10001$; $G = \mathbb{N}$
   f) $(126 + 152) + x = x - (564 - 286)$; $G = \mathbb{N}_0$
   g) $x - (1000 - 335) = 127 + 373$; $G = \{\text{Alle Stufenzahlen}\}$
   h) $x - (55718 - 28935) = 2115 + 7702$; $G = V_6$
   i) $(17 + x) + 13 = (x + 13) + 17$; $G = T_{125}$
   j) $x - (398 + 712) = 819 - 720$; $G = \mathbb{N}_0$

11. Das magische Zauberquadrat:
   Trage in die leeren Felder Zahlen so ein, daß die Summenwerte senkrecht und waagerecht jeweils 34 ergeben!

1			13
		11	2
	6	10	
4	9		16

Verbindung von + und −

12. Addiere bzw. subtrahiere fortlaufend im Kopf!
  a) $53 + 49 \vdots − 52 \vdots + 99 \vdots + 61 \vdots + 301 \vdots − 401 \vdots − 99$
  b) $107 − 68 \vdots − 15 \vdots + 86 \vdots + 208 \vdots + 42 \vdots + 160 \vdots − 220 \vdots − 199$
  c) $93 + 303 \vdots + 104 \vdots + 111 \vdots − 21 \vdots − 92 \vdots − 99 \vdots − 201 \vdots − 99 \vdots − 88$
  d) $508 + 412 \vdots + 250 \vdots − 270 \vdots − 440 \vdots − 380 \vdots + 330 \vdots − 308 \vdots − 91$
  e) $894 − 63 \vdots + 19 \vdots − 170 \vdots + 220 \vdots + 1300 \vdots + 3020 \vdots − 420 \vdots + 200$

Wiederholungsaufgaben zu den Seiten 60 bis 85

13. Die Summe von vier Zahlen ist 800. Die erste Zahl heißt 226, die zweite ist um 48 größer als die erste, die dritte ist um 146 kleiner als die zweite. Wie heißt die vierte Zahl? Gesamtansatz!

14. Gliedere den folgenden Term und berechne seinen Wert:
$(19\,000 − 7489) − (1018 + 582)$

15. Von welcher natürlichen Zahl muß man die Differenz der Zahlen 764 und 379 subtrahieren, um die Summe der ersten fünf natürlichen Zahlen zu erhalten? Stelle eine Gleichung auf! Bezeichne die gesuchte Zahl mit x, und rechne dann aus!

16. Gib jeweils die Lösungsmenge an! $G = \mathbb{N}_0$
  a) $10 − x \leq 2 + x$
  b) $(107 − 85) − x = 4$
  c) $x − 104 − 250 − 86 = 560$
  d) $44 − x = 12 + x$
  e) $44 − x = 44 + x$
  f) $(205 − 75) − x < 10$

Klammern zuerst!

17. Bestimme die Lösungsmenge in der angegebenen Grundmenge!
  a) $200 − x > 100$; $G = \mathbb{N}_0$
  b) $404 − x > 97$; $G = V_7$
  c) $x − 42 \geq 100$; $G = V_5$
  d) $100 − x < 50$; $G = \mathbb{N}_0$
  e) $x − 51 \geq 100$; $G = V_5$
  f) $887 − x = 402$; $G = V_5$
  g) $(1350 − 1200) + x = 500$ $G = \mathbb{N}$
  h) $x − (209 + 508) = 6861 − 5603$

18. Bilde den zugehörigen Term! (Den Termwert brauchst du nicht zu berechnen.)
  a) Subtrahiere von der Differenz der Zahlen 804 und 59 die Summe der Zahlen 77, 66 und 44!
  b) Addiere zur Summe der Zahlen 503 und 167 die Differenz dieser Zahlen!
  c) Subtrahiere 102 von der Summe der Zahlen 1000 und 800!
  d) Subtrahiere die Differenz der Zahlen 1801 und 999 von ihrer Summe!

19. Berechne!
  a) $6\ \text{km} − 425\ \text{m}$
  b) $4{,}75\ \text{m} + 212\ \text{cm}$
  c) $0{,}7\ \text{cm} + 23\ \text{mm}$
  d) $0{,}57\ \text{m} − 28\ \text{cm}$
  e) $0{,}8\ \text{dm} − 6\ \text{cm}$
  f) $9{,}8\ \text{dm} − 57\ \text{cm}$

20. Berechne:
  a) $1\ \text{kg}\ 50\ \text{g} − 780\ \text{g} + 135\ \text{g} − 35\ \text{g} − 308\ \text{g} + 18\ \text{g}$
  b) $(2\ \text{kg}\ 12\ \text{g} + 5\ \text{kg}\ 750\ \text{g}) + 630\ \text{g} + (10\ \text{kg}\ 10\ \text{g} + 20\ \text{kg}\ 200\ \text{g})$
  c) $14\ \text{h}\ 15\ \text{s} + 9\ \text{h}\ 24\ \text{min}\ 55\ \text{s}$
  d) $14\ \text{h}\ 15\ \text{s} − 9\ \text{h}\ 24\ \text{min}\ 55\ \text{s}$
  e) $21\,693 + 2721 − 11\,000 + 1307 − 2721 − 1901$

  f) 3 Tg. 9 h 35 min − 15 h 45 min
  g) 828 − 222 + 172 − 333 − 404 + 59

21. Gib die Art des Terms an, und gliedere ihn (nicht berechnen!). Wie lautet die Wortform?
  a) (1636 − 201) − (502 + 16)   b) (405 + 502) + (802 − 704)
  c) (378 − 92) − 124   d) 805 − (298 + 137)

22. Wie ändert sich der Wert der Differenz 98 − 27, wenn man
  a) den Minuenden um 10 verkleinert und den Subtrahenden um 15 vergrößert,
  b) den Minuenden um 1 vergrößert und zum Subtrahenden 2 addiert,
  c) den Minuenden um 3 vergrößert und den Subtrahenden um 2 verkleinert,
  d) Minuend und Subtrahend um jeweils 10 vermindert?

23. Berechne in einer Zeile:
  a) 23 068 − 2199   b) 456 + 6798 + 12 345
  c) 909 + 606 + 303 + 64 + 105 + 13

24. Bilde aus den folgenden Zahlen alle möglichen Differenzen, und berechne jeweils den Wert der Differenz: 28, 264, 674, 674

25. Veranschauliche und löse durch Pfeildarstellung die folgenden Gleichungen in der Grundmenge G = ℕ:
  a) 3 + x = 9   b) x + 6 = 11

26. Veranschauliche den folgenden Term durch Pfeile am Zahlenstrahl:
  a) 9 − 3 − 1 + 4 + 4 − 10   b) (3 + 4) − 4

27. Zeige mit Hilfe des Vertauschungsgesetzes und des Verbindungsgesetzes, daß gilt
[(b + c) + d] + a = [(d + a) + c] + b

28. Wahr (w) oder falsch (f)?
  a) 2 m 3 dm = 230 cm   b) 10 DM 5 Pf < 10,50 DM
  c) 7 kg 4 g ≦ 7004 g   d) 6 km 250 m ≦ 6250 m

29. Gib jede Größe mit der in Klammern beigefügten Einheit an!
  a) 8 m 9 cm [mm]   b) 5 kg 8 g [g]   c) 250 s [min; s]
  d) 2 Tg. 8 min [min]   e) 3 m 5 dm 5 cm [mm]   f) 2 h 45 min [min]
  g) 1 t 50 kg [kg]   h) 3705 Pf [DM]   i) 4000 s [h; min; s]

Verbindung von + und −

30. Wie ändert sich in einer Summe mit 3 dreistelligen Summanden der Wert der Summe, wenn der 1. Summand um 29 vergrößert, der 2. Summand um 14 verkleinert und der 3. Summand um 30 vergrößert wird?

31. Wie ändert sich der Wert einer Summe, die aus drei vierstelligen Zahlen gebildet wird, wenn der erste und der zweite Summand um je 225 vergrößert werden, der dritte Summand aber um 120 verkleinert wird?

Sachaufgaben

> Bei jeder Textaufgabe mußt du
> (1) den Text genau lesen,
> (2) fragen: „Was ist gegeben, was soll ich rechnen?",
> (3) die Rechenschritte überlegen,
> (4) alle Rechnungen ausführen,
> (5) das Ergebnis kontrollieren,
> (6) das Ergebnis in einem Antwortsatz aufschreiben.

1. Übertrage in dein Heft:

a) Wie hoch waren die *Selbstkosten*?
b) Welchen *Gewinn* machte Herr Emsig?

2. Antiquitätenhändler Schmidt kauft eine alte Uhr für 350 DM. Für Transportkosten muß er 17,80 DM bezahlen. An den Uhrmacher Tick zahlt er 214,50 DM dafür, daß die Uhr wieder funktionsfähig ist. Für 850 DM verkauft Herr Schmidt die Uhr. Wieviel DM hat er bei diesem Geschäft verdient?

3. Die Selbstkosten einer Ware sind 914,50 DM, die Kosten für den Transport betragen 51,80 DM. Berechne den Einkaufspreis!

4. Tischlermeister Nagenrauft modernisiert seinen Betrieb. Er läßt dazu eine neue Maschine aufstellen, die 15 800 DM kostet. Für den Transport muß er noch 470 DM zahlen und für das Aufstellen selber 184,80 DM. Wie teuer kommt Tischlermeister Nagenrauft insgesamt die neue Maschine?

5. Autohändler Flott verkauft ein Gebrauchtauto für 12 450 DM, das er selbst für 10 700 DM von einem seiner Kunden in Zahlung genommen hat. Wie hoch ist sein Gewinn, wenn dieser viermal so hoch ist wie die Kosten, die Autohändler Flott durch Anzeigen in der Zeitung entstanden sind?

6. Möbelhaus Miller macht Räumungsverkauf. Fünf Schränke werden mit einem Gewinn von 110 DM; 87,50 DM; 201 DM; 147 DM und 85 DM verkauft; eine Schrankwand gibt er mit Verlust ab. Wie groß ist dieser, wenn der Gewinn bei diesen Geschäften 380 DM ist?

7. Herr Müller besitzt zwei Häuser im Wert von 215 000 DM und 345 000 DM und drei Grundstücke im Wert von 80 000 DM, 107 500 DM und 54 000 DM. Er verkauft eines der Häuser mit einem Verlust von 17 200 DM, beim Verkauf des ersten Grundstücks erzielt er einen Gewinn von 25 400 DM, beim Verkauf des zweiten Grundstückes ist sein Gewinn 30 800 DM. Wie groß ist jetzt sein Vermögen?

8. Herr Borchers will ein Auto kaufen. Der Neupreis beträgt 24 600 DM. Nimmt Herr Borchers einen Werkswagen, so ermäßigt sich der Preis um 4200 DM. Für sein altes Auto würde er vom Händler noch 7400 DM bekommen. Auf einem Sparkonto hat er 9083,67 DM angespart. Herr Borchers Onkel hat versprochen, ihn beim Autokauf mit 4000 DM zu unterstützen. Kann Herr Borchers das Auto kaufen?

9. Ebbe und Flut wechseln zweimal täglich.
  a) Berechne an Hand des Tidekalenders den zeitlichen Abstand zwischen den zwei Fluten am 19. Juli und zwischen den zwei Niedrigwassern am 28. Juli.
  b) Vergleiche die zeitlichen Abstände zwischen aufeinanderfolgenden Fluten vom 1. Juli bis zum 15. Juli.
  c) Vergleiche die zeitlichen Abstände zwischen aufeinanderfolgenden Niedrigwassern vom 1. Juli bis zum 15. Juli.

Aus dem Tidekalender für Husum 1978

Tag	Juli HW h m	Juli HW m	NW h m	NW m	Tag	Juli HW h m	Juli HW m	NW h m	NW m
1 S	10 40	23 12	04 16	16 47	16 S	09 25	21 58	02 53	15 35
2 S	11 42	–	05 27	18 01	17 M	10 39	23 14	04 20	17 03
3 M	00 12	12 37	06 31	19 04	18 D	11 50	–	05 43	18 22
4 D	01 04	13 25	07 25	19 57	19 M	00 00	12 53	06 55	19 32
5 M 0	01 49	14 06	08 12	20 42	20 D 2	01 28	13 50	07 59	20 33
6 D	02 28	14 43	08 53	21 20	21 F	02 25	14 43	08 56	21 30
7 F	03 03	15 15	09 29	21 54	22 S	03 18	15 35	09 48	22 23
8 S	03 36	15 52	10 02	22 27	23 S	04 08	16 25	10 38	23 12
9 S	04 08	16 23	10 31	22 56	24 M	04 54	17 11	11 20	23 52
10 M	04 40	16 54	10 58	23 25	25 D	05 37	17 55	11 56	–
11 D	05 15	17 29	11 28	23 56	26 M 3	06 21	18 39	00 29	12 33
12 M	05 56	18 07	–	12 01	27 D	07 04	19 24	01 06	13 11
13 D 1	06 36	18 47	00 28	12 33	28 F	07 49	20 14	01 40	13 50
14 F	07 20	19 37	00 58	13 14	29 S	08 43	21 18	02 20	14 43
15 S	08 16	20 42	01 43	14 11	30 S	09 50	22 33	03 21	15 59
					31 M	11 05	23 46	04 42	17 26

HW = Hochwasser 0 = Neumond 2 = Vollmond h = Stunden
NW = Niedrig Wasser 1 = Erstes Viertel 3 = Letztes Viertel m = Minuten

10. Aus einem mit 180 Personen vollbesetzten Zug, der von A-Stadt nach B-Stadt fährt, steigen an den Haltestationen dazwischen in C-Dorf 64 Personen aus und 29 ein, in D-Nest 35 Personen aus. Wieviel Personen steigen in D-Nest zu, wenn in E-Markt 45 Personen zusteigen und 18 Personen aussteigen und dann noch 167 Fahrgäste im Zug sind? Gesamtansatz mit x!

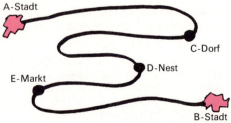

Verbindung von + und −

11. Ein Reisebus legt folgende Strecken zurück: am ersten Tag 312 km, am zweiten Tag 54 km weniger, am dritten Tag 208 km, am vierten Tag 97 km mehr als am dritten Tag und am letzten Tag 434 km. Wie lang ist die gesamte Fahrtstrecke?

12. Wer auf dem Land wohnt, hat hin und wieder in der Kreisstadt zu tun. Herr Baumann wartet auf die Baugenehmigung für den Anbau an seinem Haus. Doch der Sachbearbeiter am Kreisbauamt hat noch eine Rückfrage und bittet Herrn Baumann, am kommenden Donnerstag um 9 Uhr im Kreisbauamt vorzusprechen.

    Herr Baumann überlegt, ob er mit seinem Auto oder ob er mit der Bundesbahn fahren soll. Der Zug fährt um 7.43 Uhr in Krumbach ab. Die Rückfahrkarte kostet 10,– DM.

    a) Betrachte die Abbildung! Wieviel Zeit braucht Herr Baumann mit dem Auto, wieviel mit der Bundesbahn?

    b) Wie teuer kommt die Fahrt mit dem Auto? Rechne mit einem km-Preis von 0,38 DM!

    c) Vergleiche die Kosten für die Bahnfahrt mit den Kosten für die Autofahrt! Was ist wirtschaftlicher, was ist bequemer, was ist umweltfreundlicher?

13. Fernfahrer Raser startet zu einer Asientour. Vor Reisebeginn zeigt der Kilometerzähler des LKWs 98 393 km an. Am Montag fährt Herr Raser 809 km, am Dienstag fährt er 107 km mehr als am Montag, am Mittwoch fährt er dann 206 km weniger als am Dienstag, und am Donnerstagabend zeigt der Kilometerzähler schon 101 575 km an. Herr Raser ist jetzt noch 1755 km von seinem Ziel entfernt.

    a) Wieviel km fuhr Herr Raser am Donnerstag?

    b) Wieviel km muß er auf seiner Reise insgesamt zurücklegen, wenn er genau die gleiche Strecke wieder zurückfährt?

14. Bettina kauft am Postschalter eine Postkarte zu 60 Pf, zwei Wohlfahrtsmarken zu 1,50 DM und vier Briefmarken zu 3,20 DM. Außerdem telefoniert sie vom Postamt aus mit ihrer Freundin Astrid. Sie zahlt mit einem 20-DM-Schein und bekommt 11,71 DM zurück. Wie teuer war das Telefongespräch? Gesamtansatz!

15. Der Bote einer Firma liefert am Schalter folgende Sendungen ab: zwei Päckchen zu 1,3 kg und 0,9 kg, zehn Drucksachen zu insgesamt 350 g, vier Warensendungen zu insgesamt 200 g und ein Paket zu 5,4 kg. Wieviel Kilogramm muß der Bote tragen?

16. Im Postamt hängt folgendes Gebührenverzeichnis für Briefe aus:

	bis 20 g	1,00 DM
von 20 g	bis 50 g	1,70 DM
von 50 g	bis 100 g	2,40 DM
von 100 g	bis 250 g	3,20 DM

    In 5 Briefen sollen insgesamt 320 g Papier verschickt werden. Bestimme die preisgünstigste Aufteilung!

17. Marion kommt um 12.40 Uhr aus der Schule. Für den Heimweg braucht sie 15 Minuten, für das Mittagessen 20 Minuten, mit dem Hund geht sie 25 Minuten spazieren, für das Abendessen braucht sie 15 Minuten und für den Weg zum Kino 12 Minuten. Die Vorstellung beginnt um 18 Uhr. Wieviel Zeit bleibt ihr vor dem Kinobesuch noch für die Hausaufgabe?

18. In der Haushaltskasse befinden sich am Morgen 88,70 DM. Im Laufe des Tages werden ausgegeben: 12,50 DM; 17,80 DM; 83,40 DM. Der Briefträger bringt überraschend 100 DM, als Gewinn in einem Preisausschreiben. Wie hoch ist der Kassenstand am Abend?

19. Beim Sommernachtsfest des Fußballclubs Hauruck werden verkauft:

500	Essen für	4340 DM
500	Bratwürste für	750 DM
120	Brotzeitteller für	720 DM
200	Hähnchen für	1100 DM
1000	Semmeln für	300 DM
300	Brezen für	150 DM
700	l Bier für	1050 DM
250	l alkoholfreie Getränke für	350 DM

Die Selbstkosten errechnet der Kassier mit 3942 DM. Welchen finanziellen Gewinn brachte das Fest dem Verein, wenn die Tombola durch den Verkauf von Losen einen zusätzlichen Gewinn von 2088 DM brachte?

20. Eine Baufirma hat 6 t 400 kg Zement vorrätig. In einer Woche werden acht verschiedene Baustellen beliefert.
Sie erhalten: 1 t 500 kg; 150 kg; 950 kg; 150 kg; 400 kg; 750 kg; 1050 kg; 305 kg
a) Welche Zementmenge (in t und kg) wurde ausgeliefert?
b) Wieviel Zement (in t und kg) ist am Ende der Woche noch vorrätig?

21. In einem Haushalt wurden von Montag bis einschließlich Samstag ausgegeben: am Montag 62 DM, am Dienstag 7 DM weniger, am Mittwoch 11,40 DM mehr als am Dienstag; in der zweiten Hälfte der Woche 41,40 DM mehr als in den ersten drei Tagen. Wie groß ist die Gesamtausgabe?

22. Ein Geschäftsmann verliert bei einem Unternehmen im 1. Jahr 10850 DM, im 2. Jahr verliert er nochmals 4075 DM, während er im 3. Jahr 23080 DM gewinnt. Im 4. Jahr erzielt er einen noch um 2345 DM größeren Gewinn als im 3. Jahr.
Wie groß ist nun sein Vermögen, wenn er mit 52500 DM angefangen hat?

23. Franz und Ulrike besuchten gemeinsam ein Volksfest. Die Mutter gab beiden zusammen 16,70 DM mit. Franz gab 4,50 DM mehr aus als Ulrike. Wieviel DM gab jeder von ihnen aus?

Zusammenfassung der Seiten 72 bis 92

Jede sinnvolle Zusammenstellung aus Zahlen und Platzhaltern mit Hilfe von Rechenzeichen nennt man *Term*.

Beispiele: $5 + 8 + 17$; $5 \cdot 9$; $45 : 9$; $28 - 12$; $5(18 - 12)$;
$33 + 115 \cdot 17 - 62 : 31$.

Wir beschränken uns zunächst auf Summen- und Differenzterme.

Also zum Beispiel: $(68 - 12) + 17$; $(99 + 101) - (12 + 38)$;
$104 - (28 + 31)$; $(304 - 208) + (107 - 66)$.

Die beiden Lernziele heißen dann:
1. Termart (Summe oder Differenz) bestimmen können
2. Zusammengesetzte Terme gliedern können

Term	Art des Terms*	Gliederung des Terms
$(68 - 12) + 17$	Summe	Der Term ist eine Summe. Ihr 1. Summand ist die Differenz der Zahlen 68 und 12, ihr 2. Summand ist die Zahl 17.
$(99 + 101) - (12 + 38)$	Differenz	Der Term ist eine Differenz. Ihr Minuend ist die Summe der Zahlen 99 und 101, ihr Subtrahend ist die Summe der Zahlen 12 und 38.

* Dasjenige Rechenzeichen (+ oder −), das sich bei der Berechnung des Termwerts am längsten hält, bestimmt die Termart (Summe oder Differenz).

*Dritte Runde, jetzt sind's neun,
die Rechnung wird den Wirt erfreu'n.*

Die Multiplikation in der Menge $\mathbb{N}_0$

Summe und Produkt

Statt $3 + 3 + 3 + 3$ schreiben wir auch $3 \cdot 4$ (lies: 3 mal 4).

4 gibt an, wie viele Summanden die Summe hat;
3 gibt an, um welchen Summanden es sich handelt.

> Die *Multiplikation* kann als abgekürzte Addition gleicher Summanden erklärt werden.

Beispiel

Sechs Kugeln, die mit den Ziffern 1, 2, 3, 4, 5, 6 beschriftet sind, werden auf zwei Behälter verteilt. Durch Ziehen von je einer Kugel bildet man zweistellige Zahlen. Nach jedem Ziehen werden die Kugeln in die jeweiligen Behälter zurückgelegt. Wie heißen die verschiedenen Zahlen, die dabei entstehen können, und wie viele zweistellige Zahlen können insgesamt entstehen?

Lösung: Möglliche Zahlen sind:

42	46	43	45	}8
24	64	34	54	
12	16	13	15	}8
21	61	31	51	

Man bekommt $8 + 8 = 8 \cdot 2$ verschiedene Zahlen

Multiplikation

Aufgaben

1. Sechs Kugeln, die mit den Ziffern 1, 2, 3, 4, 5, 6 beschriftet sind, werden auf zwei Behälter verteilt. Durch Ziehen von je einer Kugel bildet man zweistellige Zahlen. Nach jedem Ziehen werden die Kugeln in die jeweiligen Behälter zurückgelegt. Wie müssen die Kugeln auf die Behälter verteilt werden, damit man möglichst viele zweistellige Zahlen bilden kann?

2. Neun Kugeln, die mit den Ziffern 1, 2, 3, 4, 5, 6, 7, 8, 9 beschriftet sind, werden auf zwei Behälter verteilt. In dem einen Behälter sind drei Kugeln, im anderen die restlichen Kugeln. Durch Ziehen von je einer Kugel bildet man zweistellige Zahlen. Nach jedem Ziehen werden die Kugeln in die jeweiligen Behälter zurückgelegt.
   a) Wie viele unterschiedliche zweistellige Zahlen können dabei gebildet werden?
   b) Bei welcher Verteilung der Kugeln auf die beiden Behälter kann man die meisten zweistelligen Zahlen bilden?

3. Der Getränkeautomat liefert momentan heiße Milch.
   Wie viele verschiedene Einstellungen sind überhaupt möglich?
   Schreibe auf: Milch, heiß ...

4. Herr Schick hat 494 DM gespart. Er kauft sich eine Hose, drei verschiedenfarbige Hemden und zwei dazu passende Krawatten. Er kann sich mit den neuen Sachen verschieden kleiden.
   a) Wie viele Zusammenstellungen (Hose–Hemd–Krawatte) gibt es?
   b) Wie viele Zusammenstellungen gäbe es, wenn sich Herr Schick statt einer Hose zwei verschiedene Hosen gekauft hätte?

5. Die Abbildung zeigt einen Teil eines Schachbretts. Zur genauen Angabe der Lage einer Figur werden die Spielfelder durch Buchstaben-Zahlen-Paare gekennzeichnet. Der schwarze Springer steht z. B. auf dem Feld a 3. Es werden die Buchstaben a bis h und die Zahlen 1 bis 8 verwendet. Wie viele Spielfelder hat das Schachbrett?

6. Bei einem Handballturnier nehmen fünf Mannschaften A, B, C, D und E teil. Wie viele Spiele müssen ausgetragen werden, wenn jeder gegen jeden spielt? Übertrage die Abbildung in dein Heft und ergänze!

   spielt gegen

7. Die Fußball-Bundesliga umfaßt 18 Vereine. Wie viele Spiele müssen während einer Spielsaison ausgetragen werden?

Fachwörter beim Multiplizieren

$$\overbrace{17 \cdot 8}^{Produkt} = 136$$

1. Faktor mal *2. Faktor* gleich *Wert des Produkts*

Beispiele

Wir bilden Produkte

1. Schreibe die Summe 217 + 217 + 217 + 217 + 217

als Produkt, und berechne den Produktwert!

Lösung: 217 + 217 + 217 + 217 + 217 = 217 · 5 = 1085

2. Bilde den Term „Multipliziere die Zahl 105 mit der Zahl 8", und führe die Rechnung aus!

Lösung: 105 · 8 = 840

Aufgaben

1. Schreibe die folgenden Summen als Produkte, und berechne den Produktwert!
   a) 17 + 17 + 17 + 17 + 17 + 17 + 17 + 17 + 17
   b) 303 + 303 + 303 + 303 + 303 + 303 + 303 + 303 + 303 + 303 + 303 + 303

2. Bilde die Terme und führe die Rechnung aus:
   a) Multipliziere die Zahl 88 mit der Zahl 5!
   b) Berechne das Produkt der Zahlen 17 und 18!
   c) Multipliziere 105 mit 207!
   d) Multipliziere die Summe der Zahlen 207 und 103 mit der Zahl 100!

3. Verkürze zu einer Summe von Produkten!
   a) 31 + 31 + 31 + 7 + 7 + 7 + 7 + 7   b) 9 + 7 + 9 + 7 + 9 + 7 + 9 + 9

4. Um wieviel ändert sich der Wert des Produkts 8 · 12, wenn
   a) der 1. Faktor verdoppelt wird,
   b) beide Faktoren jeweils um 1 vergrößert werden,
   c) der 2. Faktor um 4 vermindert wird,
   d) der 1. Faktor um 2 vergrößert und der 2. Faktor um 2 vermindert wird?

5. Übertrage die Tabelle in dein Heft, und vervollständige sie!

1. Faktor	4	10		17		500
2. Faktor	19		125		14	
Wert des Produkts		1000	1000	289	196	30 000

Multiplikation

Multiplikationsoperator

Wie die Addition kann auch die Multiplikation unter dem Operatoraspekt gesehen werden. Im Produkt 5 · 4 wird der 2. Faktor zusammen mit dem Rechenzeichen als *Operator* aufgefaßt. Man kann diese Operation auch als eine Maschine sehen, die eingegebene Zahlen nach einem bestimmten „Programm" verarbeitet.

Beispiele

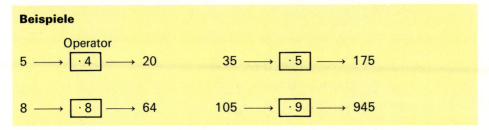

Operator
5 ⟶ · 4 ⟶ 20   35 ⟶ · 5 ⟶ 175

8 ⟶ · 8 ⟶ 64   105 ⟶ · 9 ⟶ 945

Aufgaben

1. Markus' größerer Bruder Stefan hat einen programmierbaren Taschenrechner. Damit führt er Markus folgendes „Kunststück" vor:
Gibt man in den Rechner die Zahl 5 ein, so druckt der Rechner die Zahl 10 aus; gibt man die Zahl 7 ein, so druckt dieser die Zahl 14 aus, bei der eingegebenen Zahl 27 erhält man in der Ausgabe 54. Nach welchem „Programm" arbeitet der Taschenrechner?

2. Ein Taschenrechner arbeitet nach dem Programm · 4.
Berechne jeweils die ausgegebenen Zahlen, wenn der Reihe nach die Zahlen eingegeben werden: 2; 7; 14; 25; 50; 100; 300; 400; 505; 620; 750; 800; 1000; 2050; 20000.

3. Die Wirkung von Operatoren notiert man in Tabellen für Eingabe (abgekürzt: E) und Ausgabe (abgekürzt: A).
Übertrage die nachfolgenden Tabellen in dein Heft, und fülle sie dort weiter aus:

E	· 4 → A		E	· 7 → A		E	· 12 → A
2	8		5			5	
5	20		12			8	
9			9				36
17			13				144
30			11			9	
50			14			14	
13			22				156

E	· 9 → A		E	· 8 → A		E	· 13 → A
4			15				39
	36		7			5	
7				32		9	
	108			88		11	
3				136			169
5				176			273
	126			240			143

97

4. Ermittle die Programme für folgende Eingaben (E) und Ausgaben (A):

	a)	b)	c)	d)	e)	f)	g)	h)
E	13	7	15	8	18	20	205	83
A	65	84	225	72	90	140	1435	498

5. Andere Darstellung des Operators:
   Beispiel: 12 m $\xrightarrow{\cdot 5}$ 60 m
   a) Berechne die Ausgabewerte, wenn in den Operator $\xrightarrow{\cdot 5}$ folgende Größen eingegeben werden:
   5 m; 7 m; 12 m; 8 m; 14 m; 15 cm; 3 dm; 2 km; 4 m
   b) Gleiche Eingabe und gleiche Ausgabe wie in a) für den Operator $\xrightarrow{\cdot 12}$.

6. Operatoren lassen sich verketten.
   Beispiel: 7 $\xrightarrow{\cdot 2}$ 14 $\xrightarrow{\cdot 3}$ 42 $\xrightarrow{\cdot 2}$ 84
   Übertrage in dein Heft und fülle die Leerstellen □ aus!
   a) 14 $\xrightarrow{\cdot 2}$ □ $\xrightarrow{\cdot 5}$ □ $\xrightarrow{\cdot 5}$ □   b) 7 $\xrightarrow{\cdot 4}$ □ $\xrightarrow{\cdot 2}$ □ $\xrightarrow{\cdot 3}$ □
   c) 21 $\xrightarrow{\cdot 5}$ □ $\xrightarrow{\cdot 3}$ □ $\xrightarrow{\cdot 7}$ □   d) 125 $\xrightarrow{\cdot 8}$ □ $\xrightarrow{\cdot 2}$ □ $\xrightarrow{\cdot 5}$ □

Die Sonderstellung der Zahlen 1 und 0

Stefan hat eine große Schwester in der 10. Klasse. Sie gibt in ihren Taschenrechner ein besonderes Programm ein. Das bewirkt: Gibt man in den Rechner irgendeine Zahl ein, so gibt der Rechner die Zahl selbst wieder aus.
Der Taschenrechner arbeitet nach dem Programm ·1.

Stefan stellt fest:

> Der Operator $\boxed{\cdot 1}$ ändert die Eingabe nicht.

Ein anderes Programm bewirkt, daß der Rechner immer die Null ausgibt.

Stefan stellt fest:

> Der Operator $\boxed{\cdot 0}$ macht jede Eingabe zu Null.

Wir vereinbaren:

> $a \cdot 0 = 0 \cdot a = 0; \quad a \in \mathbb{N}_0$

Multiplikation

Aufgaben

1. Du hast gelernt, daß die Multiplikation als abgekürzte Addition gleicher Summanden erklärt werden kann.
   Wende dies auf die Terme $0 \cdot 4$ und $4 \cdot 0$ an! Was stellst du fest?

2. Berechne!
   a) $7 \cdot 0$ b) $28 \cdot 1$ c) $1 \cdot 27$ d) $1 \cdot 1$ e) $150 \cdot 1$ f) $0 \cdot 0$ g) $0 \cdot 8$ h) $1 \cdot 99$

Vermischte Aufgaben

3. Wir ändert sich der Wert des Produkts $18 \cdot 5$,
   a) wenn man den 1. Faktor verdoppelt?
   b) wenn man den 2. Faktor verdoppelt?
   c) wenn man beide Faktoren verdoppelt?
   d) wenn man den 1. Faktor um 1 vergrößert?
   e) wenn man den 2. Faktor um 4 verkleinert?
   f) wenn man den 2. Faktor um 5 verkleinert?
   g) wenn man den 1. Faktor halbiert?

4. Welches der Zeichen $<$, $>$ oder $=$ muß in die Leerstelle eingesetzt werden, so daß eine wahre Aussage entsteht?
   a) $15 \cdot 7 \ldots 15 \cdot 12$ b) $208 \cdot 5 \ldots 206 \cdot 5$ c) $307 \cdot 88 \ldots 306 \cdot 87$
   d) $88 \cdot 44 \ldots 86 \cdot 46$ e) $1 \cdot 98 \ldots 80 \cdot 0$ f) $95 \cdot 0 \ldots 33 \cdot 0$

5. Übertrage in dein Heft und fülle die Leerstellen □ aus!
   a) $5 \text{ min} \xrightarrow{\cdot 5} \square \xrightarrow{\cdot 1} \square \xrightarrow{\cdot 4} \square$
   b) $30 \text{ m} \xrightarrow{\cdot 4} \square \xrightarrow{\cdot 2} \square \xrightarrow{\cdot 3} \square \xrightarrow{\cdot 2} \square$
   c) $10 \text{ DM} \xrightarrow{\cdot 5} \square \xrightarrow{\cdot 5} \square \xrightarrow{\cdot 5} \square \xrightarrow{\cdot 8} \square$
   d) $12 \text{ Pf} \xrightarrow{\cdot 5} \square \xrightarrow{\cdot 4} \square \xrightarrow{\cdot 2} \square \xrightarrow{\cdot 10} \square$
   e) $3 \text{ kg} \xrightarrow{\cdot 3} \square \xrightarrow{\cdot 1} \square \xrightarrow{\cdot 3} \square \xrightarrow{\cdot 3} \square$

6. Eva kauft auf dem Wochenmarkt ein. Beim Obststand sieht sie, daß sich die Verkäuferin Zettel bereitgelegt hat, auf denen Warenmenge und Preis aufgeschrieben sind:

   a) Berechne die Preise für 4 kg Tomaten, 4 kg Weintrauben und 4 kg Äpfel!
   b) Eva kauft 1,5 kg Tomaten, 3 kg Weintrauben und 3 kg Äpfel. Sie bezahlt mit einem 50-DM-Schein. Wieviel Wechselgeld erhält sie zurück?

7. Peter besucht mit seinen Eltern ein Konzert. In der Pause stellt er fest, daß es im Konzertsaal 30 Reihen Sitzplätze mit jeweils 28 Stühlen gibt.
   a) Das Konzert ist ausverkauft. Wie viele Zuhörer nahmen am Konzert teil?
   b) An diesem Abend wurden 100 Karten für 25 DM, 400 Karten für 20 DM und die restlichen Karten für 15 DM verkauft. Peter errechnet als Gesamteinnahme 15 000 DM. Überprüfe das!

8. Berechne durch geschicktes Vertauschen und Zusammenfassen:
   a) $1 + 2 + 3 + 4 + \ldots + 96 + 97 + 98 + 99 + 100$
   b) $40 + 41 + 42 + 43 + 44 + 45 + 46 + 47 + 48 + 49$
   c) Führe die fortlaufende Addition in den Aufgaben a) und b) auf eine Multiplikation zurück!

Rechengesetze der Multiplikation

1. Vertauschungsgesetz (Kommutativgesetz)

> Der Wert eines Produkts ändert sich nicht, wenn man die Faktoren vertauscht.

Beispiel

Wir bestimmen die Gesamtzahl der Punkte in einem Punktemuster.

Bestimme die Gesamtzahl der Punkte in der Abbildung auf verschiedene Arten durch Multiplikation!

Lösung:
(1) In einer Reihe sind 5 Punkte. Das dreireihige Punktemuster hat damit $5 \cdot 3$ Punkte.

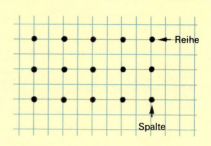

(2) In einer Spalte sind drei Punkte. Das fünfspaltige Punktemuster hat damit $3 \cdot 5$ Punkte.

In beiden Fällen ist das Gesamtergebnis dasselbe: 15!
Wir lesen aus der Abbildung ab: **5 · 3 = 3 · 5**

Aufgaben

1. Schreibe die Multiplikation als Addition! Vergleiche die Werte der Summen mit den Werten der Produkte!
   a) $2 \cdot 3$; $3 \cdot 2$
   b) $2 \cdot 6$; $6 \cdot 2$
   c) $3 \cdot 4$; $4 \cdot 3$
   d) $10 \cdot 3$; $3 \cdot 10$

Multiplikation

2. Ein Fensterputzer putzt die Fenster eines 24stöckigen Hochhauses von außen, ein zweiter putzt sie von innen. Jedes Stockwerk hat 18 Fenster. Wie viele Fenster putzt jeder? Die Fensterputzer rechnen auf verschiedene Art. Jeder denkt an die Reihenfolge, in der er die Fenster putzt.

2. Verbindungsgesetz (Assoziativgesetz)

> Der Wert eines Produkts ändert sich nicht, wenn man die Faktoren beliebig zu Teilprodukten verbindet.

Beispiel

Rechne so, wie es die Klammern anzeigen, und vergleiche die Ergebnisse miteinander:

$$(3 \cdot 5) \cdot 8 \quad \text{und} \quad 3 \cdot (5 \cdot 8).$$

Lösung: $(3 \cdot 5) \cdot 8 = 15 \cdot 8 = 120$
$3 \cdot (5 \cdot 8) = 3 \cdot 40 = 120$

Die Produktwerte stimmen überein. Es gilt: **$(3 \cdot 5) \cdot 8 = 3 \cdot (5 \cdot 8)$**

Aufgaben

1. Berechne die Gesamtzahl der Punkte im Raumgitter auf verschiedene Weisen!
Zeige, daß du damit das Verbindungsgesetz veranschaulichen kannst!

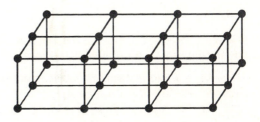

2. Multipliziere der Reihe nach im Kopf!
   Beispiel: $2 \cdot 3 \cdot 5 = 6 \cdot 5 = 30$
   a) $2 \cdot 5 \cdot 6$ b) $3 \cdot 8 \cdot 7$ c) $5 \cdot 2 \cdot 16$ d) $4 \cdot 2 \cdot 25$
   e) $7 \cdot 8 \cdot 5$ f) $4 \cdot 12 \cdot 2$ g) $3 \cdot 9 \cdot 4$ h) $15 \cdot 5 \cdot 3$
   i) $14 \cdot 10 \cdot 2$ j) $11 \cdot 11 \cdot 3$ k) $25 \cdot 4 \cdot 12$ l) $50 \cdot 8 \cdot 4$

3. Berechne im Kopf! Vergleiche in jeder Gruppe die Ergebnisse miteinander!
   a) $4 \cdot (5 \cdot 3)$ und $(4 \cdot 5) \cdot 3$ b) $2 \cdot 7 \cdot (5 \cdot 4)$ und $2 \cdot (7 \cdot 5) \cdot 4$
   c) $(5 \cdot 8) \cdot 5$ und $5 \cdot (8 \cdot 5)$
   d) $5 \cdot (7 \cdot 3) \cdot 10$ und $(5 \cdot 7) \cdot (3 \cdot 10)$ und $(5 \cdot 7) \cdot 3 \cdot 10$

3. Verteilungsgesetz (Distributivgesetz)

> Eine Summe (Differenz) wird mit einer Zahl multipliziert, indem man jedes Glied mit der Zahl multipliziert und die Produktwerte addiert (subtrahiert).

Beispiel

Wir bestimmen die Gesamtzahl der Punkte in einem Punktemuster.

Zerlege das Punktemuster so, wie es die gestrichelte Linie anzeigt, in zwei Punktmengen.

a) Stelle die Gesamtzahl der Punkte im Feld I bzw. im Feld II durch ein Produkt dar.

b) Welche Beziehung besteht zwischen dem Wert des Produkts $(5 + 3) \cdot 6$ und der Summe der in a) aufgestellten Produkte?

Lösung:
a) Anzahl der Punkte im Feld I: $5 \cdot 6$
   Anzahl der Punkte im Feld II: $3 \cdot 6$
b) $(5 + 3) \cdot 6 = 5 \cdot 6 + 3 \cdot 6$

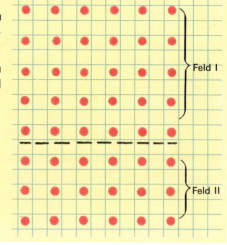

Aufgaben

1. Übertrage das Punktemuster des letzten Beispiels in dein Heft. Zerlege das Punktemuster auf andere Weise, und schreibe die Gleichungen auf, die du ablesen kannst.

2. Vereinfache, wenn möglich, zu einem Produkt!
   Beispiel: $4 \cdot 12 + 6 \cdot 12 = (4 + 6) \cdot 12 = 10 \cdot 12$
   a) $3 \cdot 10 + 7 \cdot 10$ b) $27 \cdot 3 + 27 \cdot 5$ c) $18 \cdot 8 + 18 \cdot 3$ d) $5 \cdot 9 + 7 \cdot 8$

Multiplikation

3. Berechne durch Ausklammern!
   Beispiel: $7 \cdot 17 + 3 \cdot 17 = (7 + 3) \cdot 17 = 10 \cdot 17 = 170$
   a) $5 \cdot 7 + 3 \cdot 7$ b) $6 \cdot 14 + 6 \cdot 27$ c) $8 \cdot 7 + 8 \cdot 23$ d) $3 \cdot 35 + 3 \cdot 55$

4. Übertrage die nachfolgenden Aufgaben in dein Heft. Gib der Reihe nach die Gesetze an, die verwendet wurden. Benutze die Abkürzungen: K = Kommutativgesetz, A = Assoziativgesetz, D = Distributivgesetz.
   Beispiel: $4 \cdot 3 \cdot 5 = 4 \cdot 5 \cdot 3 = (4 \cdot 5) \cdot 3 = 20 \cdot 3 = 60$
                     K   A
   a) $27 \cdot 98 = 27 \cdot (100 - 2) = 27 \cdot 100 - 27 \cdot 2 = 2700 - 54 = 2646$
   b) $93 \cdot 17 = 17 \cdot 93 = 17 \cdot (100 - 7) = 1700 - 119 = 1581$
   c) $10 \cdot 5 \cdot 10 \cdot 4 = 10 \cdot 10 \cdot 5 \cdot 4 = (10 \cdot 10) \cdot (5 \cdot 4) = 100 \cdot 20 = 20 \cdot 100 = 2000$
   d) $20 \cdot 199 \cdot 5 \cdot 4 = 20 \cdot 5 \cdot 199 \cdot 4 = (20 \cdot 5) \cdot 199 \cdot 4 = 100 \cdot (200 - 1) \cdot 4 =$
   $= 100 \cdot 4 \cdot (200 - 1) = 400 \cdot (200 - 1) = 80000 - 400 = 79600$

5. Berechne fortlaufend im Kopf!
   a) $12 \cdot 10 \vdots - 21 \vdots \cdot 5 \vdots + 105 \vdots - 240 \vdots - 185 \vdots + 15$
   b) $5 - 5 \vdots \cdot 0 \vdots + 3 \vdots \cdot 12 \vdots - 35 \vdots \cdot 0 \vdots + 10$
   c) $75 \cdot 4 \vdots - 155 \vdots + 205 \vdots \cdot 3 \vdots - 550 \vdots - 198 \vdots - 103$
   d) $41 \cdot 9 \vdots - 169 \vdots - 180 \vdots \cdot 6 \vdots + 70 \vdots - 151 \vdots \cdot 4$

Rechenvorteile beim Multiplizieren

1. Der Faktor ist eine Stufenzahl

> Eine Zahl wird mit einer Stufenzahl multipliziert, indem man so viele Nullen anhängt, wie die Stufenzahl Nullen hat.

Z. B.: $26 \cdot 100 = 2600$; $37 \cdot 100000 = 3700000$

Aufgaben

1. Berechne im Kopf!
   a) $11 \cdot 100$ b) $131 \cdot 10000$ c) $70 \cdot 1000$ d) $803 \cdot 100000$

2. Anwendung des Vertauschungsgesetzes

$8 \cdot 9 \cdot 125 \; = \; 8 \cdot 125 \cdot 9 \; = \; (8 \cdot 125) \cdot 9 = 1000 \cdot 9 = 9000$
          ↑   ↑
Vertauschungsgesetz Verbindungsgesetz

Aufgaben

1. Rechne möglichst einfach im Kopf, indem du die Faktoren der Produkte vertauschst!
a) 4 · 12 · 5   b) 2 · 9 · 25   c) 15 · 8 · 2   d) 8 · 14 · 50
e) 25 · 7 · 4   f) 5 · 7 · 12   g) 2 · 42 · 5   h) 5 · 24 · 2
i) 20 · 9 · 5   j) 4 · 14 · 25   k) 2 · 77 · 500   l) 250 · 8 · 4

3. Anwendung des Verbindungsgesetzes

4 · 9 · 25 · 7 = 4 · 25 · 9 · 7 = (4 · 25) · (9 · 7) = 100 · 63 = 6300
    ↑   ↑
Vertauschungsgesetz   Verbindungsgesetz

Aufgaben

1. Rechne mit Rechenvorteil!
a) 3 · 4 · 5 · 17   b) 250 · 17 · 2   c) 125 · 16 · 8 · 5   d) 2 · 35 · 50
e) 2 · 51 · 500   f) 2 · 107 · 50   g) 4 · 58 · 250   h) 4 · 43 · 250
i) 10 · 2 · 13 · 5   j) 5 · 41 · 2 · 200 k) 50 · 27 · 2 · 4   l) 190 · 4 · 100

Vermischte Aufgaben

2. In einem Straßenbahnwagen sind die Sitzplätze so angeordnet, wie es die Abbildung zeigt:

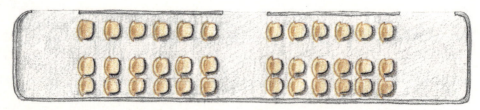

Berechne die Anzahl der Sitzplätze auf verschiedene Arten! Zeige, daß du damit das Verteilungsgesetz (Distributivgesetz) veranschaulichen kannst!

3. Berechne die Produkte! Wende das Vertauschungsgesetz und das Verbindungsgesetz immer dann an, wenn es sinnvoll ist:
a) 12 · 5 · 12 · 20   b) 107 · 0 · 2 · 5   c) 22 · 5 · 2 · 0
d) 25 · 17 · 4 · 2   e) 16 · 1000 · 2 · 50   f) 50 · 7 · 400 · 2000
g) 2 · 7 · 50   h) 5 · 17 · 4   i) 7 · 5 · 5 · 8
k) 100 · 33   l) 1000 · 50 · 20   m) 1 000 000 · 8 · 125

Multiplikation

4. Berechne mit Rechenvorteil!
  a) 5 · 34
  b) 82 · 5
  c) 60 · 25
  d) 52 · 75
  e) 24 · 15
  f) 8 · 5 · 5 · 9
  g) 20 · 61 · 5 · 7
  h) 8 · 507 · 125
  i) 60 · 16 · 11 · 125
  j) 16 · 702 · 250
  k) 40 · 502 · 15
  l) 2 · 17 · 2 · 18 · 125

5. Berechne die Produkte! Wende das Verteilungsgesetz immer dann an, wenn es sinnvoll ist:

Beispiel: 107 · 199 =
= 107 · (200 − 1) =
= 107 · 2 · 100 − 107 =
= 21 400 − 107 = 21 293

  a) 17 · 11
  b) 35 · 18
  c) 27 · 222
  d) 14 · 9 · 10
  e) 101 · 23
  f) 504 · 17
  g) 37 · 100 · 12
  h) 1005 · 68
  i) 13 · 10 · 8
  j) 88 · 98
  k) 11 · 11 · 5
  l) 95 · 101 · 4

6. Rechne mit Rechenvorteil im Kopf!
  a) 4 · 700
  b) 500 · 7
  c) 2078 · 1000
  d) 10 000 · 805
  e) 900 · 100
  f) 3000 · 100
  g) 500 · 12
  h) 14 · 7000
  i) 22 · 50
  j) 24 · 500
  k) 23 · 3000
  l) 32 · 30 000

7. Rechne im Kopf!
  a) 30 · 60; 20 · 500; 400 · 70; 7000 · 8; 30 · 5000
  b) 120 · 40; 105 · 80; 210 · 60; 50 · 9000; 80 · 2400
  c) 1200 · 400; 700 · 3000; 150 · 8000; 1900 · 20; 330 · 800

8. Berechne vorteilhaft!
  a) (104 + 62) · 9 − 9 · 62
  b) 6 · 25 · 64 · 4
  c) 0 · 25 · 17 · 4
  d) (304 − 64) · 15 − 64 · 15

Schriftliches Multiplizieren

Sind die Faktoren eines Produkts mehrstellige Zahlen, so muß der Wert des Produkts schriftlich berechnet werden.

Beispiel

624 · 244 = 624 · (200 + 40 + 4) = 124 800 + 24 960 + 2496 = 152 256

Praktische Durchführung:

```
  6 2 4 · 2 4 4
  1 2 4 8 0 0
      2 4 9 6 0
  +       2 4 9 6
  ─────────────────
  1 5 2 2 5 6
```

kürzer ohne Nullen

```
  6 2 4 · 2 4 4
      1 2 4 8
        2 4 9 6
  +         2 4 9 6
  ─────────────────
  1 5 2 2 5 6
```

Aufgaben

1. Schätze das Ergebnis zuerst und multipliziere dann schriftlich!
   a) 728 · 28   b) 4006 · 41   c) 7308 · 56
   d) 687 · 219   e) 6543 · 84   f) 8052 · 49
   g) 5996 · 799   h) 8217 · 406   i) 3566 · 9002
   j) 685 871 · 18   k) 31 893 · 24   l) 41 096 · 8300

2. Die „Zauberzahl" 142 857
   a) Multipliziere die Zauberzahl mit 2, 3, 4, 5, 6!
   b) Multipliziere die Zauberzahl mit 7!
   c) Multipliziere die Zauberzahl mit 42!

3. Berechne den Wert folgender Produkte!
   a) 2457 · 90005   b) 336 · 2010   c) 610 505 · 904   d) 12345679 · 9

Vermischte Aufgaben

4. *Zum Knobeln*
   a) Der Differenzwert zweier Zahlen ist 4. Ihr Produktwert ist 77. Welche Zahlen sind es?
   b) Der Summenwert zweier Zahlen ist 37. Ihr Produktwert ist 300. Wie heißen die Zahlen?

5. *Konzentrationsübung*
   a) Gib das Produkt von 12 und 7 an!
   b) Der eine Faktor ist 42, der andere 5. Berechne den Produktwert!
   c) Eine Summe besteht aus den 11 gleichen Summanden 568. Berechne den Summenwert!
   d) Addiere zum Produkt der Zahlen 2 und 48 die Summe dieser Zahlen!
   e) Multipliziere die Summe der Zahlen 12 und 8 mit 18!
   f) Um wieviel wird der Wert des Produktes 5 · 10 größer, wenn beide Faktoren um 10 vergrößert werden?

6. Um wieviel ändert sich der Wert des Produktes 414 · 288, wenn
   a) der 1. Faktor um 14 verkleinert, der 2. Faktor um 14 vergrößert wird,
   b) der 1. Faktor um 14 vergrößert, der 2. Faktor um 14 verkleinert wird?
   Was vermutest du? Ändert sich der Produktwert in beiden Fällen um dasselbe?

7. Multipliziere (soweit wie möglich im Kopf!) jeden Faktor der 1. Zeile mit jedem Faktor der 2. Zeile (100 Aufgaben!).
   1. Faktor: 5;   0; 10;   8;   4;   1; 25; 40; 70; 105
   2. Faktor: 0;   1;   5;   7; 100; 200;   9; 150; 56; 233

Multiplikation

Sachaufgaben

1. a) Beim Werbefernsehen des ZDF kostete 1 s Sendezeit im Jahre 1984 durchschnittlich 2700 DM. Wie teuer war eine Sendung von einer halben Minute?
   b) Beim Bayerischen Rundfunk kostete im gleichen Jahr 1 s Sendezeit rund 300 DM. Um wieviel DM war eine halbminütige Sendung beim Bayerischen Rundfunk billiger als beim ZDF?

2. Ein Gemeindearbeiter hatte 1983 in der Lohngruppe VII einen Stundenlohn von 13,75 DM. Berechne den Wochenlohn bei einer Arbeitszeit von 40 Stunden.

3. Silkes Vater fährt jeden Tag zu seinem 6 km entfernten Arbeitsplatz mit dem Auto.
   a) Wieviel Kilometer fährt er an den 220 Arbeitstagen des Jahres?
   b) Sein Auto benötigt durchschnittlich 7 Liter Benzin für 100 km. 1 Liter Benzin kostet durchschnittlich 1,45 DM. Berechne die jährlichen Benzinkosten!

4. Ein guter Anzugstoff kostet 63,40 DM je Meter. Für einen Anzug braucht man 3 m. Schneidermeister Harting kauft Stoff für 5 Anzüge. Wieviel muß er bezahlen?

5. Bettina ist sehr sparsam. Sie bringt 3 Jahre lang monatlich 60 DM von ihrem Lohn zur Sparkasse. Vom Ersparten möchte sie sich eine Stereoanlage für 1850 DM und einen Schrank für 420 DM kaufen. Kann sie das?

6. Herr Biehler zahlt für seine Tageszeitung im Abonnement 27,80 DM. Er könnte seine Zeitung auch am Kiosk kaufen. Dort kostet sie im Einzelverkauf an den ersten fünf Wochentagen 1,20 DM und am Samstag 1,50 DM. Am Sonntag erscheint die Zeitung nicht.
   a) Berechne die Kosten beim Einzelkauf für die Monate Mai, September und Oktober.
   b) Herr Biehler behauptet, im Abonnement würde er allein während der Monate Mai, September und Oktober gegenüber dem täglichen Einzelkauf 15 DM sparen. Überprüfe das!

7. Im Supermarkt sind Wischtücher teurer geworden. Eine Vierer-Packung kostet jetzt gleich viel wie früher eine Fünfer-Packung. Frau Demel rechnet aus, daß die Erhöhung bei jedem Tuch 60 Pf ausmacht. Wie teuer ist jetzt ein Tuch?

8. Der Puls eines Erwachsenen schlägt in der Minute etwa 80mal. Wie oft schlägt der Puls a) in einem Tag, b) in einem Jahr (= 365 Tage), c) in vierzig Jahren?

9. In einem Turm sind 8 Treppen; jede Treppe hat 31 Stufen; jede Stufe ist 16 cm hoch. Welche Höhe hat man bis zur Plattform des Turmes erstiegen?

10. Der Schall legt in der Luft in 1 s durchschnittlich eine Strecke von 330 m zurück. Wie weit ist ein Gewitter entfernt, wenn du 7 s nach dem Blitz den Donner hörst?

11. Ralf besucht das Gymnasium der Nachbarstadt. Auf dem Weg zur Schule muß er zunächst 1,5 km zur Bushaltestelle laufen; mit dem Bus fährt er dann 16 km; vom Busbahnhof in der Stadt bis zur Schule sind es noch 800 m zu Fuß. Welche Strecken legt Ralf auf seinem Schulweg
  a) an einem Tag,
  b) in einer Woche (= 5 Tage) und
  c) in einem Schuljahr (= 185 Tage) zurück?

12. Der Gloria-Filmpalast hat 40 Logenplätze, 120 Sperrsitze und 200 I. Plätze. Als der Film „E.T." lief, waren an einem Abend bereits 154 Karten im Vorverkauf vergeben, an der Abendkasse standen 220 Personen an.

Reihe	Preis
Loge	7,50 DM
Sperrsitz	7,— DM
I. Platz	6,— DM

  a) Wie viele Leute mußten abgewiesen werden?
  b) Wie hoch war der Gewinn des Kinobsitzers an diesem Abend, wenn er an den Filmverleih 1120,20 DM abgeben mußte und er seine Betriebskosten mit 275 DM ansetzte?
  c) Zwei Wochen später verkauft er Karten für 20 Logenplätze, 35 Sperrsitze und 8 I. Plätze. Wie groß ist an diesem Abend sein Verlust, wenn er an den Filmverleih die Hälfte seiner Einnahmen abgeben muß und er seine Betriebskosten wieder mit 275 DM ansetzt?

13. Das Schiff „M. S. Medea" ist der zur Zeit größte Autotransporter der Welt. Das Schiff kann bis zu 6400 Autos aufladen.
  a) Denke dir die Autos des vollbeladenen Schiffes hintereinander in einer Linie aufgestellt. Wie lang ist diese „Autokette", wenn ein Auto durchschnittlich 3,80 m lang ist? (Rechne in cm!)
  b) Der durchschnittliche Neupreis der aufgeladenen Autos soll 16 700 DM betragen. Welchen Gesamtwert in DM stellt diese „Autokette" dar?

Zusammenfassung der Seiten 94 bis 108

Die Multiplikation kann als wiederholte (verkürzte) Addition gleicher Summanden aufgefaßt werden.

Beispiel: $306 + 306 + 306 + 306 = 306 \cdot 4 = 1224$

 1. Faktor 2. Faktor   Wert des Produktes
 ⎣___ Produkt ___⎦

Rechnen mit 0 und 1

> Bei der Multiplikation mit Null ergibt sich immer Null.
> $a \cdot 0 = 0$ und $0 \cdot a = 0$; $a \in \mathbb{N}_0$

> Bei der Multiplikation mit 1 ändert sich nichts.
> $a \cdot 1 = a$ und $1 \cdot a = 1$; $a \in \mathbb{N}_0$

Bei der mündlichen und halbschriftlichen Multiplikation kann man oft vorteilhaft rechnen, wenn man die Rechengesetze der Multiplikation benutzt.

Beispiel: Berechne im Kopf $4 \cdot 8 \cdot 25 \cdot 7$!   Du rechnest vorteilhaft so:

$4 \cdot 8 \cdot 25 \cdot 7 \quad = \quad 4 \cdot 25 \cdot 8 \cdot 7 \quad = \quad (4 \cdot 25) \cdot (8 \cdot 7) = 100 \cdot 56$
$ = 5600.$

Du benutzt das *Vertauschungsgesetz (Kommutativgesetz):* Der Wert eines Produkts ändert sich nicht, wenn man die Faktoren vertauscht. Hier: $4 \cdot \boxed{8 \cdot 25} \cdot 7 =$ $= 4 \cdot \boxed{25 \cdot 8} \cdot 7$	Du benutzt das *Verbindungsgesetz (Assoziativgesetz):* Der Wert eines Produkts ändert sich nicht, wenn man die Faktoren beliebig zu Teilprodukten verbindet. Hier: $4 \cdot 25 \cdot 8 \cdot 7 =$ $= (4 \cdot 25) \cdot (8 \cdot 7)$ Es entsteht eine Zehnerzahl

Beispiel: Berechne im Kopf $94 \cdot 17$!   Du rechnest vorteilhaft so:

$94 \cdot 17 \quad = \quad (100 - 6) \cdot 17 \quad = \quad 100 \cdot 17 - 6 \cdot 17 = 1700 - 102 =$
$ = 1598$

Du benutzt das *Verteilungsgesetz (Distributivgesetz):* Eine Differenz wird mit einer Zahl multipliziert, indem man jedes Glied mit der Zahl multipliziert und die Produktwerte subtrahiert. Hier: $(100 - 6) \cdot 17 =$ $= 100 \cdot 17 - 6 \cdot 17$	Du benutzt wiederum das *Verteilungsgesetz (Distributivgesetz):* $6 \cdot 17 = 6 \cdot 10 + 6 \cdot 7 =$ $= 60 + 42 = 102$

*Des einen Lust, des andren Leid,
die Division geht hier zu weit.*

Die Division

Die Division als Umkehrung der Multiplikation

Die *Umkehroperation* zur Multiplikation heißt *Division*.
Aufgaben der Art $15 \xrightarrow{:5}$ bzw. $15:5$ heißen Divisionsaufgaben.
Der Operationsbefehl heißt „dividiere".

Beispiel

In einem Spielkasino konnte ein Spieler an drei Tagen nacheinander sein Kapital zunächst verdoppeln, dann vervierfachen und am letzten Tag schließlich gar verfünffachen! Mit 72000 DM verließ er dann das Spielkasino.
Mit welchem Startkapital begann der glückliche Spieler?

Lösung:

Wir stellen das Anwachsen des Startkapitals übersichtlich dar:

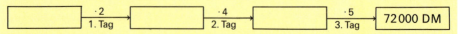

Division

Wir finden das Startkapital, indem wir die Kette in umgekehrter Richtung durchlaufen. Aus dem Operationsbefehl „multipliziere" wird der Operationsbefehl „dividiere".

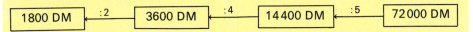

Der Glückspilz startete also mit 1800 DM.

Aufgaben

1. Stefan hat seinen Rechner so programmiert, daß zur eingegebenen Zahl 24 die ausgegebene Zahl 8 gehört, zu 66 gehört 22 und wird die Zahl 99 eingegeben, so gibt der Rechner die Zahl 33 aus.
   a) Nach welchem „Programm" arbeitet der Rechner?
   b) Ergänze die fehlenden Zahlen!

Eingabe	3	36	45	288	90	165	123	1500
Ausgabe		12		96			41	500

   c) Stefan stellt das Programm um. Jetzt gehört zur eingegebenen Zahl 8 die ausgegebene Zahl 24, zur Eingabe 22 die Zahl 66. Nach welchem Programm arbeitet die Maschine jetzt?

2. Ermittle im Kopf!
   a) 17 —·4→ ☐; 68 —:4→ ☐; 96 —·3→ ☐; 288 —:3→ ☐
   b) 7000 —:100→ ☐; 175 000 —:10→ ☐; 480 —:80→ ☐; 680 —:170→ ☐
   c) 8 —·5→ ☐ —:5→ ☐ —·7→ ☐; 950 —:190→ ☐ —·5→ ☐ —:25→ ☐

3. Es ist 850 : 17 = (50 · 17) : 17 = 50
   Berechne entsprechend:
   a) 340 : 17;   5100 : 17;   48 000 : 160
   b) 3800 : 19;   950 : 19;   13 300 : 190
   c) 840 : 21;   168 000 : 2100;   10 500 : 210

Vermischte Aufgaben

4. Dividiere im Kopf!
   a) 100 durch 2, 4, 10, 20, 25, 50, 100
   b) 96 durch 2, 3, 4, 8, 12, 16, 32, 48, 96
   c) 72 durch 2, 3, 4, 8, 9, 12, 36

5. Berechne im Kopf!
   a) 36 : 9; 45 : 9; 52 : 13; 66 : 11; 56 : 7; 10 : 5; 1000 : 20
   b) 60 : 15; 54 : 9; 64 : 8; 144 : 12; 72 : 12; 108 : 12; 75 : 5
   c) 121 : 11; 56 : 4; 36 : 18; 80 : 16; 75 : 15; 1000 : 50; 10 : 1; 160 : 8
   d) 169 : 13; 225 : 25; 225 : 15; 250 : 5; 25 000 : 100; 88 000 : 4

6. Die folgenden Zahlen sind durch 3 teilbar. Schreibe sie als Produkt mit dem Faktor 3.
Beispiel: $24 = 8 \cdot 3$
12; 63; 93; 102; 27; 66; 54; 45; 201; 210; 30; 300; 150; 1500

7. Die folgenden Zahlen sind durch 8 teilbar. Schreibe sie als Produkt mit dem Faktor 8.
$88 = 11 \cdot 8$
8; 24; 80; 184; 248; 800; 8000; 808; 16; 1000; 136; 176; 56

8. Bestimme die eingegebenen Zahlen mit Hilfe des „Umkehrprogrammes".

a) $\square \xrightarrow{:5} 87$ b) $\square \xrightarrow{:9} 22022$ c) $\square \xrightarrow{\cdot 7} 861$ d) $\square \xrightarrow{\cdot 8} 25720$

9. Gib die Teilermengen in aufzählender Form an:

a) T_{96} b) T_{72} c) T_{500} d) T_{126}

10. a) Karin gibt in die nebenstehende Operatorkette die Zahl 4 ein. Sie behauptet, daß die ausgegebene Zahl 12 heißt. Stimmt das?

b) Gib der Reihe nach in diese Operatorkette die Zahlen 8, 16 und 40 ein. Wie heißen die ausgegebenen Zahlen?

c) Die ganze Operatorkette läßt sich durch einen einzigen Operator ersetzen. Wie heißt er?

11. Ersetze die Operatorketten durch einen Operator!

a) —(·4)—(:4)→ b) —(·20)—(:10)→

c) —(·4)—(·8)→ d) —(:1)—(·17)→

12. Übertrage in dein Heft und setze die fehlenden Zahlen ein!
(Rechne so einfach wie möglich!)

a) [5]—(·4)—(·4)—(·2)→□

b) □—(·8)—(:2)—(:2)→[64]

c) □—(·3)—(·9)—○→[486], (·81)

d) □—(·25)—(:5)—○→[225], (·15)

e) [7]—(·8)—(:2)—○→□, (·20)

f) □—(·12)—(:4)—○→[10], (:6)

13. Übertrage in dein Heft und ergänze das Diagramm!

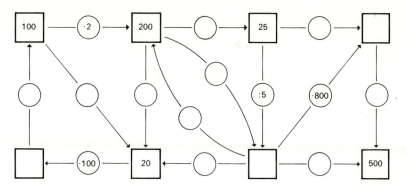

Fachwörter beim Dividieren

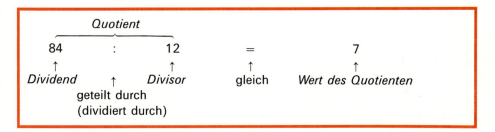

Beispiele

1. Wir bilden einen Quotienten

Bilde den Term „Dividiere das Produkt der Zahlen 17 und 20 durch 10" und führe die Rechnung durch!

Lösung: $(17 \cdot 20) : 10 = 340 : 10 = 34$
oder
$(17 \cdot 20) : 10 = 17 \cdot (20 : 10) = 17 \cdot 2 = 34$

2. Wir gliedern Terme

Gliedere die Terme:

a) $68 : 17$ b) $(10 \cdot 18) : 9$ c) $(35 : 7) \cdot (20 : 4)$

Lösung:

a) Der Term ist ein Quotient. Dividend ist die Zahl 68. Divisor ist die Zahl 17.

b) Der Term ist ein Quotient. Das Produkt der Zahlen 10 und 18 ist Dividend, die Zahl 9 ist Divisor.

c) Der Term ist ein Produkt. Der Quotient der Zahlen 35 und 7 ist 1. Faktor, 2. Faktor ist der Quotient der Zahlen 20 und 4.

Aufgaben

1. Schreibe den Term auf!
   a) Dividiere 800 durch 40!
   b) Bilde den Quotienten aus 965 und 193!
   c) Dividiere das Produkt der Zahlen 120 und 70 durch 40!
   d) Multipliziere den Quotienten aus 2124 und 9 mit 4!

2. Schreibe drei verschiedene Quotienten mit dem Wert 12 auf!

3. Wie ändert sich der Wert des Quotienten 144 : 8, wenn man
   a) den Divisor verdoppelt und den Dividenden beibehält?
   b) den Dividenden verdoppelt und den Divisor beibehält?
   c) den Dividenden halbiert und den Divisor verneunfacht?
   d) den Dividenden beibehält und den Divisor halbiert?

4. Gliedere die Terme!
   a) $(17 \cdot 144) : 12$
   b) $(8 \cdot 57) \cdot 5$
   c) $(1000 : 25) : 5$
   d) $(205 : 5) : (41 \cdot 1)$
   e) $(99 \cdot 3) : (66 : 22)$
   f) $(210 : 7) \cdot (18 : 9)$

5. Berechne den Wert des Quotienten, indem du den Divisor in Faktoren zerlegst und dann in zwei (oder mehr) Schritten dividierst.
   Beispiel: $147 : 21 = 147 : (7 \cdot 3) = (147 : 7) : 3 = 21 : 3 = 7$
   a) 168 : 14
   b) 255 : 15
   c) 312 : 24
   d) 837 : 27
   e) 144 : 18
   f) 360 : 45
   g) 476 : 28
   h) 1800 : 36
   i) 216 : 36
   j) 648 : 18
   k) 480 : 15
   l) 504 : 72

Vermischte Aufgaben

6. Dividiere!
   a) 5560 : 5
   b) 165 015 : 5
   c) 72 005 : 5
   d) 4808 : 8
   e) 7028 : 7
   f) 30 055 : 5
   g) 18 656 : 8
   h) 640 448 : 8

7. Schreibe in dein Heft ab. Setze dabei in die Leerstelle eines der Zeichen <, =, > ein, so daß eine wahre Aussage entsteht:
a) 812 : 28 ☐ 812 : 29
b) 1890 : 35 ☐ 1891 : 31
c) 2000 : 40 ☐ 1890 : 42
d) 188 · 99 ☐ 33 · 564
e) 444 · 111 ☐ 222 · 222
f) 57 · 189 ☐ 568 · 19

8. Der Dividend ist doppelt so groß wie der Divisor. Wie groß ist der Wert des Quotienten?

9. Bei einem undichten Wasserhahn fällt alle 5 Sekunden ein Tropfen ab.
a) Wie viele Tropfen sind es in 10 Stunden?
b) Unter den tropfenden Wasserhahn wird ein 1-l-Behälter gestellt. Was vermutest du, wie lange dauert es, bis der Behälter gefüllt ist: 2 Tage, 2 Wochen oder 2 Monate?

10. Stefan ist Lehrling am Städtischen Bauhof.
Er verdient im 3. Ausbildungsjahr 1123.– DM (Stand 1992).
a) Wieviel verdient Stefan wöchentlich?
b) Im Jahre 1992 kosteten im Durchschnitt 1 kg Kartoffel 1,30 DM, 1 kg Brot 3,60 DM, 1 kg Schweinefleisch 12 DM, 1 Pfund Gemüse 1,50 DM und 1 Pfund Zucker 80 Pf. Was schätzt du? Wie lange muß Stefan für die Nahrungsmittel arbeiten: 30 Minuten, 1 Stunde, 4 Stunden oder 1 Tag?

Besonderheiten bei der Division

1. Rechnen mit der Null

Es ist   12 : 4 = 3,   weil   4 · 3 = 12
Ebenso ist   0 : 5 = 0,   weil   5 · 0 = 0

Dagegen kann man für den Wert des Quotienten 15 : 0 keine Zahl angeben, weil es keine Zahl gibt, die mit 0 multipliziert 15 ergibt.
Auch 0 : 0 bedeutet keine Zahl.

> Durch Null kann man nicht dividieren.
> Null : Zahl = Null

Aufgaben

1. Die Division ist die Umkehrung der Multiplikation.

Beispiel: Der Operator $\xrightarrow{:3}$ macht die Wirkung des Operators $\xrightarrow{\cdot 3}$ wieder rückgängig:

E $\xrightarrow{\cdot 3}$	A
0	0
1	3
2	6
3	9

E $\xrightarrow{:3}$	A
0	0
3	1
6	2
9	3

Wir betrachten nun die Operatoren $\xrightarrow{\cdot 0}$ und $\xrightarrow{:0}$. Wir nehmen an, der Operator $\xrightarrow{:0}$ macht die Wirkung des Operators $\xrightarrow{\cdot 0}$ rückgängig.

a) Wie muß dann in den nachfolgenden Tabellen die noch offene Eingangs- bzw. Ausgangsspalte ausgefüllt werden? – Übertrage dazu die Tabellen in dein Heft!

b) Kannst du erklären, weshalb dem Operator $\xrightarrow{:0}$ kein Sinn zukommt?

E $\xrightarrow{\cdot 0}$	A
0	
1	
2	
3	

E $\xrightarrow{:0}$	A
	0
	1
	2
	3

2. Löse – soweit möglich – die folgenden Aufgaben:
a) 28 : 7   b) 30 : 0   c) 0 : 5
d) 30 DM : 5   e) 20 m : 0   f) 0 : 0

3. Übertrage in dein Heft und fülle – soweit möglich – die Leerstellen aus!

a) 5 $\xrightarrow{:1}$ ☐ $\xrightarrow{\cdot 2}$ ☐ $\xrightarrow{\cdot 1}$ ☐ $\xrightarrow{:1}$ ☐

b) 27 $\xrightarrow{:3}$ ☐ $\xrightarrow{\cdot 3}$ ☐ $\xrightarrow{:1}$ ☐ $\xrightarrow{\cdot 2}$ ☐ $\xrightarrow{:2}$ ☐

c) 0 $\xrightarrow{:1}$ ☐ $\xrightarrow{\cdot 0}$ ☐ $\xrightarrow{:2}$ ☐ $\xrightarrow{\cdot 2}$ ☐ $\xrightarrow{:0}$ ☐

4. Berechne, soweit das möglich ist!
a) 5 · 0   b) 27 : 27   c) 180 : 6   d) 0 : 10   e) 5 : 0   f) 0 · 0
g) 1 · 1   h) 1 : 1   i) 2 : 1   j) 1 : 2   k) 2 : 0   l) 0 : 7

2. Lösbare und unlösbare Divisionsaufgaben

> Der Quotient a : b ist in $\mathbb{N}$ nur dann definiert, wenn a ein Vielfaches von b ist.

Sonst ist die Divisionsaufgabe nicht lösbar, und a : b stellt keine natürliche Zahl dar.

Beispiel

17 : 8 bedeutet keine natürliche Zahl.
Denn, es ist zwar 8 · 2 = 16 und 8 · 3 = 24. Aber es gibt keine natürliche Zahl, die mit 8 multipliziert 17 ergibt.
Wir schreiben: 17 = 2 · 8 + 1;   17 : 8 = 2 + 1 : 8

Division

Aufgaben

1. Rechne und schreibe, falls die Division nicht aufgeht, wie im folgenden Beispiel:
   $49 = 9 \cdot 5 + 4$; $49 : 5 = 9 + 4 : 5$
   - a) $18 : 10$
   - b) $75 : 15$
   - c) $156 : 12$
   - d) $115 : 15$
   - e) $36 : 8$
   - f) $567 : 27$
   - g) $3400 : 17$
   - h) $500 : 19$
   - i) $726 : 36$
   - j) $10000 : 500$
   - k) $10000 : 1001$
   - l) $888 : 101$
   - m) $395 : 75$
   - n) $505 : 207$
   - o) $484 : 12$
   - p) $16900 : 13$
   - q) $81000 : 90$
   - r) $19600 : 140$
   - s) $324000 : 180$
   - t) $36100 : 1900$

2. Welche der folgenden Quotienten stellen keine natürliche Zahl dar?
   - a) $68 : 12$
   - b) $105 : 17$
   - c) $95 : 17$
   - d) $133 : 19$
   - e) $276 : 23$
   - f) $176 : 8$
   - g) $196 : 14$
   - h) $215 : 25$
   - i) $370 : 37$
   - j) $360 : 45$
   - k) $289 : 19$
   - l) $144 : 12$

3. Gesetze der Division

Es ist $15 : 5 = 3$, dagegen $3 : 5$ stellt keine natürliche Zahl dar!

> Bei Quotienten ist das Vertauschen von Dividend und Divisor *nicht* erlaubt.

Es ist $(90 : 30) : 3 = 3 : 3 = 1$, dagegen $90 : (30 : 3) = 90 : 10 = 9$

> Bei Quotienten ist der Wert des Quotienten *nicht* unabhängig von der Klammersetzung.
>
> Bei der Division gilt weder das Vertauschungsgesetz noch das Verbindungsgesetz.

Aufgaben

1. Berechne – soweit möglich – und vergleiche!
   - a) $(80 : 40) : 2$; $80 : (40 : 2)$; $(80 : 2) : 40$;
   - b) $(720 : 30) : 6$; $720 : (30 : 6)$; $(720 : 6) : 30$; $(720 : 6) : (30 : 6)$; $(720 : 30) : (6 : 6)$
   - c) $48 : (6 : 2)$; $(48 : 6) : 2$; $(48 : 2) : 6$; $(48 : 6) : (6 : 6)$
   - d) $(72 : 12) : (12 : 4)$; $(72 : 4) : (12 : 4)$; $(72 : 4) : (12 : 12)$

2. Berechne, falls möglich;
   - a) $0 : 17$
   - b) $(0 : 5) : 5$
   - c) $(5 \cdot 1) : 5$
   - d) $(5 : 5) : 1$
   - e) $(164 : 2) : 2$
   - f) $164 : (2 : 2)$
   - g) $125 : 0$
   - h) $(15 : 1) : 0$
   - i) $(0 : 0) : 1$
   - j) $(0 : 4) : 1$
   - k) $(0 : 4) : 0$
   - l) $0 : (5 + 4)$

3. Berechne im Kopf!
   - a) $(56 : 7) \cdot 7$
   - b) $(64 : 8) \cdot 2$
   - c) $125 : (25 \cdot 5)$
   - d) $(84 : 4) : 7$
   - e) $120 : (60 : 5)$
   - f) $(74 : 37) : (12 : 6)$
   - g) $(0 \cdot 5) : (3 : 3)$
   - h) $99 : (3 \cdot 33)$

4. a) „Ich kenne Quotienten, bei denen man Dividend und Divisor vertauschen kann", behauptet Stefan stolz.
Übertreibt Stefan, oder gibt es tatsächlich solche Quotienten? Welchen Wert haben sie?

b) Michaela behauptet: „Ich kenne sogar Differenzen, bei denen man Minuend und Subtrahend vertauschen kann!"
Kannst du auch solche Differenzen nennen? Welchen Wert haben sie?

Schriftliches Dividieren

Teilt man durch eine mehrstellige Zahl, so muß der Wert des Quotienten schriftlich berechnet werden.

Beispiel

7455 : 35 = (7000 + 350 + 105) : 35 = 200 + 10 + 3 = 213

Praktische Durchführung:

```
7455 : 35 = 213
7000
 455
 350
 105
 105
 000
```

kürzer ohne Nullen

```
7455 : 35 = 213
70
 45
 35
 105
 105
 000
```

Aufgaben

1. Berechne die Werte der Quotienten:
- a) 8748 : 27
- b) 48096 : 96
- c) 69410 : 22
- d) 47782 : 14
- e) 82336 : 31
- f) 23044 : 28
- g) 30294 : 54
- h) 360624 : 44
- i) 396543 : 69
- j) 251622 : 63
- k) 849394 : 91
- l) 9999 : 99

2. Schätze zuerst das Ergebnis und dividiere dann schriftlich!

Beispiel: 22173 : 389 = ?

Wir schätzen: 22000 : 400 = 55

Wir rechnen:
```
22173 : 389 = 57
 1945
 2723
 2723
 0000
```

- a) 30552 : 536
- b) 127704 : 408
- c) 560196 : 988
- d) 26486 : 38
- e) 304384 : 328
- f) 83607 : 899
- g) 105006 : 473
- h) 44918 : 74
- i) 96903 : 97
- j) 850968 : 954
- k) 124745 : 305
- l) 8721 : 969

3. Welche der folgenden Quotienten stellen keine natürliche Zahl dar?
- a) 4267 : 251
- b) 1327606 : 175
- c) 7072 : 544
- d) 76489 : 616

Division

Zusammenhang von Multiplikation und Division

Wir können die *Multiplikation* $13 \cdot 12 = 156$
     überprüfen durch $156 : 13 = 12$
     oder durch $156 : 12 = 13$

> Dividiert man den Wert des Produkts durch einen Faktor, so erhält man den anderen Faktor.

Aufgaben

1. Stelle durch Probe auf einen der Faktoren fest, ob die folgenden Aussagen wahr sind:
a) $15 \cdot 14 = 210$ b) $23 \cdot 8 = 184$ c) $45 \cdot 13 = 575$
d) $54 \cdot 13 = 701$ e) $89 \cdot 19 = 1569$ f) $505 \cdot 26 = 13130$

2. Berechne den Wert des Produkts und mache die Probe auf den 1. Faktor!
a) $305 \cdot 7$ b) $402 \cdot 11$ c) $13 \cdot 27$
d) $48 \cdot 102$ e) $17 \cdot 107$ f) $23 \cdot 203$

Wir können die *Division* $275 \; : \; 25 \; = \; 11$
                                  ↑   ↑   ↑
                                      Divisor   Wert des
                           Dividend   Quotienten
     überprüfen durch $11 \cdot 25 = 275$
     oder durch $275 : 11 = 25$

> *Probe auf den Dividenden:*
> Man erhält den Dividenden, indem man den Wert des Quotienten mit dem Divisor multipliziert.

> *Probe auf den Divisor:*
> Man erhält den Divisor, indem man den Dividenden durch den Wert des Quotienten dividiert.

Beispiel

Wir wenden die Probe auf den Dividenden an.
Stelle durch Probe auf den Dividenden fest, ob die folgende Aussage wahr ist!

$391 : 17 = 23$

Lösung:

Also: $23 \cdot 17 = 391$.   Die Aussage ist wahr!

Aufgaben

1. Stelle durch Probe auf den Dividenden fest, ob die folgenden Aussagen wahr sind:
a) 8328 : 8 = 1041
b) 2044 : 4 = 511
c) 3556 : 58 = 7
d) 27063 : 307 = 9
e) 192006 : 32001 = 6
f) 14700 : 21 = 700

2. Berechne den Wert des Quotienten und mache die Probe auf den Divisor!
a) 192 : 16
b) 850 : 50
c) 395 : 5
d) 8800 : 88

3. Dividiere und mache die Probe auf den Dividenden!
a) 147 : 7
b) 945 : 9
c) 8328 : 8
d) 126 : 6
e) 246 : 3
f) 2044 : 4
g) 5664 : 8
h) 3556 : 7
i) 27063 : 9
j) 1414 : 7
k) 4104 : 9
l) 11106 : 9
m) 11061 : 3
n) 7575 : 3
o) 192006 : 6

Vermischte Aufgaben

4. Es ist   250000 : 1000 = 250;   6300 : 30 = 630 : 3 = 210
Berechne entsprechend (möglichst im Kopf!):
a) 830 : 10
b) 8300 : 100
c) 76000 : 10
d) 1200000 : 100
e) 2400 : 40
f) 1200 : 30
g) 55000 : 500
h) 600 : 40
i) 840000 : 7000
j) 900000 : 6000
k) 8000 : 160
l) 100000 : 800

5. Manchmal ist ein Umweg beim Rechnen nützlich:

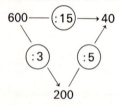

Verfahre bei der folgenden Rechnung ähnlich, und rechne im Kopf:
a) 600 : 12
b) 1300 : 25
c) 780 : 12
d) 540 : 15
e) 800 : 25
f) 390 : 15
g) 900 : 12
h) 1860 : 15
i) 100000 : 250

6. Auch beim Multiplizieren können Umwege günstiger sein:

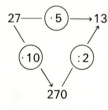 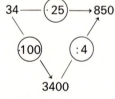

Rechne ebenso, und möglichst im Kopf!
a) 16 · 25
b) 96 · 5
c) 160 · 25
d) 25 · 36
e) 5 · 144
f) 2 · 208

7. Kopfrechnen! Bilde das Produkt aus erster Zahl und zweiter Zahl und dividiere es durch 3!

erste Zahl	9	8	6	90	17	50	12	15
zweite Zahl	8	15	12	13	60	9	12	15

8. Zeichne die Tafeln ab und fülle sie aus! Es sollen nur Zahlen aus ℕ eingetragen werden.

a)
:	18	33	99	121	198	396
396						
3267						
16335						
13068						

b)
:	15	45	225	270
45				
540				
11025				
6480				

9. Gib jeweils den Term an und berechne seinen Wert:
   a) Berechne den Wert des Quotienten, dessen Dividend 555 555 und dessen Divisor 35 ist!
   b) Bilde den Quotienten aus den Zahlen 27 588 und 66!
   c) Multipliziere 238 mit dem Quotienten aus 28 784 und 514!
   d) Bilde den Quotienten aus dem Divisor 84 und dem Dividenden 13 440!
   e) Dividiere den Quotienten aus 599 751 und 687 durch die Zahl 9!

10. Entscheide! Wahr (w) oder falsch (f)?
   a) Der Wert eines Quotienten bleibt unverändert, wenn man den Dividenden und den Divisor mit derselben Zahl multipliziert.
   b) Der Wert eines Produkts ändert sich nicht, wenn man vom ersten Faktor eine Zahl subtrahiert und dieselbe Zahl zum zweiten Faktor addiert.
   c) Der Wert eines Produkts bleibt unverändert, wenn man den ersten Faktor durch eine Zahl dividiert und den zweiten Faktor mit derselben Zahl multipliziert.

11. Die Gesamtkosten einer Busfahrt betragen 448 DM. Vor der Reise sammelt der Lehrer von jedem Schüler 14 DM ein. Die Klasse hat 35 Schüler.
   a) Welchen Betrag erhielt am Ende der Reise jeder Schüler zurück?
   b) Wie teuer wurde die Reise für die einzelnen Schüler?

12. Der Kommissar wird in der Umkleidekabine des Hallenbades zufällig Zeuge eines Gesprächs: „Damit ihr Bescheid wißt, mir als dem Anführer stehen von den geraubten 93 000 DM genau 25 000 DM zu, jeder von euch erhält 8000 DM weniger." Sofort weiß der Kommissar, wie viele Ganoven zur Diebesbande gehören. Weißt du es auch?

13. *Merkwürdiges*
   a) Berechne die Werte der Produkte: $321 \cdot 7 \cdot 11 \cdot 13$; $888 \cdot 7 \cdot 11 \cdot 13$!
   b) Kannst du den Wert des Produkts $987 \cdot 7 \cdot 11 \cdot 13$ angeben, ohne daß du rechnest? Begründe deine Antwort!

14. Wie heißt die natürliche Zahl?
   a) Welche Zahl ergibt durch sich selbst dividiert sich selbst?
   b) Wenn ich die Zahl um 20 vermindere und die Differenz halbiere, erhalte ich 40.
   c) Vermindert man den 5. Teil der Zahl um 5, so erhält man 5.

15. Eine Allee ist 465 m lang. Sie soll auf beiden Seiten mit Obstbäumen bepflanzt werden. Auf jeder Seite wird am Anfang und am Ende der Straße ein Baum gepflanzt. Der Abstand zwischen benachbarten Bäumen soll 15 m betragen.
Wie viele Bäume muß die Stadtverwaltung besorgen?

16. Übertrage in dein Heft, und setze die fehlenden Rechenzeichen ein:
a) 51 ☐ 17 ☐ 97 = 100
b) 81 ☐ 27 ☐ 9 = 84
c) 120 ☐ 95 ☐ 5 = 101
d) 84 ☐ 7 ☐ 12 = 0

Wiederholungsaufgaben zu den Seiten 94 bis 119

17. a) Berechne:
9 · 9876 + 4
9 · 98765 + 3
9 · 987654 + 2

b) Berechne:
1 300 500 · 812
Schreibe das Ergebnis in Worten!

c) Berechne:
21 730 716 : 679

d) Berechne möglichst vorteilhaft! Der Rechenvorteil muß durch die Schreibweise deutlich werden.
(1) 14 · 4 · 9 · 25
(2) 45 · 8 · 2 125
(3) 198 · 65 + 202 · 65
(4) 96 · 125
(5) 23 256 : 51 − 18 105 : 51
(6) 1596 · 78 + 156 · 202

e) Wende das Distributivgesetz an!
(1) 192 · 25
(2) 939 · 17 − 639 · 17
(3) (102 + 16) · 8
(4) (404 − 14) · 10

f) Wie ändert sich der Wert des Produktes x · y · z, wenn man einen Faktor verdoppelt und die anderen beiden verdreifacht?

g) Rechne auf zwei Arten!
(1) (4765 − 3829) · 170
(2) (16 800 + 3200) · 200

h) Übertrage in dein Heft, und fülle die Leerstellen aus!

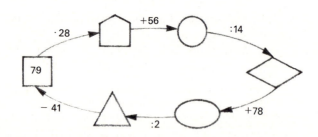

i) Der Quotient zweier Zahlen ist 2. Ihre Differenz ist 5. Welches sind die beiden Zahlen?

18. Der Jumbo-Jet (Boeing 747) fliegt unglaublich schnell, nämlich eine Strecke von 900 km in rund einer Stunde. Er verbraucht dafür 16 000 l Kraftstoff. Zum Vergleich: Zum Beheizen einer Wohnung braucht man pro Jahr etwa 3500 l Heizöl. Heizöl ist dem Kraftstoff der Flugzeuge ähnlich. Für wie viele Wohnungen mit einem Jahresverbrauch von 3500 l reicht der Kraftstoff, den ein Jumbo für eine Reise von Frankfurt nach Nairobi (6300 km) „verpulvert"?

19. Stefan hat seine Lehrzeit beim Städtischen Bauamt abgeschlossen. Er verdient nun monatlich 2659 DM (Stand 1992). Er erfüllt sich einen langgehegten Wunsch; er kauft sich eine Stereo-Anlage für 912,50 DM. Er zahlt den 5. Teil davon bar an, den Rest in 8 gleichen Monatsraten. Wie groß ist eine Rate? (Rechne in Pfennigen!)

20. Deine Heimatgemeinde hat soeben ein neues Baugebiet erschlossen. Bauplätze verschiedener Größe werden zum Kauf angeboten. So kostet ein 24 m breiter und 31 m langer Bauplatz 63 240 DM. Was kostet im gleichen Baugebiet ein Bauplatz, der doppelt so lang und doppelt so breit ist?

21. Übertrage in dein Heft, und setze die fehlenden Zahlen ein.

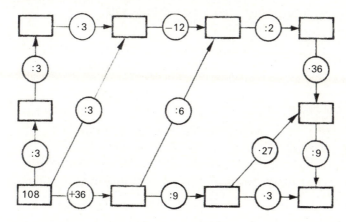

Zusammenfassung der Seiten 110 bis 123

1. Die Division ist die Umkehrung der Multiplikation

Beispiel: 60 : 12 = $\boxed{5}$,   denn $\boxed{5}$ · 12 = 60

↑ Dividend   ↑ Divisor   ↑ Wert des Quotienten

Dividend : Divisor = Quotient

2. Drei Besonderheiten

1. Durch Null kann man nicht dividieren.
   Beispiel: 60 : 0 = $\square$

   Es läßt sich keine Zahl angeben, die mit 0 multipliziert, 60 ergibt.
   Also bedeutet 60 : 0 keine Zahl!

2. Die Division ist *nicht durchführbar*, wenn der *Dividend kein Vielfaches des Divisors* ist.
   Beispiel: 60 : 13 bedeutet keine natürliche Zahl.
   Denn, es ist zwar 13 · 4 = 53 und 13 · 5 = 65. Aber es gibt keine natürliche Zahl, die mit 13 multipliziert, 60 ergibt.

3. Bei der Division gilt weder das Vertauschungsgesetz noch das Verbindungsgesetz.
   Beispiel: 18 : 6 = 3, dagegen 6 : 18 stellt keine natürliche Zahl dar.
   Beispiel: (66 : 33) : 2 = 2 : 2 = 1, dagegen 66 : (33 : 2) stellt keine natürliche Zahl dar.

Division

Gleichungen

Aussageformen wie $6 \cdot x = 36$; $13 \cdot x = 169$; $25 : x = 5$; $100 : x = 10$ sind weitere Beispiele für *Gleichungen*.

Beispiele

Wir stellen zu einem Zahlenrätsel die zugehörige Gleichung auf.

1. Markus gibt Stefan ein Rätsel auf: „Ich denke mir eine zweistellige Zahl. Wenn ich sie mit 16 multipliziere, erhalte ich 352. Welche Zahl habe ich mir gedacht?"

Stefan übersetzt den Text in eine Gleichung: Für die zweistellige Zahl schreibt er x:

$$x \cdot 16 = 352; \quad G = \{\text{Alle zweistelligen Zahlen}\}$$

1. Lösung: Durch *Probieren*!

    10 für x: $10 \cdot 16 = 352$ (f)
    ⋮
    20 für x: $20 \cdot 16 = 352$ (f)
    22 für x: $22 \cdot 16 = 352$ (w)
               L = {22}

2. Lösung: Stefan verwendet den *Zusammenhang zwischen Division und Multiplikation*.

Also

    $x \cdot 16 = 352$
       $x = 352 : 16$
       $x = 22$
       L = {22}   Probe: $22 \cdot 16 = 352$ (w)

Markus hat sich die Zahl 22 gedacht.

2. 2340 DM sollen unter einer bestimmten Anzahl von Personen so verteilt werden, daß jeder 195 DM erhält. Auf wie viele Personen wird das Geld aufgeteilt?

Lösung: Die zugehörige Gleichung heißt

    $2340 : x = 195$; $G = \mathbb{N}$
       $x = 2340 : 195$ Probe auf den Divisor
       $x = 12$ Probe: $2340 : 12 = 195$ (w)

12 Personen erhalten Geld.

Aufgaben

1. Gib zu jeder Aufgabe die Gleichung einschließlich der Grundmenge an, und bestimme die Lösungsmenge:
  a) Andrea spart jeden Monat 1,20 DM. Wie lange muß sie sparen, wenn sie sich eine Schallplatte für 18 DM kaufen will?
  b) Welche Zahl muß man durch 5 dividieren, um 18 zu erhalten?
  c) Ein Lottogewinn wird gleichmäßig auf 5 Leute verteilt. Jeder bekommt 1250 DM. Wie hoch war der Lottogewinn?
  d) 7200 DM werden gleichmäßig auf mehrere Leute aufgeteilt. Jeder erhält 180 DM. Auf wie viele Leute wurden die 7200 DM aufgeteilt?
  e) Durch welche natürliche Zahl muß man 6099 dividieren, um 19 zu erhalten?
  f) Gibt es eine natürliche Zahl, die mit 7 multipliziert 108 ergibt?
  g) Thomas, Michaela, Stefan und Ulrike haben im Preisausschreiben gewonnen. Sie teilen den Gewinn zu gleichen Teilen untereinander auf. Jeder erhält 17,80 DM. Wie hoch war der Preis?

2. Bestimme die Lösungsmenge in der Grundmenge $G = \mathbb{N}$:
  a) $5 \cdot x = 75$ b) $765 : x = 45$ c) $x \cdot 34 = 238$
  d) $x : 4 = 56$ e) $88 : x = 11$ f) $45 \cdot x = 137$

3. Untersuche, ob die folgenden Gleichungen in $\mathbb{N}$ zu erfüllen sind:
  a) $7 \cdot x = 48$ b) $13 \cdot x = 169$ c) $x \cdot 5 = 225$
  d) $x \cdot 23 = 23$ e) $36 : x = 7$ f) $28 : x = 28$

4. Bestimme die Lösungsmenge in der angegebenen Grundmenge!
  a) $69 \cdot x = 8073$; $G = V_2$ b) $x \cdot 605 = 15125$; $G = V_5$
  c) $4128 : x = 258$; $G = V_4$ d) $x : 12 = 5$; $G = V_{10}$
  e) $x : 12 = 5$; $G = \{1, 3, 5, 7, \ldots\}$ f) $411 : x = 127$; $G = V_3$

5. Bestimme die Lösungsmenge in der Grundmenge $\mathbb{N}$!
Welche Gleichung ist allgemeingültig über der Grundmenge $\mathbb{N}$?
  a) $x \cdot 3 = 3 \cdot x$ b) $5 \cdot x = 3 \cdot x$
  c) $(x \cdot 3) \cdot 5 = x \cdot (3 \cdot 5)$ d) $x \cdot (10 + 2) = x \cdot 10 + x \cdot 2$

6. Welche der folgenden Aussageformen sind allgemeingültig? Kennzeichne die allgemeingültigen Aussageformen durch einen treffenden Namen!
  a) $a \cdot b = b \cdot a$; $a \in \mathbb{N}, b \in \mathbb{N}$
  b) $a \cdot (b \cdot c) = (a \cdot b) \cdot c$; $a \in \mathbb{N}, b \in \mathbb{N}, c \in \mathbb{N}$
  c) $a \cdot b = a \cdot b$; $a \in \mathbb{N}, b \in \mathbb{N}$
  d) $a \cdot (b \cdot 4) = (4 \cdot b) \cdot a$; $a \in \mathbb{N}, b \in \mathbb{N}$
  e) $(a + b) \cdot c = a \cdot c + b \cdot c$; $a \in \mathbb{N}, b \in \mathbb{N}, c \in \mathbb{N}$
  f) $a \cdot (b + 1) = a \cdot b + a$; $a \in \mathbb{N}, b \in \mathbb{N}$
  g) $a \cdot a = 2 \cdot a$; $a \in \mathbb{N}$

7. a) Gib die größte Zahl aus $\mathbb{N}_0$ an, die die Ungleichung erfüllt:
  $x \cdot 4 < 55$
  b) Gib die kleinste Zahl aus $\mathbb{N}_0$ an, die die Ungleichung erfüllt:
  $17 \cdot x > 109$

Division

Noch mehr Gleichungen

Aussageformen wie $(86 + 14) \cdot x = 5050 - 50$; $54 - 3 \cdot 8 = 5 \cdot x$;
$(144 : 12) + 15 = 3 \cdot x$; $x : (84 - 16) = 13$

sind weitere Beispiele für *Gleichungen*.

Beispiel

1. Wir stellen zu einem Text die Gleichung auf und lösen sie.
   Markus gibt Stefan ein neues Rätsel auf: „Ich denke mir eine zweistellige Zahl. Wenn ich sie mit der Summe der Zahlen 17 und 28 multipliziere, erhalte ich die Differenz der Zahlen 4000 und 2650. Welche Zahl habe ich mir gedacht?"

   Lösung:
   Stefan übersetzt den Text in mathematische Kurzschrift, in eine Gleichung: Für die zweistellige Zahl setzt er x. Also:

   $x \cdot (17 + 28) = 4000 - 2650$; G = {Alle zweistelligen Zahlen}
   $x \cdot 45 = 1350$ Wir fassen auf beiden Seiten zusammen
   $x = 1350 : 45$ Wir überlegen: Das 45fache einer Zahl ist 1350. Die Zahl selbst ist dann der 45ste Teil von 1350.
   $x = 30$

   Markus hat sich die Zahl 30 gedacht.

2. Wir formulieren die Gleichung als Zahlenrätsel

Gleichung	Text
a) $(1000 - 235) : x = 45$; G = $\mathbb{N}$	Dividiert man die Differenz der Zahlen 1000 und 235 durch eine natürliche Zahl, so erhält man die Zahl 45. Wie heißt die Zahl?
b) $x \cdot (433 + 39) = 10975 - 119$; G = $\mathbb{N}$	Welche natürliche Zahl muß mit der Summe der Zahlen 433 und 39 multipliziert werden, damit man die Differenz der Zahlen 10995 und 119 erhält?

Aufgaben

1. Stelle die Gleichung auf und löse!
Die Benennungen kannst du außer acht lassen.
Bei einer Spendenaktion gehen auf drei verschiedenen Bankkonten jeweils insgesamt die Geldbeträge ein: 3035 DM, 2413 DM und 1927 DM. Der gesamte Geldbetrag wird unter den Waisenkindern eines Heimes aufgeteilt. Jedes Kind erhält 295 DM.
Auf wie viele Kinder wurde der Geldbetrag aufgeteilt?

2. Stelle jeweils die Gleichung auf und löse sie!
   a) Gibt es eine natürliche Zahl, die, mit der Summe der Zahlen 344 und 207 multipliziert, die Zahl 7163 ergibt?
   b) Dividiert man die Differenz der Zahlen 506 und 198 durch eine natürliche Zahl, so erhält man den Quotienten der Zahlen 792 und 36. Wie heißt die Zahl?
   c) Subtrahiert man vom 9fachen einer natürlichen Zahl die Zahl 4, so erhält man 41. Wie heißt die Zahl?
   d) Durch welche natürliche Zahl muß man die Summe der Zahlen 45 725 und 36 355 dividieren, wenn der Wert des Quotienten 513 sein soll?
   e) Durch welche natürliche Zahl muß ich den 4. Teil der Summe der Zahlen 2340 und 60 dividieren, um den dreifachen Quotienten aus 95 und 19 zu erhalten?
   f) Welche natürliche Zahl muß man von der doppelten Differenz der Zahlen 450 und 105 subtrahieren, um den Quotienten der Zahlen 999 und 9 zu erhalten?

3. Formuliere die Gleichung als Zahlenrätsel! Löse die Gleichung dann in der Grundmenge $G = \mathbb{N}$!
   a) $4100 : x = 820$
   b) $x : 18 = 500 - 401$
   c) $x : (107 + 103) = 9$
   d) $x : 12 = 52 + 35$
   e) $(140 + 53) \cdot x = 3281$
   f) $x \cdot 27 = 1147 + 689$

4. Ich denke mir eine Zahl, halbiere sie, addiere 14 und hänge an das Ergebnis eine Null an. So erhalte ich das Produkt aus der Summe und der Differenz der Zahlen 75 und 25. Wie heißt die Zahl? Stelle eine Gleichung auf!

5. Stelle eine Gleichung auf und berechne die gesuchte Zahl!
Ich denke mir eine Zahl, multipliziere sie mit der größten zweistelligen Zahl und subtrahiere das Produkt von der größten dreistelligen Zahl.
Wie heißt die Zahl, wenn das Ergebnis die größte einstellige Zahl ist?

6. Bestimme die Lösungsmenge in der angegebenen Grundmenge:
   a) $12 \cdot (x \cdot 12) = (72 \cdot x) \cdot 2;\quad G = \{2, 4, 6, 8\}$
   b) $12 \cdot (x \cdot 12) = (72 \cdot x) \cdot 2;\quad G = \mathbb{N}_0$
   c) $80 - x - x - x - x = 48;\quad G = \mathbb{N}$
   d) $(x - 4) \cdot (x - 3) = 0;\quad G = \mathbb{N}$
   e) $88 + x + x = 132;\quad G = \mathbb{N}$

Division

Ungleichungen

Aussageformen wie $5 \cdot x < 26$; $x \cdot 7 > 34$; $x : 7 < 40$; $96 : x \geq 4$ sind weitere Beispiele für *Ungleichungen*.

Beispiele

Wir stellen zu einem Zahlenrätsel die zugehörige Ungleichung auf.

1. Teilt man eine gedachte Zahl durch 7, so ist das Ergebnis kleiner oder gleich 3. Welche Zahlen kommen in Frage? Die entsprechende Ungleichung heißt:

$$x : 7 \leq 3; \quad G = \mathbb{N}$$

Wir bestimmen die Lösungsmenge durch *Probieren*. Dabei können wir uns von vornherein darauf beschränken, für x nur die Zahlen einzusetzen, die durch 7 teilbar sind, die also ein Vielfaches von 7 sind.

7 für x:	$7 : 7 \leq 3$	(w)
14 für x:	$14 : 7 \leq 3$	(w)
21 für x:	$21 : 7 \leq 3$	(w)
28 für x:	$28 : 7 \leq 3$	(f)

Alle weiteren Einsetzungen ergeben falsche Aussagen. Also: L = {7, 14, 21}

2. Mit welcher Zahl muß man 6 multiplizieren, um mehr als 25 zu erhalten? Die entsprechende Ungleichung lautet $6 \cdot x > 25$; $G = \mathbb{N}$
Wir bestimmen die Lösungsmenge durch Probieren:

1 für x:	$6 \cdot 1 > 25$	(f)
2 für x:	$6 \cdot 2 > 25$	(f)
3 für x:	$6 \cdot 3 > 25$	(f)
4 für x:	$6 \cdot 4 > 25$	(f)
5 für x:	$6 \cdot 5 > 25$	(w)

Alle weiteren Einsetzungen führen zu wahren Aussagen. Also:

$$L = \{5, 6, 7, \ldots\}$$

Aufgaben

1. Gib zu jeder Aufgabe die Ungleichung einschließlich der Grundmenge an, und bestimme die Lösungsmenge:
   a) Deine Eltern sparen auf eine Waschmaschine, die mehr als 940 DM kosten wird. Wieviel DM müssen deine Eltern monatlich mindestens zurücklegen, wenn sie die Maschine in 7 Monaten kaufen wollen?
   b) Welche Zahlen ergeben, wenn man sie mit 8 multipliziert, mehr als 100?
   c) Teilst du 136 durch eine gedachte Zahl, so erhältst du weniger als 40. Welche Zahlen kommen in Frage?
   d) Teilst du 96 durch eine gedachte Zahl, so erhältst du mehr oder gleich 16. Welche Zahlen kommen in Frage?

2. Ermittle die Lösungsmenge in der Grundmenge $G = \mathbb{N}$:
a) $x : 3 \geq 4$ b) $x : 7 < 7$ c) $y : 14 \leq 3$
d) $14 : x \geq 1$ e) $90 : x \leq 27$ f) $80 : y \leq 20$
g) $28 \cdot y > 500$ h) $x \cdot 4 \geq 16$ i) $72 : x < 12$

3. Untersuche, ob die folgenden Ungleichungen in $\mathbb{N}$ zu erfüllen sind:
a) $x : 1 \leq 1$ b) $x : 2 < 2$ c) $2 \cdot x < 1$
d) $72 : 12 \leq x$ e) $x \cdot 27 < 27$ f) $33 \cdot x < 208$

4. Bestimme die Lösungsmenge in der angegebenen Grundmenge:
a) $x : 5 \geq 5$; $G = V_5$ b) $x \cdot 17 \leq 105$; $G = T_6$
c) $x \cdot 13 > 201$; $G = \{2, 4, 6, 8, \ldots, 40\}$ d) $72 : x > 5$; $G = \{1, 3, 5, \ldots,\}$
e) $x : 4 < 42$; $G = V_3$ f) $x : 4 < 42$; $G = V_5$
g) $x : 4 < 42$; $G = T_{125}$ h) $10 \cdot x < 40$; $G = \mathbb{N}$
i) $12 : x \leq 200 : 5$; $G = T_{24}$ j) $1 \cdot x < 14$; $G = V_3$

Vermischte Aufgaben

5. Bestimme die Lösungsmenge in der angegebenen Grundmenge:
a) $430 : x = 81$; $G = V_{10}$ b) $x \cdot 68 = 612$; $G = T_{36}$
c) $x + 3 \leq 30$; $G = \mathbb{N}$ d) $6 \geq x - 7$; $G = \{1, 2, 3, \ldots, 29\}$
e) $100 - y \geq 20$; $G = V_5$ f) $x + 134 = 270$; $G = V_2$
g) $208 - x = 91$; $G = \{1, 2, 3, \ldots, 179\}$ h) $59 \cdot x = 767$; $G = T_{91}$
i) $2 + x \leq 12$; $G = V_5$ j) $21 \leq y - 8$; $G = V_2$
k) $5 \leq x + 8$; $G = V_2$ l) $13 \cdot x \leq 12$; $G = \mathbb{N}$
m) $500 : x < 100$; $G = V_5$ n) $500 : x > 10$; $G = V_5$

6. Gib zu jedem Zahlenrätsel die Gleichung an, und bestimme die Lösungsmenge ($G = \mathbb{N}$):
a) Durch welche Zahl muß man 8636 dividieren, um 508 zu erhalten?
b) Petra denkt sich eine Zahl. Wenn sie diese mit 95 multipliziert, erhält sie 5605. Wie heißt die Zahl?
c) Welche Zahl muß man durch 38 dividieren, um 803 zu erhalten?

7. Michael überlegt so:
„Ich weiß, daß $\quad 12 \cdot 5 = 60$, weil $\quad 60 : 5 = 12$
Und ebenso folgt aus $\quad 3 \cdot 0 = 0 \quad$ und $\quad 4 \cdot 0 = 0$
daß gilt $\quad 0 : 0 = 3 \quad$ und $\quad 0 : 0 = 4$
Also ist $\quad 3 = 4!$"
Was meinst du zu dieser Rechnung?

8. Welche der folgenden Aussageformen sind allgemeingültig?
a) $a : a = 1$; $a \in \mathbb{N}$ b) $(5 \cdot a) : 5 = a$; $a \in \mathbb{N}$
c) $(5 \cdot a) : a = 5$; $a \in \mathbb{N}$ d) $a \cdot 4 \leq 2 \cdot a$; $a \in \mathbb{N}_0$
e) $a \cdot 2 < 4 \cdot a$; $a \in \mathbb{N}_0$ f) $a \cdot 2 \leq 4 \cdot a$; $a \in \mathbb{N}_0$
g) $a \cdot b \geq 0$; $a \in \mathbb{N}_0$, $b \in \mathbb{N}_0$ h) $a \cdot b < 0$; $a \in \mathbb{N}$, $b \in \mathbb{N}$
i) $a : 4 < a : 2$; $a \in V_4$ j) $(4 \cdot a) : a = 4$; $a \in \mathbb{N}$
k) $a \cdot a > 2 \cdot a$; $a \in \mathbb{N}$ l) $a \cdot a \geq 2 \cdot a$; $a \in \{2, 3, 4, \ldots\}$

Division

Sachaufgaben

1. Frau Schwab kauft sich eine Eigentumswohnung. Die Wohnung kostet einschließlich Notarkosten 192 000 DM. Sie zahlt den vierten Teil des Geldbetrages in bar an, den Restbetrag zahlt sie in monatlichen Raten von 750 DM ab. Wie viele Jahre zahlt sie ab, wenn wir annehmen, daß Frau Schwab keine Zinsen zu zahlen braucht?

2. Herr Flott kauft sich ein neues Auto und macht dabei vom Sparleasingangebot seines Händlers Gebrauch: Zunächst muß er eine Anzahlung von 11 160,– DM leisten. Diesen Geldbetrag bringt er durch den Verkauf seines Altwagens auf. Dann muß er 2 Jahre lang eine monatliche Rate von 122,– DM leisten. Danach ist der Restwert fällig. Berechne, wie hoch die Restschuld ist.

3. In Mutters Haushaltskasse sind 504 DM. Sie reicht damit 12 Tage. Wieviel Geld hat sie durchschnittlich pro Tag ausgegeben?

4. Herr Böhm ist Angestellter. Er verdient im Jahr 29 250 DM netto, einschließlich des 13. Monatsgehaltes an Weihnachten. Wieviel verdient Herr Böhm monatlich netto?

5. In einem Großmarkt werden 8 t 225 kg Kartoffeln in Säcken zu je 35 kg umgefüllt. Wie viele Säcke müssen bereitliegen?

6. Eine Kiste Pfirsiche kostet 24 DM. 1 kg kostet 1,20 DM. Wieviel kg sind es?

7. Für den Handel werden Eier in Schachteln zu je 6 oder je 12 Stück verpackt. Es gibt auch Eierhöcker, die 10 Reihen mit je 8 Eiern aufnehmen können.
   a) Berechne die Anzahl der Schachteln mit je 6 Eiern für eine Lieferung von 3390 Eiern!
   b) Berechne die Anzahl der Schachteln mit je 12 Eiern für eine Lieferung von 5700 Eiern!
   c) Berechne die Anzahl der Eierhöcker für eine Lieferung von 9600 Eiern!

8. Thomas aus München telefoniert mit seinem Onkel Henry in Johannesburg. Das Gespräch geht über einen Satelliten. Die Strecke München – Satellit – Johannesburg ist etwa 75 000 km lang. Die Signale breiten sich mit Lichtgeschwindigkeit aus, d. h., sie legen in 1 Sekunde 300 000 km zurück. Welche Zeitspanne vergeht, bis die Funksignale von München über Satellit nach Johannesburg kommen? Macht sich das beim Telefongespräch bemerkbar?

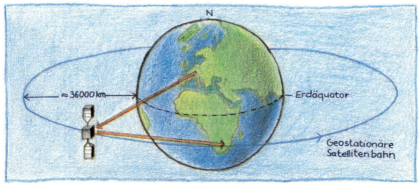

9. Albert nimmt sich nach einer Feier ein Taxi für die Heimfahrt. Der Grundpreis beträgt 2,80 DM. Für jeden Kilometer erhöht sich der Fahrpreis um 90 Pf.
  a) Albert hat einen Heimweg von 12 km. Wieviel muß er für die Taxifahrt zahlen?
  b) Wie weit hätte er für 20,50 DM fahren können?

10. Weltweit wurden im Jahre 1984 etwa 900 Milliarden US-Dollar für die Rüstung ausgegeben. Wie hoch sind diese Rüstungsausgaben pro Erdbewohner in etwa, wenn wir annehmen, daß diese 900 Milliarden US-Dollar gleichermaßen auf jeden einzelnen Erdbewohner verteilt werden? Rechne das Ergebnis nach dem derzeitigen Kurswert in DM um! Im Jahre 1984 lebten schätzungsweise 5 Milliarden Menschen auf der Erde.

11. a) Die Klasse 5a macht mit 34 Schülern eine Omnibusfahrt.
      Die Fahrtkosten betragen 554,20 DM.
      Wieviel DM muß jeder Schüler zahlen?
  b) Auch die Klasse 5b (36 Schüler) unternimmt eine Omnibusfahrt. Der Busunternehmer rechnet 1,40 DM für 1 km. Die Fahrtstrecke beträgt insgesamt 225 km.
      Wieviel DM muß jeder Schüler bezahlen?

12. Eine Stadt erschließt zwei neue Baugebiete. Im Baugebiet „Oberes Feld" kostet ein 520 m^2 großer Bauplatz 45 240 DM, am „Buchkopf" kommt ein 830 m^2 großer Platz auf 78 020 DM.
In welchem Baugebiet ist der Baulandpreis günstiger?

13. Drei Personen müssen für einen 14tägigen Urlaub insgesamt 1428 DM bezahlen.
Wie viele Tage können zwei Personen für das Geld im gleichen Gasthof Urlaub machen?

14. Eine Rolle mit 80 m Draht hat 1 kg 200 g. Wieviel Gramm hat ein 1 m langes Drahtstück?

15. Eine Quelle liefert in 1 Minute 120 l Wasser.
  a) In welcher Zeit liefert die Quelle 20 l Wasser?
  b) In welcher Zeit liefert die Quelle 400 l Wasser?

16. Sabine möchte sich so bald wie möglich einen Cassetten-Recorder kaufen. Das Gerät kostet im März 1984, als sie zu sparen beginnt, 134 DM. Alle 3 Monate steigt der Preis durchschnittlich um 75 Pf. Sabine bekommt monatlich ein Taschengeld von 30 DM. Davon spart sie monatlich 12 DM für den Recorder. Außerdem erhält sie zu ihrem Geburtstag im Mai von Onkel Rolf 30 DM, von Oma und Opa 25 DM und von ihren Eltern 35 DM. Nach wieviel Monaten kann sich Sabine den Recorder kaufen?

17. Bei der letzten Wahl konnte der Kandidat Möchtegern in A-Stadt (24 000 Einwohner) 4260 Stimmen, in B-Stadt (12 000 Einwohner) 2090 Stimmen, in C-Stadt (36 000 Einwohner) 6560 Stimmen und in D-Stadt (6500 Einwohner) 1090 Stimmen erringen. In welcher Stadt erzielte er das beste, wo das schlechteste Wahlergebnis?

18. Sonja hat 47 weiße und 17 blaue Perlen. Sie will eine Kette machen und beginnt mit 5 weißen, schließt daran 2 blaue an und macht dann abwechselnd mit 5 weißen und 2 blauen weiter. Das sieht so aus:
  a) Wie viele Perlen kann sie insgesamt auffädeln, bis eine Farbe für den nächsten Schritt nicht mehr ganz reicht?
  b) Wie viele Perlen bleiben von jeder Farbe übrig?

Wie die Hühner hier im Garten verbinden sich auch Rechenarten.

Verbindung der vier Grundrechenarten

Rechenregeln

In den Termen $17 + 5 \cdot 4$ und $(18 + 5) \cdot 4$ kommen das Additionszeichen und das Multiplikationszeichen vor.

In den Termen $24 - 8 : 4$ und $(24 - 8) : 4$ kommen das Subtraktionszeichen und das Divisionszeichen vor.

Addition und Subtraktion heißen *Strichrechnung*.

Multiplikation und Division heißen *Punktrechnung*.

Bei der Berechnung eines Terms, in dem Strich- und Punktrechnung vorkommen, muß die Reihenfolge der Rechenschritte festgelegt sein.

Es gelten die Regeln:

1. Was in Klammern steht, wird zuerst berechnet.
2. Punktrechnung geht vor Strichrechnung.

Beispiele

1. Wir wenden die Klammerregel an.
Berechne den Wert des Terms: $(65 + 135) : (15 - 10)$

Lösung: $(65 + 135) : (15 - 10) = 200 : 5 = 40$

2. Wir wenden die Regel „*Punkt vor Strich*" an.
Berechne den Wert des Terms:
a) $5 \cdot 15 - 5$
b) $15 + 15 : 5$

Lösung: a) $5 \cdot 15 - 5 = 75 - 5 = 70$
b) $15 + 15 : 5 = 15 + 3 = 18$

Aufgaben

1. Berechne den Wert des Terms:
a) $(33 - 17) \cdot (4 + 3)$ b) $(5 + 7) \cdot (7 + 3)$ c) $(10 - 7) \cdot 3$
d) $(18 + 16) : 2$ e) $(15 + 85) : 25$ f) $(96 : 16) \cdot 2$

2. Berechne den Wert des Terms:
a) $66 : 3 - 3 \cdot 4$ b) $7 \cdot 12 + 3 \cdot 8$ c) $9 \cdot 18 - 8 \cdot 2$
d) $3 \cdot 9 + 14 : 2$ e) $28 - 8 \cdot 2$ f) $81 : 9 - 9$
g) $3 \cdot 7 + 13$ h) $2 \cdot 27 - 27$ i) $13 \cdot 13 + 7$
j) $100 - 10 : 10$ k) $60 : 5 - 5$ l) $21 + 9 \cdot 3$
m) $192 : 4 - 4 - 3 \cdot 11$ n) $120 : 5 + 5 \cdot 4 - 4 \cdot 2$ o) $18 \cdot 7 + 3 \cdot 6 - 6 \cdot 5$

Vermischte Aufgaben

3. Berechne den Wert des Terms!
a) $13 \cdot 5 - 5 \cdot 4 + 4 : 4 - 4$ b) $100 - (68 - 24 : 6) + 44 + 4 \cdot 5$
c) $5 - 4 - 3 : 3 + 1 \cdot 0$ d) $(3 \cdot 8 + 16) : 5 - 4 \cdot 1 + 3 \cdot 4$
e) $100 - 50 : 50$ f) $(18 : 6 + 1) : (14 : 7)$

4. Berechne den Wert des Terms!
a) $(18 \cdot 4) : 8$ b) $(26 : 13) \cdot 27$ c) $(12 + 9) : 7$
d) $75 : 5 - 30 : 2$ e) $(17 - 2) \cdot (7 - 2)$ f) $5 - 2 \cdot 2$
g) $17 - 60 : 12$ h) $32 : 4 - 25 : 5$ i) $(19 + 23) : 6$
j) $(52 - 51) \cdot 7$ k) $(85 - 72) \cdot 5$ l) $8 \cdot (14 + 6)$
m) $(15 - 7) \cdot (10 + 4)$ n) $(46 - 14) : 8$ o) $(96 - 24) : (43 - 34)$
p) $(6 + 8 + 10) : 12 - 10 : 5 + 5 \cdot (5 - 4 : 2)$ q) $(2 \cdot 3 + 14) : 5 - 10 : 5 + 12 - 6 : 2$
r) $[3 \cdot (4 : 2)] \cdot (39 : 13 + 1)$ s) $[(1 + 2 \cdot 3) \cdot 4 - 4] : 6 - 1 \cdot 4$
t) $[99 - 9 \cdot (99 - 90)] \cdot (9 + 999)$ u) $[5 \cdot (18 - 7) - (3 \cdot 4 + 9) \cdot 2] \cdot 13 + 31$

Verbindung der vier Grundrechenarten

5. Entscheide mündlich! Wahr oder falsch?
   a) $3 + 4 \cdot 7 = 25 + 3 \cdot 2$
   b) $5 \cdot 25 - 25 = 3 \cdot 25$
   c) $8 \cdot 8 - 6 \cdot 6 = 9 \cdot (6 - 3)$
   d) $6 \cdot 5 - 2 \cdot 3 = 48 : 3$
   e) $5 \cdot 4 + 2 \cdot 8 = 36 : 9 + 32$
   f) $(8 + 3) \cdot 9 = 8 \cdot 9 + 3 \cdot 9$
   g) $(16 + 8 + 6) : 6 = 24 : 6 + 6 : 6$
   h) $(4 + 7 + 3) \cdot 5 = 4 \cdot 5 + 7 \cdot 5 + 3 \cdot 5$
   i) $(12 + 8 - 4) \cdot 8 = 12 \cdot 8 + 8 \cdot 8 - 4 \cdot 8$
   j) $26 - 6 \cdot 3 = 20 \cdot 3$
   k) $15 - 5 \cdot 13 + 87 = 20 \cdot 100$
   l) $(12 - 2) \cdot 12 - 2 = 120 - 2$
   m) $3 \cdot 13 - 3 \cdot 15 + 5 \cdot 12 = 3 \cdot 2 + 5 \cdot 12$

6. Übertrage in dein Heft, und setze dort die fehlenden Klammern ein:
   a) $125 - 25 : 5 = 20$
   b) $125 - 25 : 5 = 120$
   c) $16 + 3 \cdot 4 = 28$
   d) $16 + 3 \cdot 4 = 76$
   e) $72 : 12 + 12 + 2 = 5$
   f) $200 - 50 : 2 + 25 = 100$
   g) $144 : 12 + 2 \cdot 6 + 5 \cdot 4 = 26$
   h) $180 \cdot 6 + 12 : 3 - 20 \cdot 40 = 1000$
   i) $5 \cdot 4 + 1 \cdot 5 - 5 \cdot 5 = 100$
   j) $1 + 2 + 3 + 4 + 5 + 6 + 7 + 8 \cdot 81 : 9 = 100$
   k) $9 \cdot 10 - 2 + 7 \cdot 5 + 1 - 5 \cdot 4 + 3 + 2 + 1 = 100$

7. Berechne fortlaufend im Kopf!
   a) $8 : 8 \,|\cdot 8\,|: 4\,|+ 16\,|: 9\,|+ 56\,|- 19\,|: 3\,|\cdot 13\,|- 88\,|: 9\,|: 9$
   b) $225 : 15 \,|\cdot 5\,|: 27\,|\cdot 4\,|- 123\,|: 3\,|+ 33\,|: 50\,|\cdot 77\,|: 11\,|: 7$
   c) $11 \cdot 11 \,|+ 39\,|: 20\,|\cdot 300\,|: 800\,|\cdot 19\,|- 24\,|: 11\,|: 1$
   d) $500 \cdot 20 \,|: 50\,|: 5\,|: 125\,|\cdot 16\,|+ 22\,|: 50\,|\cdot 20\,|: 15$
   e) $17 \cdot 17 \,|- 39\,|: 25\,|\cdot 100\,|: 25\,|\cdot 40\,|+ 67\,|: 17\,|\cdot 35\,|: 14\,|: 10$

8. Bestimme die Lösungsmenge in der angegebenen Grundmenge:
   a) $(2 + x) \cdot x \leq 3 \cdot x + 1;\quad G = \{0, 1, 2, 3\}$
   b) $2 \cdot x \cdot 8 \leq 400;\quad G = V_2$
   c) $x : (x - 1) = 2;\quad G = \mathbb{N}$
   d) $x \cdot x - x \leq 20;\quad G = \mathbb{N}$
   e) $785 \cdot 13 \cdot 0 \cdot x = 0;\quad G = V_3$
   f) $x \cdot (x - 5) \cdot (x - 2) = 0;\quad G = \mathbb{N}$
   g) $20 \leq x \cdot x - x < 50;\quad G = \mathbb{N}_0$
   h) $x \cdot x = 444;\quad G = \mathbb{N}$
   i) $(9 + 4 \cdot x) : x = 7;\quad G = \{1, 3, 5, 7\}$

Ablaufdiagramme zu zusammengesetzten Termen

Für das Berechnen des Wertes zusammengesetzter Terme erweisen sich Darstellungen des Rechenganges in *Diagrammform* als hilfreich.

Beispiel
Gegeben ist der Term $70 - (5 \cdot 9 + 6 \cdot 7) : 3$.
a) Berechne den Wert des Terms!
b) Gib das zugehörige Ablaufdiagramm an!
c) Wie heißt der Term?

Lösung:

a) Berechnung des Termwertes
$70 - (5 \cdot 9 + 6 \cdot 7) : 3 =$
$= 70 - (45 + 42) : 3 =$
$= 70 - 87 : 3 = 70 - 29 = 41$

c) Zuletzt wird subtrahiert!
Also ist der Term eine Differenz.

b) Ablaufdiagramm

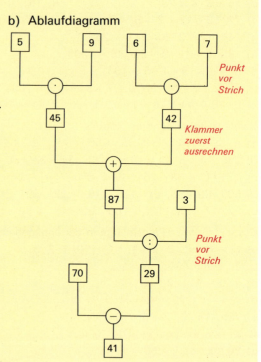

Aufgaben

1. Berechne den Wert der folgenden Terme!
Zeichne das Ablaufdiagramm, und gib den Namen des Terms an!

a) $3 \cdot 8 + 12 : 4$
b) $5 - 4 : 1$
c) $84 : 7 - 144 : 12$
d) $102 + 85 : 17$
e) $(10 + 7) \cdot (17 - 12)$
f) $(90 - 15) : (3 + 2)$
g) $(1 + 2 \cdot 3) + 7 \cdot 5$
h) $(3 \cdot 8 - 8) \cdot (14 + 6 \cdot 5)$
i) $96 + (67 - 5 \cdot 9) : 2$
j) $(74 - 11) : 7 + 3 \cdot 2$

Verbindung der vier Grundrechenarten

2. Bestimme zu folgenden Ablaufdiagrammen den Gesamtterm, und berechne seinen Wert! Gib den Namen des Terms an!

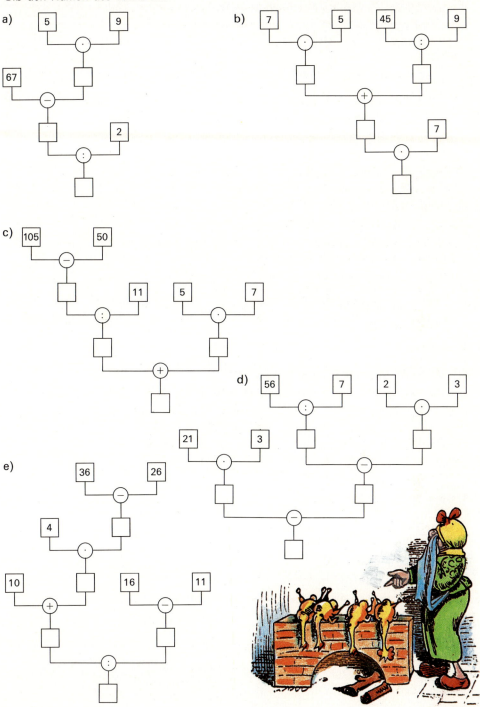

Termgliederung

Die Namen der Teilterme zusammengesetzter Terme können sein:

Beispiel

Wir gliedern einen gegebenen Term.
Gliedere den Term $70 - (5 \cdot 9 + 6 \cdot 7) : 3$!

Lösung: Der Term ist eine Differenz.
Ihr Minuend ist die Zahl 70, ihr Subtrahend ist der Quotient aus einer Summe und der Zahl 3.
Die Summe setzt sich so zusammen:
1. Summand ist das Produkt der Zahlen 5 und 9.
2. Summand ist das Produkt der Zahlen 6 und 7.

Aufgaben

1. Gliedere die Terme und gib ihre Namen an:
    a) $5 \cdot 8 - 12 : 4$
    b) $10 - 10 : 1$
    c) $(5 + 25) \cdot (18 - 10)$
    d) $(100 - 25) : (12 + 3)$
    e) $33 + (37 - 3 \cdot 9) : 5$
    f) $(20 + 52) : (12 - 2 \cdot 3)$
    g) $46 + (96 : 12 - 2 \cdot 3)$
    h) $46 + 36 : (12 - 2 \cdot 3)$

1. Vom Term zur Wortform

Die Wortform bei zusammengesetzten Termen kann beginnen mit:
Addiere, subtrahiere, multipliziere, dividiere!

Beispiel

Wir übertragen eine mathematische Kurzschrift in einen ausführlichen Text.
Gib die Wortform des folgenden Terms an:
$$70 - (45 + 42) : 3$$

Lösung:
Subtrahiere von der Zahl 70 den Quotienten aus der Summe der Zahlen 45 und 42 und der Zahl 3.

Verbindung der vier Grundrechenarten

Aufgaben

1. Gib die Wortform der folgenden Terme an:
   a) $(9 + 6) \cdot (18 - 13)$ b) $96 : 3 - 5 \cdot 5$
   c) $(88 - 33) : 11$ d) $(26 + 74) : 100 + (93 - 93) : 2$
   e) $(74 - 11) : 7 + 3 \cdot 2$ f) $23 - (48 : 16 + 84 : 21)$

2. Von der Wortform zum Term

> **Beispiel**
>
> Wir übersetzen einen Text in mathematische Kurzschrift.
> Gib zur folgenden Wortform den Term an, und berechne ihren Wert!
> Addiere zum Quotienten der Zahlen 144 und 16 das Produkt der Zahlen 17 und 3, und dividiere das Ergebnis durch 12!
>
> *Lösung:*
> $(144 : 16 + 17 \cdot 3) : 12 = (9 + 51) : 12 = 60 : 12 = 5$

Aufgaben

1. Bilde zu folgenden Wortformen Terme! Berechne ihren Wert!
   a) Addiere zum Produkt der Zahlen 17 und 18 den Quotienten der Zahlen 155 und 5!
   b) Dividiere die Differenz der Zahlen 93 und 18 durch das Produkt der Zahlen 3 und 25!
   c) Subtrahiere von 1530 die Summe aus dem Produkt der Zahlen 7 und 84 und dem Quotienten der Zahlen 182 und 14!
   d) Dividiere die Differenz aus der Zahl 779 und dem Produkt der Zahlen 27 und 28 durch die Zahl 23!
   e) Subtrahiere den halben Quotienten der Zahlen 116 000 und 20 von dem vierfachen Produkt der Zahlen 88 und 11!

Vermischte Aufgaben

2. Berechne fortlaufend im Kopf!
   a) $11 \cdot 2 \cdot 4 - 7 + 39 : 5 \cdot 150 : 9 \cdot 4 \cdot 12 : 6$
   b) $0 + 5 \cdot 6 - 25 \cdot 2 \cdot 60 - 150 : 15 - 12 \cdot 4 \cdot 9 \cdot 4$
   c) $4 \cdot 4 \cdot 4 \cdot 4 \cdot 4 - 4 - 28 : 16 \cdot 4 + 22 \cdot 4 \cdot 60$
   d) $63 + 54 - 63 \cdot 7 \cdot 9 - (14 : 2) + 5 \cdot 7 \cdot (2 \cdot 5) - (2 \cdot 3)$
   e) $16 \cdot 4 - 26 + 22 - (20 : 2) + (3 \cdot 120) \cdot 41 - (2 \cdot 5)$

3. Berechne im Kopf!
   a) $15 + 5 \cdot 4 + 10$ b) $12 + 18 : 9 - 7$ c) $75 - 25 : 5 + 5$ d) $7 \cdot 12 - 2 \cdot 9$
       $(15 + 5) \cdot 4 + 10$ $(12 + 18) : (9 - 7)$ $(75 - 25) : (5 + 5)$ $7 \cdot (12 - 2) \cdot 9$
       $15 + 5 \cdot (4 + 10)$ $12 + 18 : (9 - 7)$ $75 - 25 : (5 + 20)$ $7 \cdot (12 + 2 \cdot 9)$
       $(15 + 5) \cdot (4 + 10)$ $(12 + 18) : 10 - 7$ $(75 - 25) : 5 + 5$ $(7 \cdot 12 - 2) \cdot 9$

4. Berechne!
   a) $66 : 11 + 42 : 6$
   b) $(43 - 32 : 8) + 15$
   c) $17 + 2 \cdot 4 + 6 \cdot 3$
   d) $55 \cdot 15 - 15 + 5 \cdot 60$
   e) $(1615 - 465) : 5 - 3 \cdot 69$
   f) $(40 : 8 + 7) \cdot 3 - (2 + 9) \cdot 5 + 36$
   g) $[8 + 4 \cdot (49 - 39)] : (16 - 10)$
   h) $(36 : 9 + 4) \cdot 4 - [4 \cdot (8 + 3) - 25]$
   i) $1010 - [325 - 315 : (79 - 8 \cdot 9)] : 28$
   j) $[(13 \cdot 13 - 13 + 4 \cdot 11) \cdot 15] - (2964 : 3 - 3$
   k) $5 \cdot (19 - 2) - [(85 - 40) : (9 + 6) + (15 + 7) \cdot 3]$
   l) $9003 - [72 + 9 \cdot (592 + 45136 : 217)] : 24$
   m) $[12640 - 40 \cdot (147 + 3 \cdot 44)] \cdot 15 + 5 \cdot 3 - 2$
   n) $112 - [125 - 25 : (44 - 3 \cdot 13)] : [(125 - 5) : 12]$
   o) $(300 : 5) : 6 - 2 \cdot (18 : 9) + 14 \cdot 301$
   p) $(3 \cdot 25 - 25) : 5 + 15 \cdot 201 + 9 \cdot (7 \cdot 12 - 2 \cdot 6) + 3 \cdot 11$
   q) $[(15 + 9) \cdot 3 - 11] \cdot 2 + 3 + 75 - 100 \cdot 2$
   r) $1583 - 3 \cdot [25 \cdot (79 + 49) - 25 \cdot 113] + (334 - 286) \cdot 29$
   s) $[240 \cdot 125 - 25 \cdot (250 + 8750 : 25)] : 50$

5. Schreibe den Term auf und berechne im Kopf!
   a) Multipliziere die Summe der Zahlen 17 und 23 mit 10!
   b) Dividiere die Differenz der Zahlen 75 und 31 durch 4!
   c) Addiere zum Quotienten der Zahlen 750 und 75 die Zahl 808!
   d) Multipliziere die Differenz der Zahlen 38 und 17 mit der Summe der Zahlen 24 und 26!
   e) Dividiere den Quotienten der Zahlen 1350 und 15 durch das Produkt der Zahlen 5 und 9!
   f) Dividiere die Summe der Zahlen 41 und 169 durch die Differenz der Zahlen 49 und 19!

6. Berechne!
   a) $128 - (24 - 3 \cdot 7) \cdot 4 + 8 \cdot [73 + 36 : 4 - (65 + 35 : 5)] - 66 : (9 - 6)$
   b) $[(29 - 27 : 3 - 2) : 9 - 2] : 60 + 21 : 3$
   c) $(841 - 119) : 38 + (2681 - 537) : 67$
   d) $(6390 - 5498) : [84 - (102 - 22)]$
   e) $[(129 - 38) - (38 + 43)] : 10 + 2 \cdot 4$
   f) $(57 - 57 : 3 + 3 \cdot 34 + 300 : 6) : 19 - 9$
   g) $[(36 \cdot 2) : 2 - 150 : 6] : (9 \cdot 9 - 2 \cdot 5 \cdot 7)$

7. Übertrage das Ablaufdiagramm in dein Heft, vervollständige es dort, und schreibe den zugehörigen Term auf!

   a)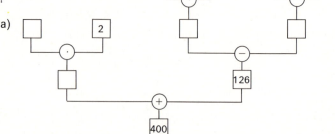

140

Verbindung der vier Grundrechenarten

b)
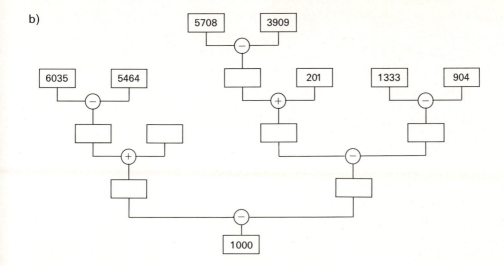

Wiederholungsaufgaben zu den Seiten 94 bis 139

8. Gliedere und berechne:
   a) [(100 − 52) : 12 + 16] : (12 − 2)   b) (200 − 56) : 12 − 2 · 6

9. Berechne:
   a) [4 · (15 − 3 · 4) − (3 · 8 − 4 · 4) : 4 + 14] : 4
   b) (64 − 4 · 12) · (49 − 8 · 6) + 100 : [20 − 2 · (14 − 3 · 3)]
   c) [(12 · 11 · 2 + 36) : 60 − 1 · 4] · (70 : 7)
   d) [(93 − 37) · 4] : 8 − 2 · 9 + 9 · 2 · 5
   e) 7125 − 125 · [(1110 : 37 + 1006 − 36 · 25) : 17 + 41]

10. Stelle eine Gleichung auf und berechne die Lösungszahl!
    a) Welche natürliche Zahl mußt du von der doppelten Differenz der Zahlen 348 und 279 subtrahieren, um den Quotienten der Zahlen 90 und 2 zu erhalten?
    b) Das Achtfache einer gedachten Zahl subtrahiere ich von 339 und dividiere diese Differenz durch 13. Dabei erhalte ich den achten Teil der Summe der Zahlen 14 und 42. Wie heißt die gedachte Zahl?
    c) Welche Zahl muß man von der doppelten Summe der Zahlen 23 und 31 subtrahieren, um den halben Quotienten aus der Differenz von 272 und 16 und der Zahl 16 zu erhalten?
    d) Welche natürliche Zahl muß ich um das Vierfache der Summe der Zahlen 925 und 629 verringern, um das Doppelte der Differenz dieser beiden Zahlen zu erhalten?

11. Gegeben ist der Term
    (87 + 169) · 17 − 56 · 17.
    a) Gliedere den Term und gib seine Wortform an!
    b) Berechne den Termwert auf möglichst einfache Art!

12. Berechne:
    a) 2782 − 82 · [130 560 : 15 + 45 : (317 − 39 · 8) − 8688] − 9490 : 13
    b) 177 − 7 · [27 + 3 · 13 − (55 + 85 : 17)] − (24 − 4 · 5) · 14 + 48 : (6 − 4)

13. Bestimme die Lösungsmenge in der Grundmenge $G = \mathbb{N}_0$:
  a) $48 : (x + 5) > 1$
  b) $x \cdot (x + 2) < 24$
  c) $7 \cdot (x + 3) > 7 \cdot 5 + 7 \cdot 3$
  d) $3 \cdot x + 15 = 3 \cdot (x + 5)$
  e) $5 \cdot x + 35 > 5 \cdot (10 - 7)$

14. Stelle den zugehörigen Term auf und berechne seinen Wert:
  a) Multipliziere die Summe der Zahlen 51 und 33 mit der Differenz dieser Zahlen!
  b) Dividiere die Differenz der Zahlen $19 \cdot 19$ und $15 \cdot 15$ durch die Summe der Zahlen 19 und 15!
  c) Addiere zum Produkt der Zahlen 205 und 15 den Quotienten der Zahlen 1000 und 8. Dividiere sodann das Ergebnis durch den Quotienten der Zahlen 3200 und 800!
  d) Vermindere die Differenz der Zahlen 1007 und 67 um das Produkt der Zahlen 17 und 20!

15. Schätze zunächst und berechne dann schriftlich:
  a) $45136 : 14$
  b) $726516 : 837$
  c) $474801 : 303$
  d) $555555 : 35$
  e) $888888 : 104$
  f) $390625 : 625$

16. Bestimme jeweils die Lösungsmenge in der angegebenen Grundmenge:
  a) $(4 + x) \cdot x \leq 5 \cdot x + 2$; $G = \{0, 1, 2, 6\}$
  b) $(7 \cdot 85) : x = 96 \cdot 21 - 1981$; $G = \{\text{Alle geraden Zahlen}\}$
  c) $(4571 - 999) - x = (110 + 78) \cdot 19$; $G = \mathbb{N}_0$
  d) $66 \cdot (x \cdot 11) = (121 \cdot x) \cdot 6$; $G = \mathbb{N}_0$
  e) $5 \cdot x \cdot 4 \leq 1000$; $G = \mathbb{N}_0$
  f) $(8 + 3 \cdot x) : x = 5$; $G = \{2, 4, 6, 8\}$
  g) $(x \cdot x - 9) : (x - 3) = x + 3$; $G = \{4, 5, 6\}$
  h) $(6200 : 31) : (25 - x) = 169 - 12 \cdot 12$; $G = \mathbb{N}$
  i) $x \cdot x + x < 50$; $G = \{0, 2, 4, 6, 8\}$

17. Bestimme jeweils die Lösungsmenge in der Grundmenge $G = \mathbb{N}$:
  a) $x \cdot x - 7 = 42$
  b) $(209 + 272) : x = 37$
  c) $15 \cdot x = 165$
  d) $(x + 7) \cdot 13 = 156$
  e) $(x - 4) \cdot (x - 5) = 0$
  f) $57 : x = 958 - 217$
  g) $x \cdot (x - 7) = 0$
  h) $49 - 7 \cdot x = 21$
  i) $82 : (x - 4) = 41$
  j) $120 : x \geq 15$
  k) $5 \cdot x \geq x \cdot x$
  l) $(16 \cdot x) : x = 5 \cdot 5 - 3 \cdot 3$
  m) $9 \cdot x \cdot (4 - x) \cdot (x - 2) = 0$
  n) $5 \cdot (x - 4) \leq 3 + 5 \cdot x$
  o) $90 - x - x - x - x = 2$
  p) $x : 13 + 9210 = 87 \cdot 107$

18. Berechne den größtmöglichen und den kleinstmöglichen Wert des Terms
  $(a + b) : (c - d)$ für $a \in \{27, 54, 72\}$, $b \in \{9, 18\}$, $c \in \{12, 18, 24\}$, $d \in \{6, 9\}$!
  Begründe kurz die Wahl deiner Einsetzzahlen!

19. Setze geeignete Rechenzeichen ($+$, $-$, $\cdot$, $:$) und Klammern so zwischen die Zahlen ein, daß die angegebenen Ergebnisse richtig sind:
  a) $16 \square 4 \square 2 = 2$
  b) $16 \square 4 \square 2 = 6$
  c) $16 \square 4 \square 2 = 40$
  d) $16 \square 2 \square 8 = 24$

Verbindung der vier Grundrechenarten

20. Berechne, falls möglich (und möglichst im Kopf!):
   a) $(0 \cdot 5) : 4$ 	b) $(0 : 1) : (25 : 5)$
   c) $(55 : 11) \cdot (3 \cdot 8)$ 	d) $(125 : 25) \cdot 8$
   e) $(38 : 18) \cdot 2$ 	f) $3500 : (70 \cdot 5)$
   g) $(8000 : 80) : (7500 : 150)$ 	h) $(8 \cdot 70) : (2 \cdot 28)$

21. Berechne, falls möglich:
   a) $[(36 - 26) \cdot (4 + 10)] : (16 - 11)$ 	b) $[(36 - 26) \cdot 4 + 10] : 16 - 11$
   c) $(36 - 26) \cdot 4 + 10 : (16 - 11)$ 	d) $[(36 - 26) \cdot 4 + 10] : (16 - 11)$

22. Ich denke mir eine natürliche Zahl und dividiere sie durch 4. Wenn ich den dabei erhaltenen Wert mit der Summe aus den Zahlen 246 und 363 multipliziere, erhalte ich den Quotienten aus den Zahlen 18270 und 2. Wie heißt die Zahl? (x-Ansatz!)

23. Ich denke mir eine natürliche Zahl und dividiere sie durch 37. Dieses Ergebnis multipliziere ich mit der Summe aus den beiden Zahlen 86 und 77. Dann erhalte ich 978. Wie heißt die Zahl? (x-Ansatz!)

24. Durch welche natürliche Zahl muß ich das vierfache Produkt der Zahlen 125 und 160 dividieren, um den dritten Teil der Differenz der Quadrate der Zahlen 100 und 50 zu erhalten?

25. Subtrahiert man von einer unbekannten, natürlichen Zahl den Quotienten aus den Zahlen 192 und 16 und dividiert dann das Ergebnis durch 6, so erhält man das Produkt der Zahlen 4 und 7. Stelle eine Gleichung (x-Ansatz) auf, und berechne die unbekannte Zahl!

26. Setze geeignete Rechenzeichen $(+, -, \cdot, :)$ so ein, daß die angegebenen Ergebnisse richtig sind!

   $1 \square 9 \square 8 \square 4 = 5$ 	$1 \square 9 \square 8 \square 4 = 12$
   $1 \square 9 \square 8 \square 4 = 6$ 	$1 \square 9 \square 8 \square 4 = 13$
   $1 \square 9 \square 8 \square 4 = 7$ 	$1 \square 9 \square 8 \square 4 = 22$

Sachaufgaben

Allgemeine Hinweise zum Lösen schwieriger Sachaufgaben

> 1. Mach dir den Sachverhalt klar!
>   Lies dazu den Text langsam und genau!
>   Wiederhole den Text mit eigenen Worten!
>   Stelle den Sachverhalt eventuell durch Skizzen dar!
> 2. Schreibe alle gegebenen Größen heraus, und wandle sie in zweckmäßige Einheiten um!
> 3. Schreibe heraus, was gesucht ist!
> 4. Rechne nicht drauflos! Überlege zuerst, welche Rechenschritte aufeinanderfolgen müssen.
> 5. Bestimme das Ablaufdiagramm bzw. den Gesamtterm!
> 6. Schreibe einen Antwortsatz auf!

Beispiel

In einem Dreifamilienhaus beträgt die Monatsmiete für die Wohnung im Erdgeschoß 460 DM, die Miete für die Wohnung im Obergeschoß ist um 85 DM teurer. Zum Haus gehören auch drei Garagen. Jede Garage ist für 35 DM vermietet. Der Hausbesitzer nimmt im Jahr insgesamt 18 600 DM ein. Wie hoch ist die Miete für das Dachgeschoß?

Lösung:

a) *in Teilschritten*

   1. Schritt: Einnahmen im Jahr für das
              Erdgeschoß   460 DM · 12 = 5520 DM
              Obergeschoß 545 DM · 12 = 6540 DM
   2. Schritt: Einnahmen im Jahr für die Garagen
                      (35 DM · 3) · 12 = 1260 DM
   3. Schritt: Monatsmiete für das Dachgeschoß:
            [18 600 DM − (5520 DM + 6540 DM + 1260 DM)] : 12 =
            = 5280 DM : 12 = 440 DM

Die Monatsmiete für das Dachgeschoß beträgt 440 DM.

b) *mit Gesamtterm* (ohne Einheiten)

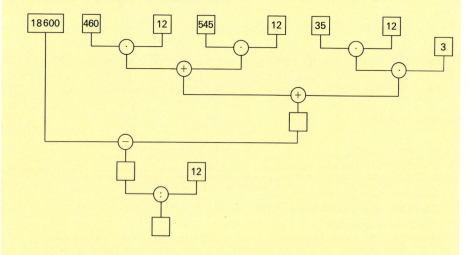

Gesamtterm und Berechnung

    ⟨18 600 − [(460 · 12 + 545 · 12) + (35 · 12) · 3]⟩ : 12 =
= ⟨18 600 − [(5520 + 6540) + 1260]⟩ : 12 =
= ⟨18 600 − (12 060 + 1260)⟩ : 12 =
= ⟨18 600 − 13 320⟩ : 12 = 5280 : 12 = 440

Die Monatsmiete für das Dachgeschoß beträgt 440 DM.

Verbindung der vier Grundrechenarten

Geldwerte

1. Herr Metzger ist Angestellter bei der Gemeinde. Im Jahre 1992 betrug sein monatliches Einkommen vom 1.1. bis zum 31.8. 3274 DM. Am 1.9. wurde sein Gehalt erhöht. Sein gesamtes Jahreseinkommen, einschließlich eines ganzen Monatsgehaltes als Weihnachtsgeld, betrug 43 752 DM. Um wieviel DM wurde sein Gehalt ab 1.9.1992 erhöht?

2. Ein weiblicher Lehrling verdiente im Jahre 1977 durchschnittlich im Monat 372 DM, ein männlicher Lehrling dagegen 400 DM. Um wieviel DM verdiente ein männlicher Lehrling im Jahre 1977 mehr als ein weiblicher Lehrling?

3. Herr Flott zahlt für sein Auto im Jahr 422 DM Versicherung und 288 DM Steuern. Außerdem hat er eine Rechtsschutzversicherung abgeschlossen, die ihm jährlich 142 DM kostet. Für Benzin gibt er im Monat durchschnittlich 85 DM aus.
   a) Wie teuer kommt ihm das alles zusammen in einem Jahr?
   b) Wie teuer kommt ihm das alles zusammen monatlich?

4. Für ein Kinderheim wurden 700 DM gespendet.
   Dafür werden nun Spielsachen ausgesucht. Es gibt Puppen zu je 19,95 DM, Spiele zu je 9,95 DM, Autos zu je 12,95 DM und Bälle zu je 5,40 DM.
   a) Wie viele Puppen können dafür gekauft werden?
   b) Es werden 15 Puppen, 20 Spiele und 20 Bälle gekauft. Wie viele Autos können noch gekauft werden?

5. Für den Besuch des Schwimmhausener Freibades gibt es Einzelkarten zu 1 DM 50 Pf und Dauerkarten zu 42 DM. Herr Feuchtinger kauft eine Dauerkarte. Am Jahresende stellt er fest, daß er sie genau 27mal benutzt hat.
   Hat sich der Kauf der Dauerkarte gelohnt? Wie oft muß man mindestens im Jahr zum Schwimmen gehen, damit der Kauf einer Dauerkarte sinnvoll ist?

6. Im Ort A kosten 10 Schreibblöcke 12 DM, in der Großstadt B dagegen nur 10,50 DM. Kauft man die Schreibblöcke in B, so muß man mit Fahrtkosten von 14 DM rechnen.
   a) Für den Kauf von Schreibblöcken sollen insgesamt 84 DM ausgegeben werden. Wie viele Schreibblöcke erhält man dafür in A? Wie viele, wenn man nach B fährt?
   b) Wo gibt man für 120 Schreibblöcke weniger aus?

7. Beim Bau einer autobahnähnlichen Stadtumgehung der Stadt Bochum wurde ein 560 m langer Tunnel gebaut. Alleine die Gesamtkosten für diesen Tunnel betrugen etwa 70 Millionen DM. Wie teuer kam 1 m Tunnel?

8. Eine Monatszeitschrift kostet im Abonnement 90 DM, im Einzelverkauf wird sie für 8,20 DM angeboten. Um wieviel DM ist ein Heft im Abonnement billiger?

9. Durch die Anschaffung einer Maschine können in einem Betrieb zwei Arbeitskräfte eingespart werden. Die Kosten für eine Arbeitskraft betragen pro Tag 154 DM. Die Maschine kostet 285 000 DM. Sie hat eine Lebensdauer von acht Jahren. Während dieser Zeit muß erfahrungsgemäß damit gerechnet werden, daß man für Wartung und Reparaturen an der Maschine jährlich 31 000 DM ausgeben muß.
   a) Wie hoch sind die Lohnkosten für die beiden Arbeitskräfte während acht Jahren? Rechne mit 240 Arbeitstagen im Jahr; etwaige Lohnerhöhungen sind dadurch eingerechnet.
   b) Vergleiche die Lohnkosten in a) mit den Kosten, die mit der Anschaffung und Wartung der Maschine verbunden sind!
   Lohnt es sich (rein finanziell) für den Unternehmer, daß er die Maschine kauft?

Einkauf und Verkauf

Zwischen den Größen *Einkaufspreis, Verkaufspreis, Geschäftskosten, Selbstkostenpreis, Gewinn* und *Verlust* gibt es folgende Zusammenhänge.

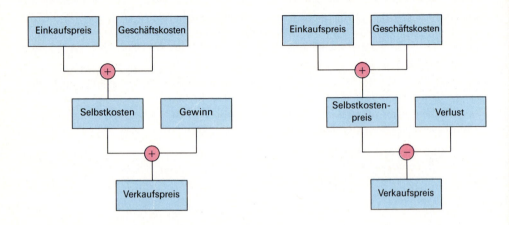

10. a) Ein Lebensmittelgeschäft erhält 14 Kisten Äpfel mit je 25 Stück. Der Kaufmann zahlt für eine Kiste Äpfel 3,90 DM. Berechne den Einkaufspreis.
    b) Der Lebensmittelhändler sortiert nun die Äpfel der Größe nach. Er verkauft 150 Äpfel zu je 20 Pf, 170 Äpfel für 18 Pf und den Rest für 16 Pf pro Stück. Wieviel hat der gesamte Verkaufspreis betragen? Gesamtansatz!

11. Der Einkaufspreis für 35 kg Bananen beträgt 31,50 DM. Es kommen noch Geschäftskosten hinzu. Sie machen ein Sechstel des Einkaufspreises aus. Obsthändler Schwäble möchte je kg einen Gewinn von 0,25 DM erzielen. Zu welchem Preis bietet er 1 kg Bananen an?

12. Ein Kaufmann bezog 294 m Stoff zu 5,35 DM je m. Die Geschäftskosten betragen 14,70 DM. Er verkaufte davon zu dem Preis von 6,30 DM je m so viel, daß die Selbstkosten gedeckt waren. Den Rest gab er im Ausverkauf zu 5,50 DM je m ab. Wie groß war sein Gewinn? Rechne in Teilschritten!

13. Ein Händler bezieht 90 Flaschen Wein und bezahlt dafür 585 DM. Er verkauft 45 Flaschen zu einem Preis von 8,50 DM, den Rest zu einem Preis von 10 DM je Flasche. Wie groß ist sein Gewinn? Gesamtansatz!

14. Ein Großhändler kauft 82 Säcke Kraut zu je 27 DM. Nachdem er 25 Sack zu je 30 DM verkauft hat, stellt er fest, daß der 19. Teil des Restes verfault ist. Er versucht daher, den Rest der noch guten Ware zu je 23 DM je Sack loszuwerden. 11 Sack kann er nicht verkaufen.
    Hat er an dem Geschäft verdient oder nicht, wenn noch 18 DM für Unkosten abgehen? Wie groß war der Gewinn bzw. Verlust? Rechne in Teilschritten!

15. Eine Bäuerin bringt morgens 300 Eier auf den Stadtmarkt. Zunächst verkauft sie das Ei für 25 Pf. Mittags hat sie den 5. Teil ihrer Eier noch nicht verkauft. Damit sie ihren Omnibus noch rechtzeitig erreichen kann, verkauft sie nun je 6 Eier für 1,30 DM. Wieviel Geld bringt sie abends nach Hause, wenn sie alle Eier verkauft hat?

Verbindung der vier Grundrechenarten

16. Der Schreinerlehrling Max hat 255 DM gespart und kauft sich nun eine Hose, drei verschiedenfarbige Hemden und zwei dazu passende Krawatten.
    a) Nach dem Einkauf stellt Max fest, daß ihm noch 58,50 DM von dem gesparten Geld übriggeblieben sind. Außerdem erinnert er sich, daß die Hose 59 DM und jede Krawatte 12,50 DM kostete. Der Preis für jedes der drei Hemden war gleich. Wieviel DM hat Max für ein Hemd bezahlt?
    b) Max kann sich mit den neuen Sachen verschieden kleiden.
    Wie viele verschiedene Zusammenstellungen (Hose−Hemd−Krawatte) gibt es?
    Wie viele verschiedene Zusammenstellungen gäbe es, wenn sich Max zwei neue Hosen gekauft hätte?

17. Ein Obsthändler bezieht eine Wagenladung Obst mit 10 t 700 kg Obst. Als Versandkosten muß er 40 DM je Tonne rechnen.
    a) Wieviel muß der Obsthändler insgesamt bei Ankunft der Ware bezahlen?
    b) Der Obsthändler verkauft nun 6 t 800 kg Obst für 20,80 DM je 25 kg. Wieviel nimmt er ein?
    c) Vom Rest stellt er Süßmost her. Aus 100 kg Obst erhält er 45 l Most. Er verkauft diesen später für 2,40 DM je Liter. Die Herstellungskosten betragen 60 Pf je Liter.
    Wieviel verdient der Obsthändler an der ganzen Wagenladung Obst?

18. Ein Weinhändler in Würzburg verschickt an die Traubenwirtin in Augsburg 300 Weinflaschen mit der Bundesbahn.
    a) Ermittle mit Hilfe der Tabelle rechts die Frachtkosten!
    Eine Weinflasche wiegt 1,5 kg, das Verpackungsmaterial 75 kg. Die Entfernung Würzburg−Augsburg beträgt mit der Bundesbahn 220 km.

Entfernungen km	Frachtkosten in DM bis Kilogramm		
	500	550	600
⋮			
181−200	108,00	114,40	120,30
201−220	111,70	118,40	124,40
221−240	118,50	125,60	132,00

    b) Der Weinhändler berechnet pro Weinflasche 6,80 DM. Außerdem muß die Traubenwirtin die Frachtkosten übernehmen.
    Wieviel DM muß die Traubenwirtin an den Weinhändler bezahlen?
    c) Die Traubenwirtin verkauft einen Schoppen (= ein Viertel) Wein für 4,60 DM. Wie hoch ist ihr Gewinn? − Das ist natürlich nicht der Reingewinn! Warum nicht? Welche Kosten entstehen der Traubenwirtin eventuell noch zusätzlich?

Ratenzahlung

19. Herr Kühl kauft eine Gefriertruhe. Er handelt folgende Zahlungsweise aus:
    Den vierten Teil des Kaufpreises zahlt er sofort, der Rest wird gleichmäßig auf vier Monatsraten verteilt.
    Der Kaufpreis beträgt bei dieser Zahlungsart 799 DM 20 Pf.
    Wie hoch ist eine Monatsrate?

20. Herr Reisemann kauft sich einen neuen Wagen für 24 680 DM. Für seinen alten Wagen werden 5750 DM gutgeschrieben; 7500 DM zahlt er sofort in bar.
    a) Den Rest möchte Herr Schnell in 18 Monatsraten bezahlen. Wieviel DM muß er monatlich abzahlen?

b) Nachdem er bereits 9 Monatsraten bezahlt hat, erhöht er die bisherige Monatsrate auf 952,50 DM. Wieviel Monatsraten muß er jetzt noch bezahlen?

c) Wie lange müßte Herr Schnell zahlen, wenn er keine Anzahlung in bar macht, dafür aber monatlich 631 DM bezahlt?

21. Frau Fröhlich kauft ein neues Auto für 25 154 DM. 12 350 DM schreibt ihr der Autohändler für den Altwagen gut; 6000 DM zahlt sie in bar, den Rest möchte sie in 18 Monatsraten bezahlen. Sie kann dabei monatlich bis zu 330 DM aufbringen.
   a) Kann Frau Fröhlich ihr neues Auto in dieser Art finanzieren?
   b) Wieviel muß sie monatlich zahlen, wenn der Autohändler bei 24monatiger Ratenzahlung einen Verkaufspreis von 26 174 DM ansetzt?

Tanken und Heizen

22. Ein Autotank faßt 68 Liter Benzin. Das Auto braucht durchschnittlich 8,5 Liter Benzin für 100 km. Wie oft kann der Fahrer mit einem Tankinhalt zu seinem Arbeitsplatz (und zurück) fahren, wenn dieser 25 km von der Wohnung entfernt ist?

23. Ein Tankwagen mit 30 000 Liter Tankinhalt wird gefüllt. In jeder Minute fließen 720 Liter Heizöl in den Tank.
   a) Wieviel Minuten und Sekunden beträgt die Tankzeit?
   b) Das Heizöl wird an eine Schule geliefert. Dort wird das Heizöl in 50 min vom Tankwagen in den Tank der Schule gepumpt. Wieviel Liter Heizöl sind 15 min 30 s nachdem mit dem Tanken begonnen wurde, noch im Tank des Tankwagens?

24. Eine Heizölfirma verlangt für einen Liter Heizöl 70 Pfennig. Herr Schulze läßt seinen fast leeren 8000-Liter-Tank wieder ganz auffüllen und zahlt dafür 5180 DM. Wie lange hätte der Ölrest im Tank, ohne aufzufüllen, noch gereicht, wenn jeden Tag 50 Liter verbrannt werden? Gesamtansatz!

25. Eine Heizanlage benötigt pro Tag bei ununterbrochenem gleichmäßigen Betrieb 225 Liter. Aus Sparsamkeitsgründen wird sie jedoch nur 8 Stunden täglich eingeschaltet. Wie viele Tage können geheizt werden, wenn der Tank 210 hl faßt?

26. Herr Maier läßt am 1. Juli einen Heizöltank mit 3150 l füllen.
   a) Er reicht damit bis Ende Januar des darauffolgenden Jahres. Wieviel Liter Heizöl hat Herr Maier durchschnittlich pro Tag verbraucht?
   Nimm vereinfachend an, daß jeder Monat 30 Tage hat.
   b) Wieviel DM hat Herr Maier täglich für Heizöl ausgegeben, wenn er 100 l Heizöl für 75,20 DM eingekauft hat? Rechne in Pfennigen!
   c) Am 1. Februar wird der Heizöltank mit 2000 l gefüllt. 100 l Heizöl kosten jetzt 82,10 DM. Wieviel DM kostet jetzt die Ölheizung in den folgenden Monaten täglich, wenn der Heizölverbrauch nunmehr durchschnittlich 12 l beträgt?
   Nach wieviel Tagen muß Herr Maier spätestens wieder nachfüllen lassen?

Verbindung der vier Grundrechenarten

Beladen und Verpacken

27. Ein 18tonner ist ein Lastwagen, dessen Ladung bis zu 18 t wiegen darf. Mit einem solchen Wagen sollen Ziegelsteine transportiert werden. Ein Ziegelstein wiegt 9,5 kg. Die Ziegelsteine werden im Stapel zu je 60 Stück verpackt.
   a) Wie viele Stapel können auf dem Lastwagen geladen werden?
   b) Damit die Stapel leichter abgeladen werden können, werden diese auf hölzerne Untergestelle (Paletten) gestellt. Für solche Paletten wird eine Leihgebühr von 1,50 DM pro Palette berechnet. Ein 18tonner soll 31 Paletten geladen haben. Was kosten 31 Paletten einschließlich der Lieferkosten, wenn ein Ziegelstein 1,42 DM kostet, die Abladegebühr pro Palette 2,50 DM beträgt und die Frachtkosten 124,– DM ausmachen?

28. Ein Rheinkahn mit 3000 t Tragfähigkeit soll mit Kohlen beladen werden.
Ein Kohlenzug mit 23 Wagen zu je 25 t, 16 Wagen zu je 30 t und 17 Wagen zu je 20 t ist schon verladen.
Wieviel Wagen zu je 15 t müssen noch angefahren werden, damit der Kahn voll beladen ist?

29. Ein Lastkahn mit einem zulässigen Ladegewicht von 440 t wird mit 420 Containern zu je 750 kg und mit 300 Fässern zu je 45 kg beladen. Wie viele Säcke zu je 90 kg können noch dazugeladen werden, wenn schon 107 t Kohlen im Kahn liegen?

30. Ein Güterwagen hat 14 t 550 kg geladen. Der dritte Teil der Ladung wird auf einen anderen Güterwagen und 2 t 700 kg werden auf ein Lastauto verladen. Der 4. Teil der übriggebliebenen Ladung wird auf einen zweiten Lastwagen geladen. Schließlich muß man mit einem Kombiwagen noch 7mal fahren, bis der Güterwagen leer ist. Wie viele Zentner werden bei jeder Fahrt auf den Kombiwagen geladen?

31. Ein Kaufmann kauft 3 Kisten Äpfel zu 51 kg, 32 kg 300 g und 42 kg 700 g. Er packt die Äpfel in Beutel ab. Wieviel kg Äpfel muß er in einen Beutel füllen, wenn er 42 Beutel hat? Wie viele Beutel kann er mit der ersten Kiste voll machen?

32. Mit einem 4tonner und einem 3tonner sollen von einer Kohlenhalde insgesamt 70 t Kohle weggefahren werden. Beide LKW sollen stets voll beladen sein.
   a) Welche Möglichkeiten gibt es, die Fahrzeuge einzusetzen? Stelle die Ergebnisse in einer Tabelle zusammen!
   b) Wie oft muß der 3tonner und wie oft muß der 4tonner fahren, wenn insgesamt möglichst wenig Fahrten unternommen werden sollen?

33. Man rechnet im Jahr mit einem durchschnittlichen Verbrauch von 120 kg Kartoffeln pro Person. München hat etwa 1 219 600 Einwohner (Stand 1990).
   a) Wieviel Tonnen Kartoffeln sind für die Einwohner Münchens bereitzustellen?
   b) Wie viele LKW mit einer Ladefähigkeit von 8 t werden für den Transport dieser Menge benötigt?
   c) Denke dir die Gesamtzahl der LKW in b) unmittelbar hintereinander aufgestellt. Wie lang ist diese LKW-Kette, wenn ein LKW 8 m lang ist?
   d) Der „Kartoffelberg" in a) wird auf Güterwagen verladen. Ein Güterwagen kann maximal bis 25 t beladen werden. Von Puffer zu Puffer mißt ein Güterwagen 14 m. Wie lang wäre jetzt ein Güterzug, der den gesamten Jahresbedarf an Kartoffeln der Stadt München transportiert?

Reisen

34. Die Klasse 5a (32 Schüler) unternimmt mit ihrem Klassenleiter einen Tagesausflug. Sie fährt mit dem Zug von Augsburg nach Nürnberg. Der Klassenleiter hat für die Reise einen Gruppenfahrschein besorgt. Der Fahrpreis beträgt damit pro Person, hin und zurück, einschließlich IC-Zuschlag 9,– DM.
   a) Die Klasse fährt mit dem IC 686 (siehe Fahrplan unten). Wann ist sie in Nürnberg? Wie lange braucht der IC 686 von Augsburg nach Nürnberg?
   b) Vergleiche die Fahrzeiten der anderen 10 Intercity- und Eurocity-Züge von Augsburg nach Nürnberg mit der des IC 686!
   c) Die Klasse erhält für die Fahrt einen finanziellen Zuschuß von 120 DM. Wie hoch sind die Reisekosten pro Schüler?

35. Peter und Stefan sind mit ihren Fahrrädern unterwegs.
   a) Am ersten Tag fahren sie in 8 Stunden 150 km weit. Wie groß ist ihre durchschnittliche Geschwindigkeit?
   b) Am zweiten Tag fahren Sie 40,5 km weiter, und zwar mit einer durchschnittlichen Geschwindigkeit von 18 km/h. Wie viele Stunden und Minuten sind sie am zweiten Tag unterwegs?

36. Der IC 686 hat zwischen Augsburg und Nürnberg eine mittlere Reisegeschwindigkeit von 125 km/h. Wie viele Eisenbahnkilometer ist er um 7.18 Uhr von Augsburg entfernt?

37. Christoph fährt in den Ferien mit seinem Rennrad zu seinem Freund. Er fährt um 8.15 Uhr von zu Hause weg und kommt um 11.10 Uhr bei seinem Freund an. Unterwegs hat er 25 Minuten Rast gemacht.
   a) Wie lang war die Fahrstrecke, wenn Christoph mit einer Durchschnittsgeschwindigkeit von 18 km pro Stunde gefahren ist?
   b) Bei der Rückfahrt am folgenden Tag will er die gleiche Strecke ohne Rast in 2 Stunden schaffen. Wie viele km und m muß er nun in der Stunde durchschnittlich *mehr* fahren?

Augsburg

km 138 → **Nürnberg**

	ab	Zug		an	Bemerkungen
G	0.32	D	2180	1.50	⚑
	3.20	E	3018	4.58	
	6.07	E	3000	7.45	
	7.06	IC	686	8.13	
	7.31	E	3240	9.05	U Treuchtl
	8.17	D	302	9.48	×
	9.06	IC	684	10.13	
	10.06	EC	26	11.13	
	11.06	IC	520	12.13	
	12.06	IC	886	13.13	⚑
	13.00	E	3004	14.32	
	13.57	D	2569	15.12	
	14.06	IC	884	15.17	⚑
	15.06	EC	20	16.13	
	16.08	E	3008	17.46	
E	17.06	IC	680	18.13	
	17.29	E	3012	19.00	90
	17.56	E	3010	19.40	
E	18.06	IC	882	19.13	⚑
	19.06	IC	662	20.13	
	20.12	IC	880	21.25	
	21.20	D	2480	22.47	
	22.07	D	2186	23.51	U Treuchtl ⚑
	22.58	D	300	0.14	

E = täglich außer ⑥, nicht 24. bis 31. XII., 24. bis 26. III., 30. IV., 14. V.
G = nicht 25. XII., 1. I.
90 = an ⑥ nur 2.Klasse

38. Roland aus München fährt in den Weihnachtsferien zu seiner Tante nach Garmisch-Partenkirchen. Er hat dafür 85 DM gespart. Die Fahrkarte mit der Bundesbahn kostet hin und zurück 32,– DM. Er bleibt 7 Tage. Wieviel darf er täglich ausgeben, wenn er seiner Tante ein Geschenk für 10,30 DM mitbringt? Gesamtansatz! Rechne mit Pfennigen!

39. Ein Kraftwagenführer verlangt von einer Reisegesellschaft für eine Tagesfahrt 280 DM oder für den Kilometer 1,40 DM. Die Gesellschaft ist 180 km gefahren.
   Welche Zahlungsweise ist für die Reisenden günstiger?
   Wieviel kann jeder Fahrgast sparen, wenn es insgesamt 35 Teilnehmer waren?

40. Herr Bader möchte mit seiner Frau und seinen beiden Kindern (Nicole 7 Jahre, Markus 5 Jahre) einen dreiwöchigen Urlaub an der See verbringen.
   Er hat die Wahl zwischen einer Bungalow-Wohnung und einem Hotel.

Verbindung der vier Grundrechenarten

Stelle an Hand der nachfolgenden Daten fest, welche Unterkunft am preiswertesten ist.

Bungalow-Angebot:

> Miete für drei Wochen: 1680 DM
> Im Preis sind Elektrizitäts- und Wasserverbrauch eingeschlossen.
> Geschätzter Preis für die tägliche Verpflegung: 85 DM.

Hotelpreise:

Name des Hotels	Vollpension pro Tag und Person
Strandkorb	54 DM
Möwe	50 DM
Dünenburg	62 DM

Für Kinder unter 6 Jahren ermäßigt sich der Preis um die Hälfte.

41. Herr und Frau Hesse wohnen in Frankfurt. Sie möchten einen 6tägigen Winterurlaub in Megéve (Schweiz) verbringen. Megéve liegt etwa 1 Autostunde von Genf entfernt.
Der Flug Frankfurt–Genf–Frankfurt kostet pro Person 730,– DM. Übernachtung mit Frühstück kostet pro Tag und Person 150 Francs, der Skipaß kostet pro Person für 6 Tage 550 Francs.
100 Francs kosten zur Zeit (Januar 1993) 34,30 DM.
Mit welchen Kosten müssen Herr und Frau Hesse mindestens rechnen? Welche Kosten kommen noch hinzu?

Entfernungen und Maßstäbe

42. Thomas und Bettina haben den gleichen Schulweg. Thomas geht zu Fuß und macht in jeder Minute 120 Schritte von je 75 cm Länge. Bettina fährt mit dem Fahrrad. Sie legt in jeder Minute 240 m zurück. Thomas braucht 16 min bis zur Schule.
    a) Wie lang ist der Schulweg?
    b) Wieviel Minuten braucht Bettina?

43. Eine S-Bahn fährt täglich eine Strecke von 34,5 km elfmal hin und zurück. Wieviel km fährt diese S-Bahn innerhalb von vier Wochen?

44. Ein Tankwagen fährt täglich, außer sonntags, eine Strecke von 88,5 km zweimal hin und zurück. Er transportiert jeweils 30 000 Liter Benzin.
An Samstagen fährt der Wagen nur einmal hin und her. Wieviel Kilometer fährt er innerhalb vier Wochen, und wieviel Liter Benzin transportiert der Wagen in dieser Zeit?

45. Von der Innenstadt zum 11 km entfernten Vorort einer Großstadt pendelt ständig ein Bus. Er fährt werktags siebenmal und sonnabends und sonntags jeweils viermal hin und zurück. Wieviel Kilometer fährt der Bus in jeder Woche?

46. Bettinas Klassenzimmer ist 8 m lang und 7 m breit. Vom Klassenzimmer soll ein Plan angefertigt werden!

a) Welche grundsätzlichen Schwierigkeiten würden sich ergeben, wollte man das Zimmer in dieser Größe zeichnen?
Antworte mündlich!

b) Betrachte das Bild! Wie löst Bettina diese Schwierigkeiten?
Antworte mündlich!

Beachte:
Maßstab 1 : 100 bedeutet:
1 cm auf dem Plan (Zeichnung) ist in Wirklichkeit 100mal vergrößert, d. h., 1 cm auf dem Plan entspricht 100 cm = 1 m in der Wirklichkeit.

c) Entnimm aus Bettinas Zeichnung an der Tafel folgende Längen: den Abstand zweier Tische, die hintereinander stehen, die Länge der Wandtafel, die Länge eines Tisches.

47. Der Pariser Eiffelturm ist 320 Meter hoch.

a) In einer maßstäblichen Zeichnung soll der Turm 32 cm hoch gezeichnet werden. Welcher Maßstab ist zu verwenden?

b) Zum Größenvergleich wird neben dem Turm ein aufrechtstehender Mensch gezeichnet. Der Mensch sei genau 2 m groß. Wie groß erscheint der Mensch in dieser maßstäblichen Zeichnung?

48. Ein Stadtplan ist im Maßstab 1 : 8000 gezeichnet. Wie lang sind auf ihm Strecken, die in der Natur

a) 1 km,   b) 800 mm,   c) 400 m   lang sind?

49. a) Berechne den Maßstab einer Karte, wenn auf ihr zwei voneinander 64 mm entfernte Punkte in Wirklichkeit eine Entfernung von 8 km haben.

b) Wie lang ist auf dieser Karte eine Strecke, die in Wirklichkeit 32 km lang ist?

50. A-Dorf und B-Stadt sind auf einem Plan mit dem Maßstab 1 : 25000 6 cm 3 mm voneinander entfernt. Wie groß ist ihre Entfernung in Wirklichkeit?

51. a) Der Autotyp Rolls-Royce (Baujahr 1906) wird auch als Modellauto im Maßstab 1 : 55 hergestellt. Der Modell-Rolls-Royce ist 8 cm lang. Wie lang ist der Rolls-Royce in Wirklichkeit?

b) Ein Modell eines anderen Autotyps ist im Maßstab 1 : 45 angefertigt. Wie lang ist das Modellauto, wenn der Wagen in Wirklichkeit 3 m 78 cm lang ist?

Verbindung der vier Grundrechenarten

52. Bei noch größeren Strecken und Flächen wendet man einen noch stärker verkleinernden Maßstab an. Betrachte hierzu den Ausschnitt aus dem Berliner Stadtplan. Der Stadtplan ist im Maßstab 1 : 20 000 gezeichnet.

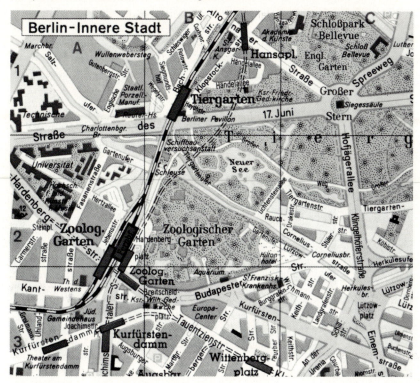

a) Wie breit ist etwa die *Straße des 17. Juni*?
b) Bestimme die kürzeste Entfernung (Luftlinie) zwischen *Siegessäule* und *Hiltonhotel*!
c) Wie kommt man (nach Karte) am kürzesten zu Fuß von der *Kaiser-Wilhelm-Gedächtniskirche* zur *Kaiser-Friedrich-Gedächtniskirche*? Wie lang ist etwa der Weg?

Film und Fernsehen

53. Damit das Bild nicht flimmert, müssen bei einem Film in der Sekunde 16 Bilder durch das Vorführgerät laufen. Auf 1 m Schmalfilm treffen 256 Bilder.
a) Wie lang ist ein Filmstreifen, der 1280 Bilder enthält?
b) Wie lange dauert es, bis dieser Streifen durchläuft?
c) Welche Filmlänge läuft in 1 Minute durch? (Überlege zunächst, welche Filmlänge in einem bestimmten Bruchteil einer Minute abläuft.)
d) Wie lange kann man mit einer Filmspule, die 15 m Film enthält, filmen?

54. Ein Filmstreifen enthält auf 25 cm Länge 72 Bilder und ist insgesamt 180 m lang.
a) Wie viele Bilder enthält der ganze Streifen?
b) Wie viele Minuten dauert das Ablaufen des Films, wenn in jeder Sekunde 24 Bilder durch das Vorführgerät laufen?
c) Wieviel cm des Bildstreifens laufen dabei in 1 *Minute* durch den Apparat?

55. Nach einer Zeitungsmeldung (18.1.1985) verbringen in Amerika bereits Kinder im Vorschulalter bis zu 35 Stunden pro Woche vor dem Fernsehapparat. Nimm an, daß diese Kinder auch als Jugendliche und Erwachsene bis zu 35 Stunden pro Woche vor dem Fernseher sitzen. Bis zu wieviel Jahren, Tage und Stunden würden diese Menschen vom 4. Lebensjahr bis zum 65. Lebensjahr vor dem Fernseher verbringen? – Schätze zuerst und rechne dann! 1 Jahr hat 365 Tage oder 52 Wochen.

Verkehrserziehung

56. Der Radfahrer möchte nach links abbiegen. Er braucht dazu etwa 3 Sekunden. Entscheide, ob er dies vor dem herankommenden Fahrzeug auch tun kann, wenn ihm

a) der Pkw mit 80 km/h, b) der Traktor mit 20 km/h, c) das Moped mit 40 km/h entgegenkommt!

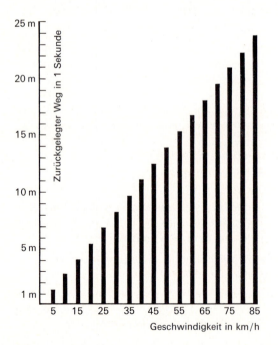

Aus dem Diagramm kannst du entnehmen, welchen Weg ein Fahrzeug bei unterschiedlichen Geschwindigkeiten in 1 s zurücklegt.

Hinweis: Der Abstand zwischen zwei Leitpfosten beträgt 50 m.

Verbindung der vier Grundrechenarten

57. Als Anhalteweg muß ein Autofahrer immer den Bremsweg und den Weg in der Schrecksekunde beachten.

Anhalteweg bei 40 $\frac{km}{h}$

Der Fahrer erkennt die Gefahr — er bremst — das Auto hält

Weg während der Schrecksekunde — Bremsweg

Überlege dir anhand der folgenden Tabelle, nach welchen Faustregeln Reaktions- und Bremsweg berechnet werden und vervollständige die Tabelle im Heft!

Geschwindigkeit in $\frac{km}{s}$	40	60	80	100	120	140
Weg in m während der Schrecksekunde	12	18	24			
Bremsweg in m auf trockener Straße	16	36	64			

58. *Alkohol beeinträchtigt das Reaktionsvermögen*
Ein Autofahrer reagiert unter Alkoholeinfluß auf ein unvermutet auftauchendes Hindernis 2 s später als im nüchternen Zustand. Um wie viele m verlängert sich dadurch der Reaktionsweg des Fahrzeugs bei einer Geschwindigkeit von

a) 60 $\frac{km}{h}$?   b) 120 $\frac{km}{h}$?

Bewegungsaufgaben

59. Die Entfernung zwischen zwei Orten A und B beträgt 60 km. Von A nach B braucht ein D-Zug 30 Minuten und ein Personenzug von B nach A 60 Minuten. Beide Züge fahren zur gleichen Zeit los.
a) Welchen Weg legt jeder der Züge in 1 Minute zurück?
b) Wieviel Minuten nach Abfahrt begegnen die Züge einander?
c) In welcher Entfernung von A treffen sie sich?

60. Constanze und Isabell wollen sich treffen. Constanze wohnt in Hohenberg, Isabell in Rosenberg. Ihre Wohnungen sind 5 200 m voneinander entfernt. Constanze legt in einer Minute 70 m, Isabell 60 m zurück. Beide gehen zum gleichen Zeitpunkt los.
a) Wieviel Minuten nach dem Start treffen sie sich?
b) Welche Strecke hat jede bis zum Treffpunkt zurückgelegt?

61. Markus geht um 8 Uhr von zu Hause weg und legt in der Stunde 5 km zurück. Um 10 Uhr folgt ihm vom gleichen Ort sein Freund Peter auf dem Fahrrad. Peter legt in der Stunde 15 km zurück. Nach welcher Zeit holt Peter seinen Freund Markus ein?

155

62. Margot fährt um 8 Uhr mit dem Fahrrad von A-Dorf nach dem 40 km entfernten B-Dorf. Sie legt innerhalb von 20 Minuten 5 km zurück. Um 9.20 Uhr macht sie eine 20minütige Pause.

a) Zu welchem Zeitpunkt erreicht sie B-Dorf?

Um 9.10 Uhr folgt ihr vom gleichen Ort ihre Freundin Bettina auf dem Moped. Bettina legt in der Stunde 30 km zurück.

b) Schätze, rechne nicht: Holt Bettina ihre Freundin noch ein, bevor diese B-Dorf erreicht?

c) Zu welchem spätesten Zeitpunkt muß Bettina von A-Dorf losfahren, damit sie gleichzeitig mit ihrer Freundin Margot in B-Dorf eintrifft?

Vermischtes

63. Gelesen in einer Tageszeitung: „An der Küste zwischen Bremerhaven und Cuxhaven werden innerhalb eines Monats je Kilometer 1500 kg Müll angetrieben, darunter z. B. 176 kg Glühbirnen und Leuchtstoffröhren."
Die Küstenlinie zwischen Bremerhaven und Cuxhaven ist etwa 60 km lang.

a) Wieviel t Müll werden jährlich angetrieben?

b) Wie viele Güterwagen (Lademasse 24 t) lassen sich damit füllen?

64. Bei der Produktion eines Autos werden etwa 400 000 Liter Wasser gebraucht. 1 m^3 Wasser kostet 4,35 DM. Autofirma X inseriert: „500 000 neue X-Flitz in 15 Monaten". Wie hoch ist die tägliche Wasserrechnung der Firma X mindestens?

65. Ein offener Güterwagen kann ungefähr 20 t Steinkohle aufnehmen. Im Jahre 1991 wurden in der Bundesrepublik insgesamt 66 Millionen Tonnen Steinkohle gefördert.

a) Wieviel solcher Güterwagen könnten mit dieser Steinkohlenmenge gefüllt werden?

b) Wieviel Güterzüge zu je 75 solcher Waggons wären das?

c) Ein solcher Güterwagen ist 10 m 80 cm lang. Denke dir die Gesamtzahl der Waggons aus a) zu einem einzigen Güterzug aneinandergereiht. Wie lang wäre dieser Zug? Vergleiche die Zuglänge mit dem Erdumfang (40 000 km)!

66. Stell dir vor, du machst jede Sekunde einen Strich aufs Blatt. Nach welcher Zeit hast du 1 000 000 Striche gemacht, wenn du täglich 8 Stunden lang „arbeitest"?
Schätze zuerst und rechne dann!

67. Bei einer Geldsammlung für das Rote Kreuz kamen 3495 DM zusammen. Die Spendenbeträge waren im großen und ganzen gleich, jedoch 3 Leute spendeten je 55 DM und 6 Leute spendeten je 35 DM. Der Rest spendete die gleichen Beträge. An der Sammlung waren insgesamt 113 Leute beteiligt. Wie viele Leute spendeten den gleichen Betrag, und wie hoch war dieser? – Gesamtansatz!

68. Christine möchte mit ihrem Cassettenrecorder die Hit-Parade aufnehmen. Bei der Aufnahme müssen in der Sekunde 85 mm Tonband am Tonkopf vorbeilaufen.

a) Wie lange (in h, min, s) kann sie aufnehmen, wenn sie 884 m Band zur Verfügung hat?

b) Wieviel Meter Band bleiben übrig, wenn die Hit-Parade nur 1 h 20 min dauert?

69. Vater, Mutter und Sohn sind zusammen 86 Jahre alt. Der Vater ist 10 Jahre älter und der Sohn 20 Jahre jünger als die Mutter. Wie alt sind Vater, Mutter und Sohn?

Verbindung der vier Grundrechenarten

70. Zahlen erraten
Lehrer: „Thomas, denke dir eine Zahl. Aber nenne sie mir nicht! Führe nur die folgenden Rechnungen durch:
Multipliziere die gedachte Zahl mit 2. Addiere zum Produkt 4 und dividiere das Ergebnis durch 2. Addiere 7 und multipliziere das Ergebnis mit 8. Subtrahiere 12, dividiere durch 4, subtrahiere 11, und sag mir das Ergebnis!"
Thomas: „68!"
Lehrer: „Dann hast du dir die Zahl 32 gedacht!"
Thomas: „Richtig!"
Die Schüler bedrängen ihren Lehrer, ihnen sein „Geheimnis" zu verraten.
Lehrer: „Die Sache ist ganz einfach! Macht folgendes:
Subtrahiert von der genannten Zahl die Zahl 4 und dividiert durch 2. Dann wißt ihr die gedachte Zahl!"
Probiere den Zahlentrick selbst aus!

71. Aus einem alten Rechenbuch stammen folgende Aufgaben:
a) Ein Händler erzählt: „Ich habe Pferde und Ochsen gekauft. Für ein Pferd habe ich 11 Taler und für einen Ochsen 7 Taler bezahlt. Insgesamt habe ich 50 Taler ausgegeben." Wieviel Pferde und wieviel Ochsen hat er gekauft?
b) Ein anderer Händler erzählt: „Ich habe auch Pferde und Ochsen gekauft, habe aber für ein Pferd nur 9 Taler und für einen Ochsen nur 6 Taler bezahlt. Insgesamt habe ich auch 50 Taler ausgegeben." Was meinst du dazu?

72. Ein Gemüsehändler hat 1000 Stück Salat, das Stück für 40 Pf eingekauft. Es ist Samstag, und er muß den Salat noch vormittags loswerden. Was zurückbleibt, ist für ihn ein finanzieller Verlust. Aus Erfahrung kann er in etwa davon ausgehen, daß die Zahl der verkauften Salatköpfe vom Verkaufspreis wie folgt abhängt:

Verkaufspreis	60 Pf	65 Pf	69 Pf	75 Pf	79 Pf	85 Pf
geschätzte Zahl der verkauften Salatköpfe	850	800	760	700	650	600

Welchen Verkaufspreis sollte der Händler ansetzen?

73. In der Schule fällt die Sportstunde aus. Statt dessen wird ein Film über die Olympischen Spiele gezeigt. Er dauert 90 Minuten. Wie lang ist der Filmstreifen, wenn das Abspulen von 1 m Film 2 Sekunden dauert?

74. Von einem Omnibus-Bahnhof fährt alle 8 Minuten ein Bus der Linie A, alle 12 Minuten ein Bus der Linie B und alle 18 Minuten ein Bus der Linie C ab. Um 5.30 Uhr fahren alle drei Busse zum erstenmal gleichzeitig ab. Wann fahren die Busse der drei Linien im Laufe des Vormittags (bis 12 Uhr) wieder zur gleichen Zeit ab?

*Schaut euch diesen Körper an,
was der für Formen zeigen kann!*

Körperformen in unserer Umwelt

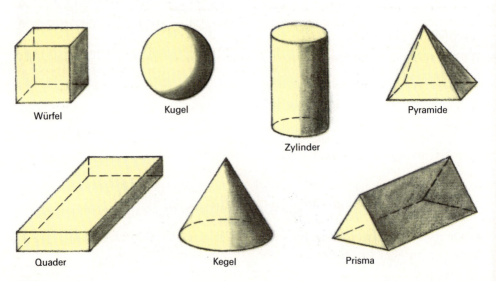

Würfel Kugel Zylinder Pyramide

Quader Kegel Prisma

Körperformen

Aufgaben

1. Suche auf dem Bild unten rechts Gebäudeteile, die so aussehen wie die auf Seite 158 abgebildeten Körper.
2. Übertrage die folgende Tabelle in dein Heft, und trage darin jeweils fünf weitere Gegenstände ein, die die angegebene Form haben.

Würfel	Quader	Kugel	Pyramide	Zylinder	Kegel
Spielwürfel	Ziegelstein	Ball	Cheopspyramide	Walze	Sandhaufen

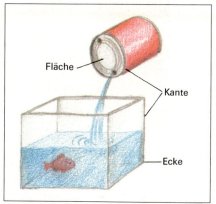

3. Form und Größe eines Körpers werden bestimmt von seinen *Ecken, Kanten,* und *Flächen.* Vergleiche die Körper in der Abbildung S. 162!
   a) Wie viele Ecken, Kanten und Flächen haben sie?
   b) Welche Kanten sind gerade?

   Mit einem Lineal kann man prüfen, ob die Seitenfläche eines Körpers eben ist. Betrachte nun die Körper.

   c) Welche der Körper haben ebene Seitenflächen?
   d) Welche der Körper haben gekrümmte Seitenflächen?
   e) Welche der Körper besitzen ebene und gekrümmte Seitenflächen?
   f) Welche der Körper besitzen nur gerade Kanten?

Untersuchungen am Würfel

> Ein Würfel hat lauter *gleich lange Kanten*.
> *Benachbarte Kanten* stehen *aufeinander senkrecht*.

Beispiel

Wir ermitteln Eigenschaften eines Würfels mit Hilfe des Geodreiecks. Zeige mit Hilfe des Geodreiecks, daß bei einem Würfel

a) alle Kanten gleich lang sind,
b) benachbarte Kanten aufeinander senkrecht stehen.

Lösung:

a) Wir legen die Zentimeterkante des Geodreiecks nacheinander an die Kanten des Würfels. Wir stellen fest: Alle Kanten sind gleich lang.

b) Wir legen das Geodreieck nacheinander so an, wie es die Abbildung zeigt, und stellen fest, daß benachbarte Kanten stets senkrecht zueinander sind.

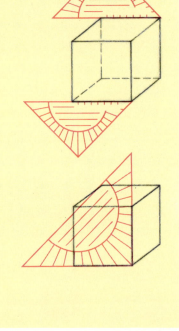

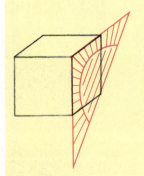
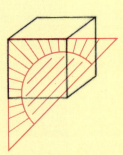

Aufgaben

1. Die dargestellten Gegenstände haben keine Würfelform. Begründe!

Körperformen

2. Die Kanten a und b des Würfels sind senkrecht zueinander.
   a) Nenne weitere Kanten, die senkrecht zu a sind!
   b) Nenne Kanten, die nicht senkrecht zu a sind!

3. Die Kanten a und c des Würfels sind *parallel* zueinander.
   a) Nenne weitere Kanten, die zur Kante a parallel sind.
   b) Nenne alle Kanten, die zur Kante g parallel sind.
   c) Nenne alle Kanten, die zur Kante d parallel sind.
   d) Nenne Kanten, die nicht parallel zur Kante e sind!

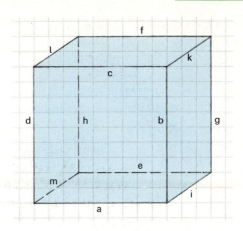

Würfelnetze

Wenn man eine würfelförmige Pappschachtel entlang den farbig gezeichneten Kanten aufschneidet, so entsteht ein *Würfelnetz*. Das Würfelnetz besteht aus sechs *Quadraten*.

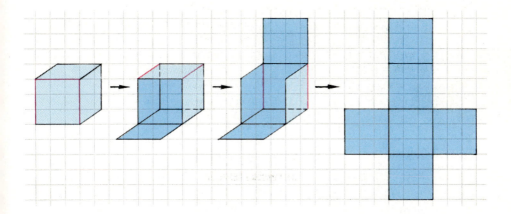

Aufgaben

1. Du bastelst zu Hause.

   Übertrage die Figur (ohne die Pfeile) vergrößert oder im gleichen Maßstab auf einen steifen Karton. Schneide die Figur entlang den Randlinien aus. Lege das Geodreieck an die Kanten an, und knicke das Würfelnetz so entlang den Kanten. Falte das Netz zum Würfel, und verklebe die Seitenflächen mit Hilfe der Falze so, wie es die Pfeile anzeigen.

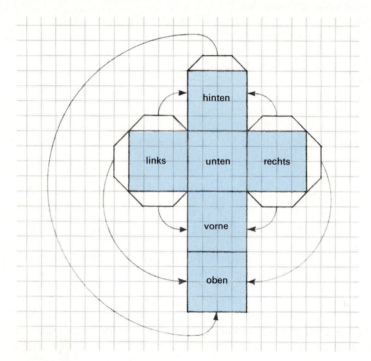

2. Nicht jede Anordnung aus sechs gleich großen Quadraten kann man zu einem Würfel zusammenfalten.
   Welche der folgenden Anordnungen lassen sich zu einem Würfel zusammenfalten, welche nicht?

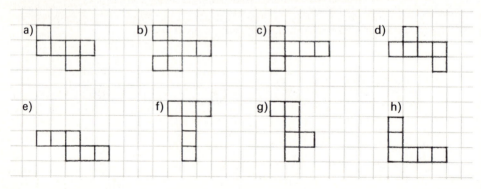

3. Zeichne möglichst viele verschiedene Netze eines Würfels!

Körperformen

Vermischte Aufgaben

4. Übertrage das Würfelnetz auf ein eigenes Blatt! Falte das Netz in Gedanken zum Würfel.
   Das graugefärbte Quadrat stellt die Grundfläche G dar.
   a) Färbe die der Grundfläche G gegenüberliegende Fläche blau ein.
   b) Kennzeichne die Quadratseite farbig, die beim Zusammenbau mit der dick gekennzeichneten Quadratseite zu einer gemeinsamen Kante zusammenfällt.
   c) Kontrolliere deine Ergebnisse, indem du das Netz ausschneidest und es zu einem Würfel zusammenfaltest.

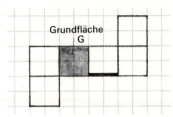

5. Übertrage die Abbildung auf ein eigenes Blatt!
   Die beiden Punkte A und A' treffen beim Falten zusammen. Trage entsprechend den Punkt B' ein!

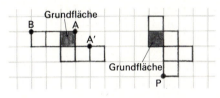

6. Übertrage die Abbildung auf ein eigenes Blatt.
   a) Färbe die Fläche, die der Grundfläche gegenüberliegt, blau ein.
   b) Kennzeichne die Ecke, die beim Falten mit dem Punkt P zusammenfällt.

7. Übertrage die Figur auf ein eigenes Blatt!
   Was vermutest du? Ist das Muster auf allen Seiten fortlaufend? Kontrolliere dein Ergebnis, indem du das Netz schneidest und die Figur zum Würfel zusammenfaltest!

8. Welche dieser Figuren sind Netze des vorgegebenen Würfels?

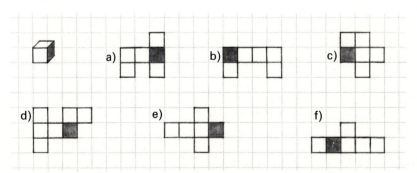

163

Quader

> Ein Körper, der von sechs Rechteckflächen begrenzt wird, heißt *Quader*.

Aufgaben

1. Überprüfe mit dem Geodreieck, daß im Quader benachbarte Kanten stets senkrecht zueinander sind.
2. Du bastelst zu Hause.
   Übertrage die Figur vergrößert oder im gleichen Maßstab auf einen steifen Karton. Schneide die Figur entlang den Randlinien aus. Knicke mit Hilfe des Geodreiecks das Quadernetz entlang den Kanten. Falte das Netz zum Quader zusammen, und verklebe die Seitenflächen mit Hilfe der Falze.

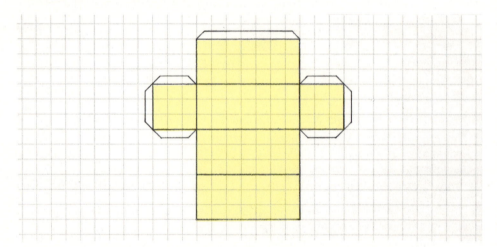

3. a) Welche dieser Körper könnten Quader (Würfel) darstellen?
   b) Welche dieser Körper stellen mit Sicherheit keinen Quader (Würfel) dar?

Körperformen

4. Übertrage die nachfolgenden Abbildungen in dein Heft!
   a) Ergänze sie dort zu einem vollständigen Quadernetz! Es gibt mehrere Möglichkeiten!
   b) Zeichne jeweils das dazupassende Schrägbild des Quaders!

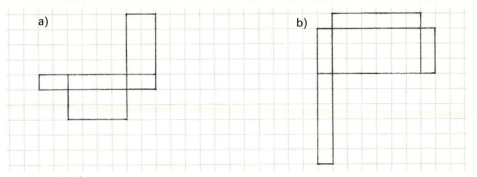

5. Der Quader in a) wird umgedreht. Übertrage die Figuren in b) und c) in dein Heft.
Welche Buchstaben müssen an den noch unbeschrifteten Ecken stehen? Ergänze!

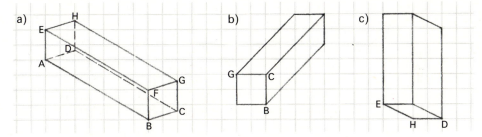

6. Durch ○ ist in den folgenden Würfelnetzen die Fläche gekennzeichnet, die nach dem Zusammenfalten zum Würfel oben liegt.
Welche Fläche ist dann links (l), rechts (r), unten (u), vorne (v) und hinten (h)?

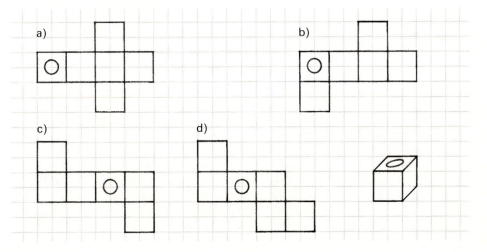

165

Vermischte Aufgaben

7. Wir vergleichen Quader mit Würfel
   a) Übertrage die folgende Tabelle in dein Heft, und kreuze in den freien Spalten die Aussagen an, die (1) für den Quader, (2) für den Würfel gelten.

Eigenschaften	Quader	Würfel
acht Ecken		
zwölf Kanten		
sechs Flächen		
gegenüberliegende Flächen sind gleich groß		
benachbarte Kanten sind senkrecht zueinander		
alle Kanten sind gleich lang		
durch eine Kante bestimmt		
durch Länge, Breite und Höhe bestimmt		

   b) Wahr oder falsch?
   (1) Jeder Quader ist ein Würfel.
   (2) Nicht jeder Würfel ist ein Quader.
   (3) Nicht jeder Quader ist ein Würfel.

8. Aus zwei Würfeln soll ein neuer Körper zusammengesetzt werden. Welcher Körper entsteht?

9. Thomas hat viele Würfel mit der Kantenlänge 1 cm. Er möchte daraus größere Würfel bauen. Wie viele kleinere Würfel braucht er für einen größeren mit den Kantenlängen von a) 2 cm b) 4 cm?

10. Ein blau angestrichener Würfel wird längs der gestrichelten Linien zersägt.
    a) Wie viele kleine Würfel erhält man?
    b) Wieviel kleine Würfel haben
       – drei
       – zwei
       – eine
       – keine blaue Seitenfläche?

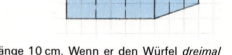

11. Martin hat einen Holzwürfel von der Kantenlänge 10 cm. Wenn er den Würfel *dreimal* geschickt durchsägt, erhält er gleich große Würfel.
    a) Wieviel kleine Würfel erhält er?
    b) Wie groß ist die Kantenlänge dieser kleinen Würfel?

12. Übe dein Vorstellungsvermögen!
    Welches Netz entspricht dem abgebildeten Würfel?

Körperformen

Prismen

Wir zeichnen ein beliebiges Vieleck und verschieben dieses längs eines Pfeils:

Deutet man die Gesamtfigur als Körper, so ist ein *Prisma* entstanden.

Beispiele

Wir zeichnen Prismen.
Verschiebe das Vieleck längs des vorgegebenen Pfeils!

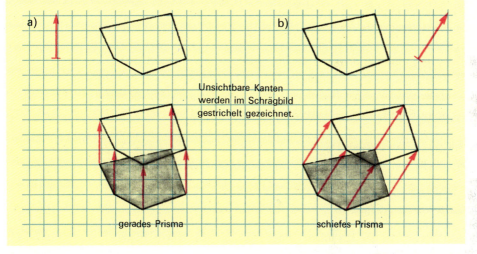

Unsichtbare Kanten werden im Schrägbild gestrichelt gezeichnet.

Aufgaben

1. Übertrage die Vielecke in dein Heft, verschiebe sie längs des Pfeils, und gib an, ob der entstandene Körper ein gerades oder ein schiefes Prisma ist.

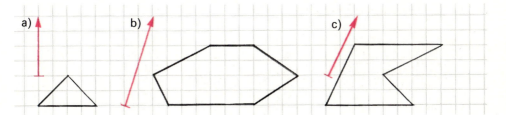

2. Wie unterscheiden sich gerade Prismen von schiefen Prismen?

3. Welche Körper stellen Prismen dar?

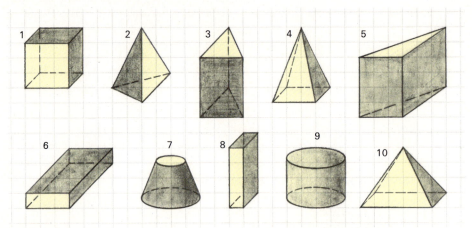

4. Wahr oder falsch?
   a) Jeder Quader ist ein Prisma.
   b) Es gibt Quader, die keine Prismen sind.
   c) Es gibt Prismen, die keine Quader sind.
   d) Jedes Prisma ist ein Quader.
   e) Jeder Würfel ist ein Prisma.
   f) Jeder Würfel ist ein Quader.

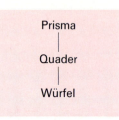

5. Ordne die Begriffe so, daß sich ein ähnlich logischer Zusammenhang wie in der Zeichnung zu Aufgabe 4 ergibt.
   a) Amsel, Tier, Vogel
   b) Säugetier, Dackel, Hund

Vermischte Aufgaben

6. Verbindet man die Eckpunkte eines Vielecks mit einem Punkt, der außerhalb der Vieleckebene liegt, so entsteht eine Pyramide. Welche der folgenden Körper ist eine Pyramide?

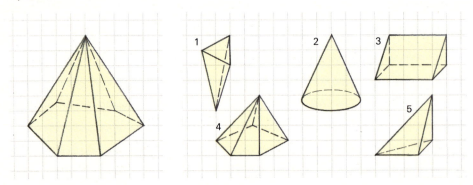

7. Übertrage die nachfolgenden Figuren in dein Heft, und beschreibe ihnen eine Pyramide ein, deren Spitze in S liegt.

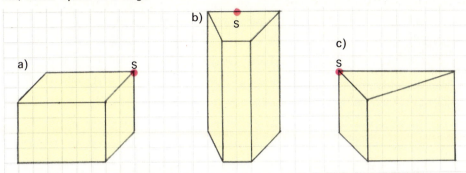

8. Welche Gegenstände haben die Form eines Prismas?

9. Der Würfel und der Zylinder sind aus Plastillin. Die Körper werden längs der farbigen Linien zerschnitten.
Benenne – wenn möglich – die Schnittkörper!

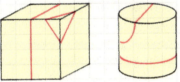

10. Wie muß man eine Kugel durch
a) 2 ebene Schnitte zerteilen, um 4 gleiche Kugelteile zu erhalten,
b) 3 ebene Schnitte zerteilen, um 8 gleiche Kugelteile zu erhalten?

11. Wahr oder falsch?
a) Jedes gerade Prisma mit quadratischer Grundfläche ist ein Würfel.
b) Beim geraden Prisma sind die Seitenflächen Rechtecke.
c) Schneidet man einen Kegel parallel zur Grundfläche ab, so entsteht ein Kegel und ein Zylinder.
d) Jedes Prisma mit achteckiger Grundfläche hat 10 Seitenflächen.
e) Bei jedem Prisma mit viereckiger Grundfläche ist die Summe der Eckenzahl und Flächenzahl um 2 größer als die Kantenzahl.

12. Die Figuren rotieren um die farbig gezeichneten Achsen. Welche Körper entstehen?

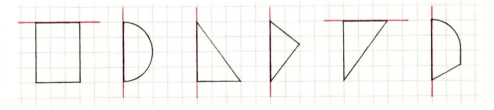

13. Übertrage die folgende Tabelle in dein Heft und fülle sie aus!

Körper	Kanten	Ecken	Flächen
Würfel	12	8	6
Quader			
Pyramide	8		
Dach	9		
Pyramidenstumpf			
Haus mit Walmdach			
Turm mit Pyramidendach			

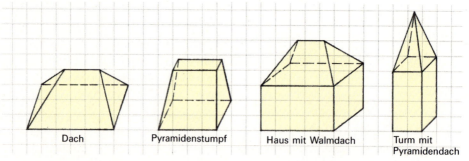

Dach — Pyramidenstumpf — Haus mit Walmdach — Turm mit Pyramidendach

a) Vergleiche Würfel, Quader und Pyramidenstumpf! Was fällt dir auf?
b) Welcher Zusammenhang besteht zwischen Kantenzahl, Eckenzahl und Flächenzahl?

14. Die Abbildung zeigt ein von 2 Masten getragenes Zirkuszelt. Betrachte die Gesamtfigur als Körper.
Aus welchen Grundformen setzt sich dieser Körper zusammen?

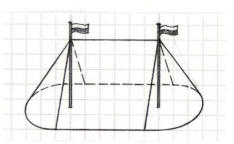

15. Um welche Körper handelt es sich, wenn man von ihnen die folgenden Ansichten hat:

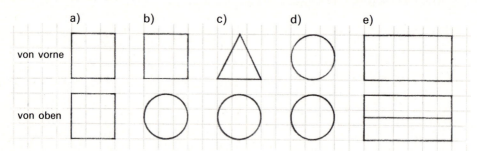

16. Versuche um eine Kugel Gummiringe so zu legen, daß sie nicht abrutschen. Welche besondere Lage muß die Ebene haben, in der sich der Gummiring befindet?

17. Welche Körper sind Quader?

Wiederholungsaufgaben zu den Seiten 158 bis 167

18. Übertrage die Figuren in dein Heft und ergänze sie zum Schrägbild eines Würfels:

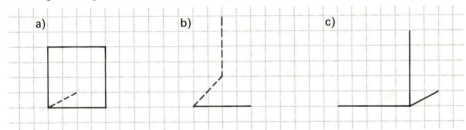

19. Zeichne zu den angegebenen Netzen das Schrägnetz des Quaders:

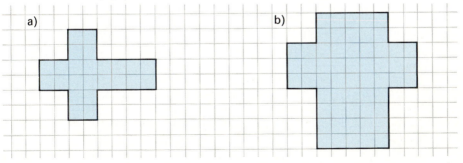

20. Die Würfelnetze sind unvollständig. Übertrage sie in dein Heft und ergänze sie:

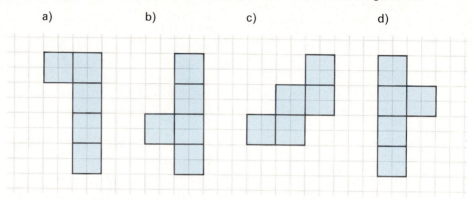

21. Wie viele Würfel mit der Kantenlänge 2 cm brauchst du mindestens, um damit einen größeren Würfel zusammensetzen zu können?

22. Übertrage die Netze in dein Heft und gib je drei verschiedene Möglichkeiten, wie die stark eingezeichneten Linien am Würfel in den Netzen erscheinen können!

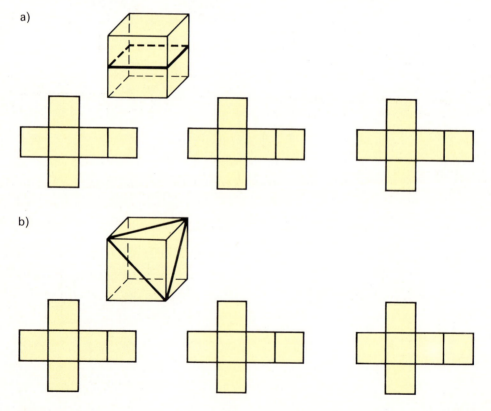

Körperformen

23. Die Abb. zeigt Netze von Würfeln. Die dunkel gefärbte Fläche soll jeweils die Grundfläche sein. Welche der Flächen A, B, C, D, E ist dann jeweils die Deckfläche?

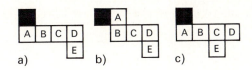
a)   b)   c)

24. Zu welchem Würfel gehört das Netz?

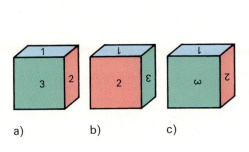
a)   b)   c)

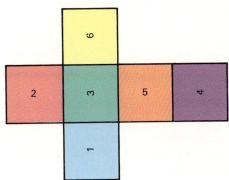

25. Übertrage die Abb. in dein Heft!

Die gestrichelt gezeichnete Linie heißt Mittellinie.

a) Zeichne alle fehlenden Mittellinien ein!

b) In wieviel Körper kann man einen Quader zerlegen, wenn man ihn längs seiner Mittellinien zerschneidet?

26. Das nebenstehende Netz wird zu einem Würfel zusammengeklebt. Welche der bezeichneten Punkte (Kanten) werden dabei aufeinanderkommen?

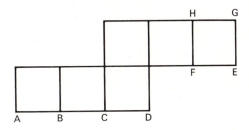

Zusammenfassung der Seiten 158 bis 173

Gegenstände in unserer Umgebung unterscheiden sich durch vielerlei Eigenschaften, wie zum Beispiel durch *Form, Gewicht, Material, Farbe, Schönheit* und *Preis*.

In der Geometrie kommt es uns nur auf die Form eines Gegenstandes an. Wir unterscheiden die *geometrischen Körper*:

Würfel, Quader, Pyramide, Prisma, Zylinder, Kegel, Kugel.

Körper werden von *Flächen* begrenzt. Wo zwei Flächen aufeinanderstoßen, entsteht eine *Kante*.
Treffen sich Kanten, so entsteht eine *Ecke*.
Wir unterscheiden *ebene* und *gekrümmte* Flächen.

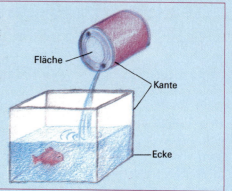

Körper, die von sechs Rechteckflächen begrenzt werden, heißen *Quader*. *Würfel* sind besondere Quader, bei denen alle Kanten gleich lang sind. Benachbarte Kanten eines Quaders stehen aufeinander senkrecht.

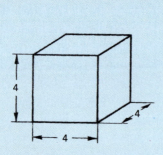
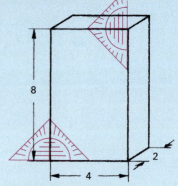

Schneidet man eine würfelförmige Pappschachtel entlang den farbig gezeichneten Kanten auf, und breitet man die Begrenzungsflächen in die Ebene aus, so erhält man ein *Netz* des Würfels. Bei einer quaderförmigen Pappschachtel verfährt man entsprechend.

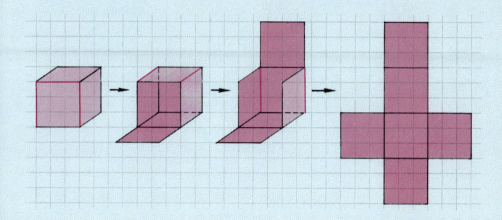

Prisma, Quader, Würfel, Pyramide werden ausschließlich von ebenen Flächen begrenzt. Wir stellen dies mit Hilfe der geraden Kante eines Geodreiecks fest.
Die Begrenzungsfläche eines Körpers ist eben, wenn wir die Kante des Geodreiecks so auflegen können, daß sie ganz oder teilweise die Fläche berührt, und wenn dies auch so bleibt, wenn wir die Kante verschieben oder drehen.

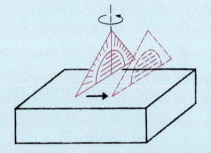

Ein Quader hat nur ebene Begrenzungsflächen

Eine Kugel ist überall gekrümmt.

*Sind die Punkte erst gefressen,
kann man die Menge auch vergessen.*

Punktmengen

Punkt, Strecke, Halbgerade, Gerade

Man kann die Zeichenebene als Punktmenge auffassen.
Bei linienhaften Teilmengen der Ebene E unterscheiden wir die

- Menge aller Punkte, die auf einer geraden Linie mit den Endpunkten A und B liegen, kurz *Strecke* [AB] genannt,
- Menge der Punkte, die auf einer geraden Linie mit dem Endpunkt A liegen, kurz *Halbgerade* [AB genannt,
- Menge aller Punkte, die auf einer geraden Linie liegen, die keinen Endpunkt hat, kurz *Gerade* AB genannt,

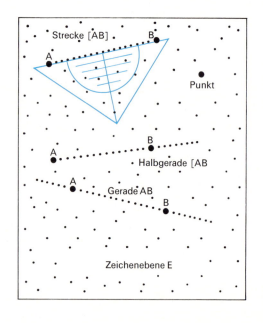

Punktmengen

Beispiele

1. Punkte als Elemente von Punktmengen
Betrachte die Abbildung! Ergänze dann die Leerstelle __ so durch das Zeichen ∈ (Element) bzw. ∉ (kein Element), daß eine wahre Aussage entsteht.

A __ [BC],   F __ [AB,
B __ [AB],   D __ [BC],
C __ [AB],   B __ [BC].

Lösung:
A ∉ [BC],   F ∈ [AB,
B ∈ [AB],   D ∉ [BC],
C ∉ [AB],   B ∈ [BC].

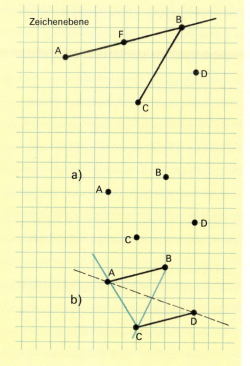

2. Wir zeichnen Strecken, Halbgeraden und Geraden
Zeichne in Figur a) ein:
a) die Strecken [AB] und [DC],
b) die Halbgeraden [CA und [BC,
c) die Gerade AD.

Lösung:
Siehe Figur b).
a) schwarze Linien
b) blaue Linien
c) gestrichelte Linie

3. Wir schreiben Aussagen in Mengenschreibweise auf
Zur Figur b) werden die folgenden wahren Aussagen gemacht:
a) Der Punkt D liegt auf der Geraden AD
b) Der Punkt A liegt nicht auf der Halbgeraden [BD
c) B liegt nicht auf der Strecke [DC]
d) A liegt auf der Halbgeraden [CA
Schreibe diese Aussagen in Mengenschreibweise auf!

Lösung:
a) D ∈ AD;   gelesen: D Element der Geraden AD
b) A ∉ [BD;   gelesen: A nicht Element der Halbgeraden [BD
c) B ∉ [DC];   gelesen: B nicht Element der Strecke [DC]
d) A ∈ [CA;   gelesen: A Element der Halbgeraden [CA

177

Aufgaben

1. Betrachte die Abbildung! Ergänze die Leerstelle __ so durch eines der Zeichen ∈, ∉, =, ≠, daß eine wahre Aussage entsteht.

   a) Q __ [AB], Q __ [AC], P __ [BC],
      B __ [BC], C __ [BC]

   b) [AC] __ [CA], [BA] __ [BC]

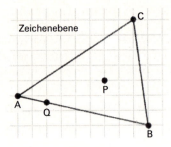
Zeichenebene

2. Betrachte die Abbildung von Aufgabe 1.
   Ergänze dann die Leerstelle __ so, daß eine wahre Aussage entsteht.

   a) C ∈ __;
   b) A __ [BC];
   c) [AC] ≠ __;
   d) P ∉ __.

3. Welche Linien in a)–f) sind gerade?

4. Wie viele Strecken legen die Punkte A, B, C, D und E in Abb. e) und Abb. f) fest? Schreibe die Strecken einzeln auf!

5. Schreibe alle in der Abbildung unten links enthaltenen Strecken, Halbgeraden und Geraden unter Verwendung der Bezeichnung für die Punkte auf.
   Beispiel: [AC]

6. Übertrage die Zeichnung in der Mitte unten in dein Heft.

   a) Zeichne alle Geraden ein, die durch je zwei der eingezeichneten Punkte verlaufen.
   b) Zeichne in anderen Farben [PA, [CD sowie [BD] und [AQ].

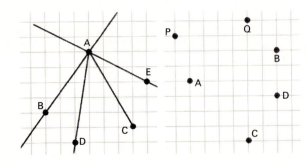

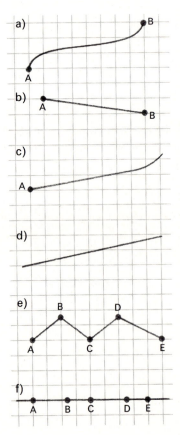

178

Punktmengen

7. Geraden werden auch mit kleinen Buchstaben gekennzeichnet. g bezeichnet die Gerade AB, h die Gerade BF und m die Gerade AF.

Setze für die Leerstelle __ das Zeichen ∈ oder ∉, so daß eine wahre Aussage entsteht.

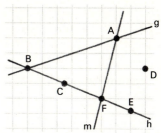

B __ g;   C __ m;   D __ g;   E __ g;   F __ m;
A __ g;   E __ m;   A __ m;   B __ h;   F __ h;
B __ g;   E __ h;   C __ h;   B __ m;   F __ g.

8. Zur Zeichnung von Aufgabe 7 werden folgende wahre Aussagen gemacht:
 a) Der Punkt D liegt nicht auf der Halbgeraden [BE.
 b) Der Punkt C liegt auf der Strecke [BE].
 c) Der Punkt E liegt auf der Halbgeraden [BF.
 d) Der Punkt A liegt auf der Geraden AF.
Schreibe diese Aussagen in Mengenschreibweise auf!

9. Schreibe folgende Aussagen in Worten und Zeichen:
 a) A ∈ [BT]   b) A ∉ [BT]   c) R ∉ g
 d) B ∈ [AS   e) R ∉ [ST   f) AB = RS

10. Zeichne eine Gerade g und drei Punkte P, Q und R, die alle auf g liegen, sowie zwei Punkte A und B, die nicht auf g liegen.

11. Zeichne eine Halbgerade [AB und zwei Punkte P und Q, die nicht auf dieser Halbgeraden liegen, sowie einen Punkt C, der auf der Halbgeraden liegt.

12. Zeichne drei Geraden so, daß
 a) ein Schnittpunkt entsteht,
 b) zwei Schnittpunkte entstehen,
 c) drei Schnittpunkte entstehen.

13. Versuche, vier Geraden so zu zeichnen, daß
 a) ein Schnittpunkt entsteht,
 b) zwei Schnittpunkte entstehen,
 c) drei Schnittpunkte entstehen,
 d) vier, fünf oder sechs Schnittpunkte entstehen.
Ist diese Aufgabe in jedem Fall lösbar?

14. Welcher Tisch steht besser, ein dreibeiniger oder ein vierbeiniger?

Zueinander senkrechte Geraden

So zeichnet man mit dem Geodreieck zueinander senkrechte Geraden:

h ist senkrecht zu g.
Kurzform: h ⊥ g.

In den Zeichnungen deuten wir h ⊥ g durch das Zeichen ⌐ an.

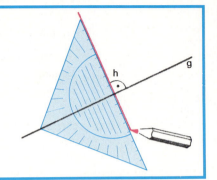

Beispiel

Wir zeichnen durch einen Punkt eine Gerade h, die senkrecht zur Geraden g ist.

a) Es sei eine Gerade g gegeben sowie ein Punkt A, der auf g liegt (siehe Figur a). Zeichne mit Hilfe des Geodreiecks eine Gerade h durch A, die senkrecht zu g ist.

   Lösung:

   Wir legen das Geodreieck so an, wie es Figur b) zeigt.

b) Es sei eine Gerade g gegeben sowie ein Punkt B, der nicht auf g liegt (siehe Figur a). Zeichne mit Hilfe des Geodreiecks eine Gerade h durch B, die senkrecht zu g ist.

   Lösung:

   Wir legen das Geodreieck so an, wie es Figur b) zeigt.

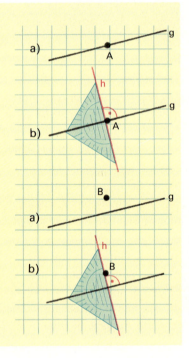

Aufgaben

1. Prüfe mit dem Geodreieck nach, welche der Geraden zur Geraden g senkrecht ist.

2. Peter sagt: „In den Zeichnungen zu den vorhergehenden Beispielen ist h jeweils senkrecht zu g." Martina behauptet jedoch: „In diesen Zeichnungen ist g jeweils senkrecht zu h." Wer hat recht?

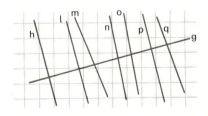

Punktmengen

3. Wähle auf einer Geraden g drei verschiedene Punkte A, B, C und zeichne durch jeden eine zu g senkrechte Gerade!

4. Zeichne eine Gerade g und einen Punkt P, der nicht auf g liegt. Zeichne mit Hilfe des Geodreiecks eine Gerade p durch P, die senkrecht zu g ist.

5. Stelle in mathematischer Kurzschrift dar und zeichne:
   a) Punkt A liegt auf der Senkrechten s zur Gerade g; s schneidet g im Punkt S.
   b) Die Geraden s und t sind senkrecht zur Geraden h; s und t schneiden einander nicht.

6. Wähle drei Punkte A, B, C, die nicht alle auf einer Geraden liegen, und zeichne durch jeden Punkt eine Senkrechte auf die Gerade, die durch die beiden anderen Punkte geht! Was fällt dir auf?

Vermischte Aufgaben

7. Überprüfe mit dem Geodreieck, welche der nebenstehenden Geraden senkrecht zueinander sind.

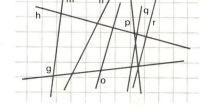

8. Eine Wandtafel ist 4 m breit und 1 m hoch. Zeichne die Tafel im Maßstab 1:100!

9. Es ist $g \perp h$ und $h \perp p$.
   a) Stelle diesen Sachverhalt in einer Zeichnung dar.
   b) Wie verlaufen g und p zueinander?

10. Es ist $g \perp h$ und $h \perp p$ und $p \perp m$. Welche Figur bestimmen diese vier Geraden? Zeichnung!

11. Übertrage die Figur mit Bleistift und Lineal in dein Heft. Zeichne mit Hilfe des Geodreiecks die Senkrechte zu g durch P und die Senkrechte zu h durch P.

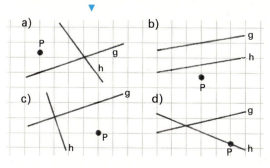
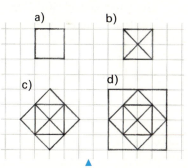

12. Übertrage die Zeichnungen mit Bleistift und Lineal auf unliniertes Papier. Beginne mit einem Quadrat von 2 cm Seitenlänge (a). Zeichne die Diagonalen ein (b), zeichne in den Eckpunkten die zu den Diagonalen senkrechten Geraden. Es entsteht ein neues Quadrat. Fahre fort, solange der Platz reicht.

Zueinander parallele Geraden

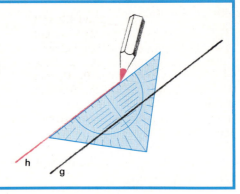

So zeichnet man mit dem Geodreieck zueinander parallele Geraden:

h ist parallel zu g
Kurzform: h ∥ g

Beispiel

Wir zeichnen durch einen Punkt P eine Gerade g, die parallel zur gegebenen Geraden g ist.

In Figur a) ist eine Gerade g und ein Punkt P außerhalb dieser Geraden gegeben. Zeichne mit Hilfe des Geodreiecks eine Gerade h durch P, die parallel zu g ist.

Lösung:
Siehe Figur b).
Wir legen das Geodreieck so an, daß sich die gegebene Gerade g entweder mit einer der auf dem Geodreieck eingeritzten Linien deckt oder daß g parallel zu dieser geritzten Linie verläuft.

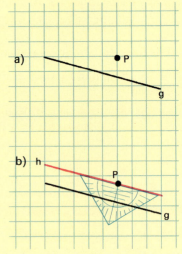

Aufgaben

1. Prüfe mit dem Geodreieck nach, welche der Geraden parallel zueinander sind.
2. Zeichne eine Gerade g und einen Punkt P außerhalb von g in dein Heft. Zeichne dann durch den Punkt P
   a) eine Parallele zu g,
   b) eine Senkrechte zu g.

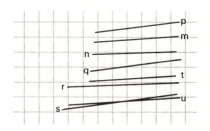

Punktmengen

3. Zeichne zu einer Geraden g zwei parallele Geraden, die
   a) auf derselben Seite von g liegen,   b) auf verschiedenen Seiten von g liegen.

4. Übertrage die Zeichnung mit Bleistift und Lineal in dein Heft. Markiere auf g drei Punkte T_1, T_2 und T_3 mit gleichbleibendem Abstand 2 cm. Zeichne ebenso auf h drei Punkte P_1, P_2 und P_3 mit gleichbleibendem Abstand 1 cm.
   Verbinde P_1 mit T_1, P_2 mit T_2 sowie P_3 mit T_3.
   Was stellst du fest?

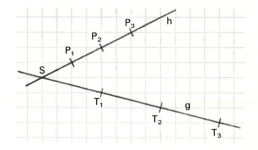

Vermischte Aufgaben

5. Falte ein Blatt Papier wiederholt so, wie es die Darstellung zeigt. Wenn du das Papier auseinanderfaltest, sind die Faltlinien g und h parallel. Warum?

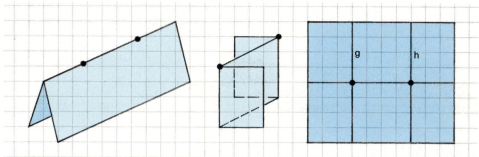

6. Wie verlaufen die Geraden g und h, wenn gilt:
   a) g ∥ k   und   k ∥ h,
   b) g ⊥ k   und   k ∥ h.
   k ist eine dritte Gerade.
   Anleitung: Stelle den Sachverhalt in einer Zeichnung dar!

7. Übertrage die Figur mit Bleistift und Lineal in dein Heft.
   a) Zeichne die Halbgerade [CD sowie die Halbgerade [EC ein.
   b) Zeichne durch den Punkt D die Parallele p zur Geraden BC.
   c) Schreibe die Strecken auf, die durch die Punkte A, B, C, E, F festgelegt sind.

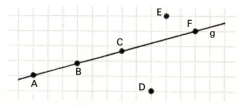

   d) Kennzeichne farbig die Orte aller Punkte, die auf der Geraden g liegen und die vom Punkt E mindestens 3 cm entfernt sind.
   e) Ergänze zu einer wahren Aussage: [AB ∩ __ = {C}
      [AC] ∩ [BF] = __.

183

8. Zeichne nach folgendem Text:
Zeichne eine Gerade g und eine Gerade h, die sich in S schneiden; zeichne die Gerade s durch S, die senkrecht zu g ist; wähle auf s einen Punkt X, der von S verschieden ist und zeichne durch X die Parallele p zur Geraden h; benenne den Schnittpunkt der Geraden p mit der Geraden g mit R!

9. Übertrage die linke Figur in dein Heft!
   a) Zeichne die Parallele zu AB durch C. Ihr Schnittpunkt mit h heißt D.
   b) Zeichne die Parallele zu AD durch C. Ihr Schnittpunkt mit h heißt E.
   c) Zeichne die Parallele zu CD durch E. Ihr Schnittpunkt mit g heißt F.
   d) Setze das so lange fort, wie du Platz im Heft hast.

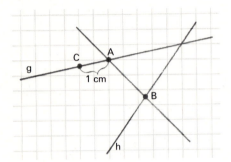 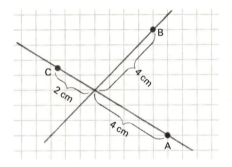

10. Übertrage die rechte Figur in dein Heft!
Zeichne durch A die Parallele zu BC und durch C die Parallele zu AB.

Punktmengen

Punkte und Linien im Gitternetz

Im *Gitternetz* gehört zu jedem *Gitterpunkt* ein *geordnetes Paar von Zahlen*, und zu jedem Paar von Zahlen gehört ein Gitterpunkt.

Beispiel:

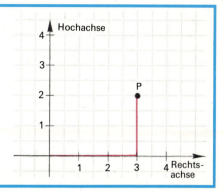

Beispiel

Wir zeichnen Strecken, Halbgeraden, Geraden im Gitternetz.

Trage die Punkte A (2; 2), B (7; 7), C (1; 6), E (2; 10), D (5; 9) und F (5; 5) in ein Gitternetz ein. Zeichne dann

a) die Gerade durch A und B : g = AB   b) die Strecke s = [CE]

c) die Halbgerade von E durch D : h = [ED

Lösung:

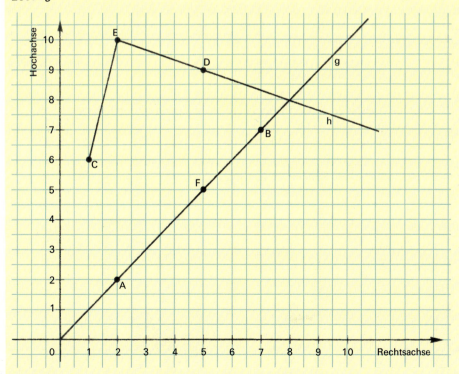

185

Aufgaben

1. a) Gib die Koordinaten der Punkte A, B, C und D an.
   b) Übertrage die Abbildung in dein Heft, und trage zusätzlich die Punkte ein:
   E (8; 6), F (2; 6), G (5; 9) und H (8; 3).
   c) Verbinde D mit E, E mit G, G mit F und F mit D.
   Welche Figur entsteht?
   d) Zeichne durch H die Parallele p zur Geraden DE.
   e) p schneidet die Rechtsachse im Punkt P. Ermittle die Koordinaten von P.
   f) Welche Gitterpunkte liegen im Innern des Vierecks DEGF?

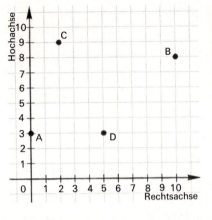

   g) Zeichne [AB] und CD ein, und fülle die Leerstelle □ der folgenden Aussageformen so mit Zahlen aus $\mathbb{N}_0$ aus, daß wahre Aussagen entstehen:

   (□; 5) ∈ CD   (4; □) ∈ CD   (2; □) ∈ [AB]   (□ + 2; □) ∈ CD

   h) Wahr (w) oder falsch (f)?
   E ∈ [BD   (7; 2) ∉ p   F ∉ CD   EH ∥ DG   DE ⊥ CH   AB ⊥ CH

2. Übertrage die Abbildung von Seite 185 unten in dein Heft.
   a) Prüfe mit dem Geodreieck, ob ED parallel CF gilt.
   b) [EC schneidet die Hochachse im Punkt T. Ermittle die Koordinaten von T.
   c) Zeichne [DB] und [FD ein.
   d) Gib die Koordinaten des Gitterpunktes an, der im Innern des Dreiecks FBD liegt. Bezeichne diesen Gitterpunkt mit G.
   e) Zeichne durch G die Senkrechte h zur Geraden ED.
   f) Ersetze die Leerstellen in den folgenden Aussageformen so durch Zahlen aus $\mathbb{N}_0$, daß wahre Aussagen entstehen:

   (□; □) ∈ [AB]   (□; □ + 1) ∈ h   (□; △) ∈ [BD]   (△; △) ∈ [EF

3. Lies die Koordinaten der Punkte ab, und gib an, wie groß die Einheit ist.

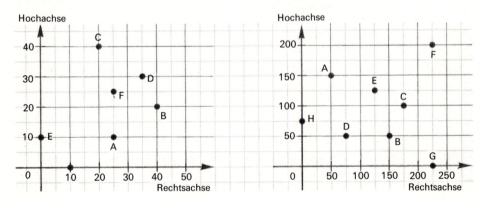

Punktmengen

4. Übertrage die nebenstehende Abbildung in dein Heft. Kennzeichne jeweils durch eine andere Farbe alle Gitterpunkte,
   a) deren Rechtswert 4 ist,
   b) deren Hochwert 1 ist,
   c) für die Rechtswert und Hochwert gleich sind,
   d) für die der Hochwert immer um eins größer ist als der Rechtswert.

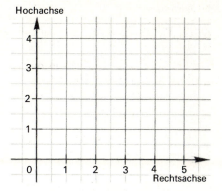

Vermischte Aufgaben

5. *Zeichenübungen*
   Übertrage die Abbildung von Seite 185 unten in dein Heft!
   a) Zeichne die Parallele zur Geraden AC durch D.
   b) Zeichne die Parallele zur Geraden CD durch B.
   c) Zeichne die Parallele zur Geraden AB durch C.

6. Überlege zunächst, welche Einheit du wählen mußt, damit du die folgenden Punkte in deinem Heft in einem Gitternetz einzeichnen kannst. Zeichne dann das Gitternetz, und trage die Punkte ein.
   a) A (60; 10),   B (50; 25),   C (20; 70),   D (5; 35)
   b) A (50; 400),   B (0; 200),   C (600; 150),   D (300; 500)
   c) A (5000; 1000),   B (0; 3000),   C (2500; 6000),   D (1500; 5500)

7. Zeichne durch die Punkte A (2; 7) und B (8; 1) eine Gerade. Entscheide: wahr oder falsch?
   a) (2; 3) ∈ AB   b) (4; 5) ∉ AB   c) (9; 8) ∈ AB
   d) (1; 5) ∈ AB   e) (5; 2) ∉ AB   f) (6; 3) ∉ AB

8. Trage die Punkte A (2; 7) und B (8; 1) in ein Gitternetz ein.
   Ergänze so, daß eine wahre Aussage entsteht!
   a) (2; 3) □ AB   b) (6; 3) □ AB   c) (□; △) ∈ AB
   d) (□; △) ∉ AB   e) (□; 5) ∈ AB   f) (2; □) ∈ AB

9. Kennzeichne jeweils in einem neuen Gitternetz (Rechtswerte bis 5; Hochwerte bis 5) die Gitterpunkte,
   a) deren Rechtswert kleiner ist als 4,
   b) deren Hochwert größer ist als 2,
   c) deren Rechtswert kleiner ist als 4 und deren Hochwert kleiner ist als 3,
   d) deren Rechtswert größer als 1, aber kleiner als 5 ist,
   e) deren Rechtswert größer ist als der Hochwert,
   f) für die der Rechtswert immer um 2 größer ist als der Hochwert,
   g) deren Rechtswert zwischen 0 und 4 liegt und deren Hochwert zwischen 1 und 4 liegt,
   h) deren Rechtswert größer als 1 ist und deren Hochwert zwischen 1 und 3 liegt,
   i) deren Rechtswert und Hochwert zusammengezählt eine Zahl ergeben, die kleiner als 5 ist.

10. Berechne im Kopf!
   a) $(92 + 62) : (36 - 25)$ b) $88 : 8 + 3 \cdot (47 - 6 \cdot 6)$
   c) $(19 + 8 \cdot 7 + 65) : 4$ d) $(98 - 7 \cdot 6 - 21) \cdot 3$
   e) $(64 : 4 + 91) - 7 \cdot 14 + 1$ f) $8 \cdot 9 - 30 + 6 \cdot 3 + 57$

11. Rechne im Kopf!
   a) $(68 \cdot 17) : 17$ b) $(13 \cdot 20 \cdot 3) : 60$
   c) $(34 \cdot 21 \cdot 3) : 102$ d) $(23 \cdot 4 \cdot 12) : 48$
   e) $(4400 : 11) : 100$ f) $(4400 : 100) : 11$

12. Rechne in einer Zeile!
   a) $(34 \cdot 55) : 11$ b) $(34 \cdot 4 \cdot 15) : 34$
   c) $(18 \cdot 39 \cdot 12) : (9 \cdot 13)$ d) $(72 \cdot 27 \cdot 121) : (11 \cdot 9 \cdot 36)$

13. Rechne in einer Zeile!
   a) $45 - (10 + 15 \cdot 2)$ b) $85 - (10 \cdot 2 + 48 : 16)$
   c) $63 - (23 \cdot 10 - 15 \cdot 15)$ d) $45 : 9 + (88 : 11)$
   e) $(23 + 67) : (9 \cdot 10)$ f) $(34 + 66) : 10 - (120 : 12)$

Das Schneiden und Vereinigen von Punktmengen

Die gemeinsamen Elemente zweier Mengen M_1 und M_2 bilden die *Schnittmenge* S.

$S = M_1 \cap M_2$;
lies: „M_1 geschnitten mit M_2".

Die Schnittmenge enthält alle Elemente, die sich in M_1 *und* M_2 befinden.

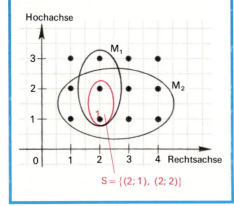

$S = \{(2; 1), (2; 2)\}$

Alle Elemente zweier Mengen M_1 und M_2 bilden die *Vereinigungsmenge* V dieser Menge.

$V = M_1 \cup M_2$;
lies: „M_1 vereinigt mit M_2".

Die Vereinigungsmenge enthält alle Elemente, die sich in M_1 *oder* M_2 befinden.

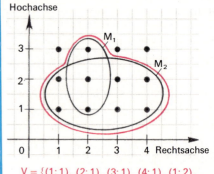

$V = \{(1; 1), (2; 1), (3; 1), (4; 1), (1; 2),$
$(2; 2), (3; 2), (4; 2), (2; 3)\}$

Punktmengen

Beispiele

1. Wir vereinigen Strecken, Halbgeraden und Geraden.

   Zeichne die Punktmenge
   M = [AB ∪ [AC] ∪ CD,
   wobei
   A(1;1), B(4;0), C(1;4), D(4;4) ist!

   Lösung:
   Siehe Figur.
   Es handelt sich um die Vereinigung der Halbgeraden [AB mit der Strecke [AC] und der Geraden CD zur rot gezeichneten Gesamtfigur.

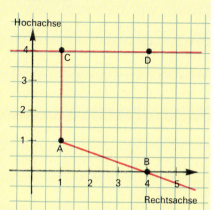

2. Wir vereinigen und schneiden Strecken, Halbgerade und Gerade.

   Ergänze! In der Figur gilt:
   a) AE ∩ g =
   b) [AE] ∪ [EC] =
   c) [AB] ∪ [BC] ∪ [CA] =
   d) g ∩ l = {H, __, __}
   e) {H} = __ ∩ __
   f) [EC ∩ l =

   Lösung:
   a) AE ∩ g = {P}
   b) [AE] ∪ [EC] = [AC]
   c) [AB] ∪ [BC] ∪ [CA] = {Alle Punkte der Figur ABC}
   d) g ∩ l = {H, G, R}   e) {H} = g ∩ l   f) [EC ∩ l = {C, F}

Aufgaben

1. Wahr oder falsch?
   a) G ∈ {Alle Punkte der Figur ABC}
   b) E ∉ FH
   c) E ∈ [FB
   d) [EA]) ⊆ [AC
   e) [BC] ⊆ {Alle Punkte der Figur ABC}
   f) P ∈ k
   g) [AB] ∪ [BC] ∪ [CA] = {Alle Punkte der Figur ABC}
   h) R ∈ [SE   i) R ∉ [ES

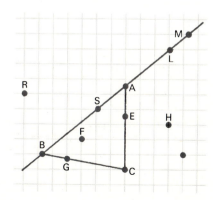

2. Zeichne in ein Gitternetz (Rechtswerte bis 10, Hochwerte bis 7, Einheit 1 cm) folgende Punkte ein:

A(1; 2), B(6; 3), C(3; 6), D(3; 3), E(4; 3), F(4; 4), G(3; 4), H(3; 0), K(5; 6), L(5; 2), M(5; 4), N(9; 2) und O(7; 6).

M_1 = {Alle Punkte der Figur ABC}, M_2 = {Alle Punkte der Figur ENO}.

a) Wahr oder falsch?

$A \in M_1$ $\quad\quad$ $D \in M_1$ $\quad\quad$ $L \notin M_1$ $\quad\quad$ $G \notin M_2$ $\quad\quad$ $M \notin M_2$
$C \notin M_1$ $\quad\quad$ $L \in KM$ $\quad\quad$ $B \in [MC$ $\quad\quad$ $B \notin [CM$ $\quad\quad$ $D \in [GH]$

b) Welche Gitterpunkte sind Elemente der Geraden BC *und* der Figur ABC?

c) Welche Gitterpunkte sind sowohl Elemente der Geraden GF als auch der Figur ABC?

d) Gib die Menge aller Gitterpunkte an, die zur Punktmenge S gehören, wobei $S = M_1 \cap M_2$!

e) Bestimme die Menge aller Gitterpunkte, die zur Punktmenge $M_1 \cup M_2$ gehören!

f) Kennzeichne farbig $M_2 \cap [GF$!

g) Kennzeichne farbig $N_1 \cap ED$!

h) Bestimme die Menge der Gitterpunkte M_3, wobei $M_3 = M_1 \cap [DG$! Benenne die Punkte, und gib ihre Koordinaten an!

3. Schreibe jede der folgenden, rot gekennzeichneten Punktmengen als Vereinigungsmenge von Strecken, Halbgeraden bzw. Geraden:

a) $\quad\quad\quad$ b) $\quad\quad\quad$ c)

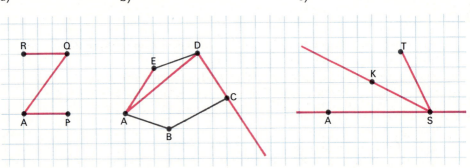

4. Schreibe jede der folgenden, rot gekennzeichneten Punktmengen als Schnittmenge von Strecken, Halbgeraden bzw. Geraden:

a) $\quad\quad\quad$ b)

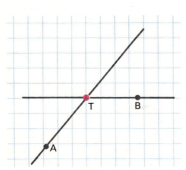
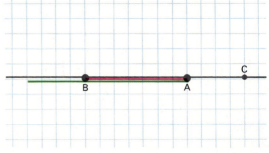

Punktmengen

5. Gibt es Geraden g und h, deren Schnittmenge g ∩ h mehr als einen Punkt enthält? Zeichne!

6. Bilde Schnitt- und Vereinigungsmenge der beiden Halbgeraden [AB und [BA in der folgenden Abbildung:

7. Wie müssen die vier Punkte A, B, C, D liegen, damit die
 a) Schnittmenge   b) Vereinigungsmenge
der Strecken [AB] und [CD] wieder eine Strecke ist?

Wiederholungsaufgaben zu den Seiten 176 bis 189

8. Zeichne eine Gerade h und drei verschiedene Punkte P, Q und T, die nicht auf h liegen! Zeichne mit dem Geodreieck die Parallelen zu h durch P, Q, T!

9. a) Zeichne zu einer Geraden eine Senkrechte! Zeichne zu dieser zweiten Geraden wieder senkrecht eine dritte! Was kannst du über die Lage der ersten zur dritten Geraden sagen? Kontrolliere!
 b) Zeichne zu einer Geraden parallel eine zweite! Zeichne noch eine Parallele! Vergleiche die Lage der ersten zur dritten Geraden!

10. Schreibe in mathematischer Kurzschrift und stelle zeichnerisch dar:
 a) Die Geraden p und t sind parallel.
 b) Die Gerade durch die Punkte A und B ist nicht parallel zur Geraden g.
 c) Die Geraden p und t schneiden sich im Punkt S.
 d) Die Geraden durch die Punkte P, Q bzw. A, B schneiden sich nicht.
 e) Punkt A liegt auf der Senkrechten s zur Geraden h; s schneidet h im Punkt S.

11. Zeichne nach folgenden Texten:
 a) Zeichne eine Gerade g und eine Gerade h, die g im Punkt P schneidet; lege durch P eine weitere Gerade t, die von g und h verschieden ist; wähle auf t einen Punkt T, der von P verschieden ist; lege durch T die Parallele p zu g; bestimme den Schnittpunkt X von p und h!
 b) Zwei Geraden s und t schneiden sich in S; der Punkt P liegt weder auf s noch auf t; lege durch P die Parallele p zu t; lege durch P die Parallele w zu s; benenne die neuen Geradenschnittpunkte!

12. Schreibe für jede der folgenden Figuren auf, welche Geraden senkrecht aufeinanderstehen und welche zueinander parallel sind! Benütze dabei die Abkürzungen ⊥ bzw. ∥!

a) 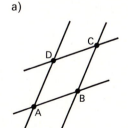   b) 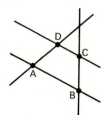   c) 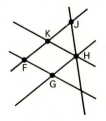   d)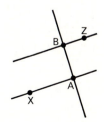

13. Zeichne die folgenden Figuren ab. Zeichne dann mit dem Geodreieck alle Parallelen zu den vorkommenden Geraden durch die bezeichneten Punkte:

a) 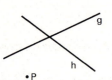 b)   c) 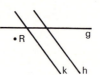 d)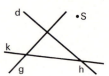

14. Was gilt jeweils, ∥ oder ⊥? Mach dir eine Skizze!
a) Wenn a ∥ b, dann gilt b ... a.
b) Wenn g ⊥ h, dann gilt h ... g.
c) Wenn a ∥ b und b ∥ c, dann gilt a ... c.
d) Wenn m ⊥ h und g ⊥ h, dann gilt m ... g.
e) Wenn p ⊥ r und p ∥ h, dann gilt h ... r.

15. Zeichne in ein Gitternetz die Punkte A (2; 1), B (5; 1), C (6; 3), D (1; 5)!
a) Zeichne die beiden Geraden AC und BD und lies die Koordinaten des Schnittpunktes S ab!
b) Bestimme die Koordinaten des Schnittpunktes T der Geraden CD und AB!
c) Zeichne durch C die Senkrechte s zur Geraden BD!
d) Zeichne durch D die Parallele p zur Geraden s!

16. Zeichne in ein Gitternetz (Rechtswerte bis 6, Hochwerte bis 6, Einheit 1 cm) die Mengen M_1 und M_2 aller Gitterpunkte mit folgenden Eigenschaften:
M_1: Rechtswert größer oder gleich 1 und kleiner oder gleich 4;
Hochwert größer oder gleich 1 und kleiner oder gleich 3.
M_2: Rechtswert größer oder gleich 2 und kleiner oder gleich 5;
Hochwert größer oder gleich 2 und kleiner 5.
a) Gib die Anzahl der Elemente von M_1 und M_2 an!
b) Kennzeichne verschiedenfarbig die Mengen $M_1 \cup M_2$ und $M_1 \cap M_2$!
c) Beschreibe die Punkte der Menge $M_1 \cap M_2$ in der Form:
a ≦ Rechtswert ≦ b   und   c ≦ Hochwert ≦ d   a, b, c, d ∈ $\mathbb{N}_0$.

17. Lies alle möglichen Beziehungen ab!

a) 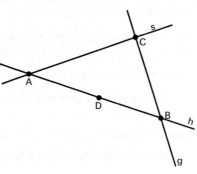   b)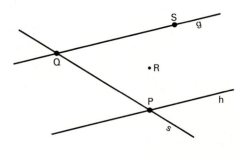

Zusammenfassung der Seiten 176 bis 192

Punkt, Strecke, Halbgerade, Gerade

Man kann die Zeichenebene als Punktmenge auffassen.
Bei linienhaften Teilmengen der Ebene E unterscheiden wir die

- Menge aller Punkte, die auf einer geraden Linie mit den Endpunkten A und B liegen, kurz *Strecke* [AB] genannt.
- Menge der Punkte, die auf einer geraden Linie mit dem Endpunkt A liegen, kurz *Halbgerade* [AB genannt,
- Menge aller Punkte, die auf einer geraden Linie liegen, die keinen Endpunkt hat, kurz *Gerade* AB genannt,

Zueinander senkrechte Geraden

Wir benutzen dazu das Geodreieck:

$g \perp h$

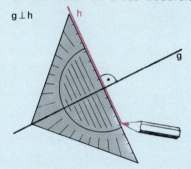

Zueinander parallele Geraden

Wir benutzen dazu das Geodreieck:

$g \parallel h$

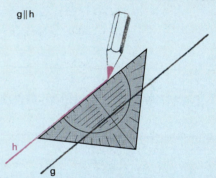

Gitternetz

Ein Gitternetz dient dazu, Punkte durch ein *geordnetes Paar von Zahlen* festzulegen. P(4; 3) bedeutet: P liegt 4 Einheiten rechts und 3 Einheiten hoch. Der *Rechtswert* von P ist 4, der *Hochwert* von P ist 3. 4 und 3 sind die Koordinaten von P. Der Schnittpunkt der Achsen heißt *Nullpunkt* 0 (0; 0).

Eine *Einheit* ist der Abstand vom Nullpunkt zur Markierung 1 auf einer Achse.

Das Schneiden und Vereinigen von Punktmengen

Die gemeinsamen Elemente zweier Mengen M_1 und M_2 bilden die *Schnittmenge* S.

$S = M_1 \cap M_2;$ lies: „M_1 geschnitten mit M_2".

Die Schnittmenge enthält alle Elemente, die sich in M_1 *und* M_2 befinden.

Alle Elemente zweier Mengen M_1 und M_2 zusammen bilden die *Vereinigungsmenge* V dieser Mengen.

$V = M_1 \cup M_2;$ lies: „M_1 vereinigt mit M_2".

Die Vereinigungsmenge enthält alle Elemente, die sich in M_1 *oder* M_2 befinden.

*Ein Drachen hat – nicht zu bestreiten –
zwei lange und zwei kurze Seiten.*

Eigenschaften ebener Grundformen

Achsensymmetrische Figuren

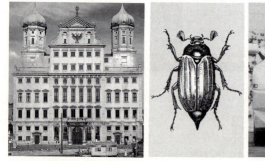 

Auf den Fotos siehst du *achsensymmetrische* Figuren.
Woran erkennt man, daß die Figuren achsensymmetrisch sind?
Nenne weitere Figuren und Formen aus deiner Umgebung, die achsensymmetrisch sind.

> Eine achsensymmetrische Figur besteht aus zwei Hälften, die sich beim Zusammenfalten genau decken.
> Die *Faltachse* heißt auch *Symmetrieachse* oder *Spiegelachse*.

Ebene Grundformen

Aufgaben

1. Stelle achsensymmetrische Figuren selbst her!
   a) Mache ein paar Tintenkleckse auf ein Papier. Falte das Papier und drücke darauf, so daß sich die Kleckse verbreitern. Falte das Blatt wieder auseinander, und laß es trocknen. Klebe die Figur in dein Heft.
   Was für eine Figur ist entstanden?

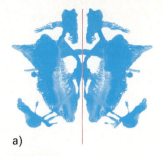
a)

   b) Falte ein Blatt Papier wie in der Abb. b) und schneide eine Figur am Falz aus. Klebe die ausgeschnittene Figur in dein Heft.
   c) Falte ein Kohlepapier so zusammen, daß die beschichtete Fläche nach außen zeigt. Gib das so gefaltete Kohlepapier zwischen ein gefaltetes Blatt Papier, und zeichne auf das Papier eine ähnliche Figur wie in Abbildung c).
   Falte das Papier auseinander, und klebe die Figur in dein Heft.

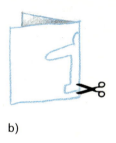 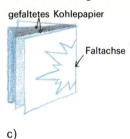 

b)   c)

2. Bei vielen Verkehrszeichen genügt eine Hälfte des Schildes, um sie erkennen zu können.
   Zeichne weitere Beispiele solcher Verkehrszeichen auf!

3. Welche der Buchstaben besitzen
   a) eine,
   b) zwei,
   c) mehrere Symmetrieachsen?

   ABCDEFGH MNTUVWXY

4. Es gibt Wörter, die achsensymmetrisch sind.
   Finde weitere Beispiele!

   OT|TO

   ~~HEXE~~

5. Diese Schrift kann man lesen, wenn man einen Spiegel an die Gerade hält.

   ~~UH DIE HOHE EICHE KOCHE DIE DICKE DECKE~~

6. Erfinde Worte bzw. Sätze mit „halbierten" Buchstaben wie in Aufgabe 5!

Vermischte Aufgaben

9. Überzeuge dich mit Hilfe eines Taschenspiegels, ob die Figuren in Aufgabe 3 achsensymmetrisch sind.

10. Das rechte Bild ist durch eine Fotomontage entstanden. Vergleiche das linke und das rechte Bild miteinander. Was stellst du fest?

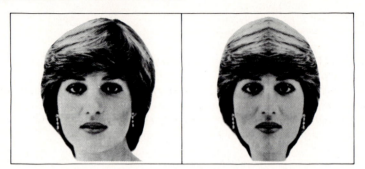

11. a) Übertrage die Figuren in dein Heft, und zeichne dort mit Lineal und Farbstift alle Symmetrieachsen ein!
    b) Übertrage die Figuren auf ein eigenes Blatt Papier. Schneide die Figuren aus, und kontrolliere durch Falten, ob du die Symmetrieachsen richtig eingezeichnet hast.
    c) Überprüfe die eingezeichneten Symmetrieachsen auch mit einem Taschenspiegel!

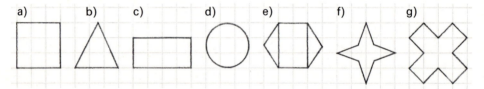

Ebene Grundformen

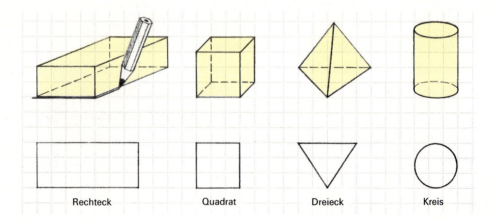

Rechteck   Quadrat   Dreieck   Kreis

Ebene Grundformen

Aufgaben

1. Überlege! Wie entstehen in der Abbildung auf Seite 196 die ebenen Grundformen Rechteck, Quadrat, Dreieck und Kreis?

2. Betrachte die auf Seite 158 abgebildeten Körper.
Welche der abgebildeten Körper haben
  a) rechteckige,
  b) quadratische,
  c) dreieckige,
  d) kreisförmige Seitenflächen?

3. Stelle die abgebildeten Gegenstände in Gedanken auf ein Zeichenblatt, und umfahre mit einem Bleistift die Grundflächen!
Übertrage die folgende Tabelle in dein Heft, und ordne die Gegenstände entsprechend der Form ihrer Grundfläche in die Tabelle ein!

Rechteck	Quadrat	Dreieck	Kreis

4. Die abgebildeten Körper sind aus Holz. Zersäge sie in Gedanken
  a) parallel zur Grundfläche,   b) senkrecht zur Grundfläche!
Welche Schnittflächen entstehen?

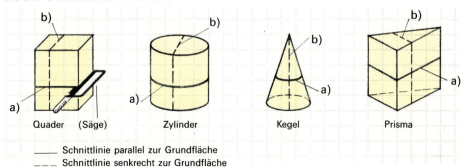

Quader   (Säge)   Zylinder   Kegel   Prisma

  ____ Schnittlinie parallel zur Grundfläche
  ---- Schnittlinie senkrecht zur Grundfläche

Rechteck und Quadrat

> Ein Viereck, bei dem benachbarte Seiten senkrecht aufeinander stehen, heißt *Rechteck*.

Beispiel

Zeichne ein Rechteck ABCD mit den Seitenlängen 4 cm und 25 mm.

Lösung:
Zeichne eine Strecke der Länge 4 cm. Errichte in den Endpunkten A und B jeweils eine Senkrechte. Mache beide Senkrechte 25 mm lang. Verbinde die Punkte C und D.

Mit Hilfe des Geodreiecks erkennen wir: Gegenüberliegende Seiten sind gleich lang.

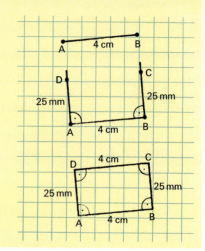

> Ein Rechteck mit vier gleich langen Seiten heißt *Quadrat*.

Aufgaben

1. Zeichne mit Hilfe des Geodreiecks ein Rechteck mit den Seitenlängen
   a) 5 cm und 3 cm   b) 10 cm und 6 cm   c) 2 cm 5 mm und 3 cm

2. Zeichne mit Hilfe des Geodreiecks ein Quadrat mit den Seitenlängen
   a) 10 cm   b) 5 cm   c) 1 cm

3. Welche dieser Vierecke sind Rechtecke, welche sind Quadrate, welche sind keine Rechtecke?

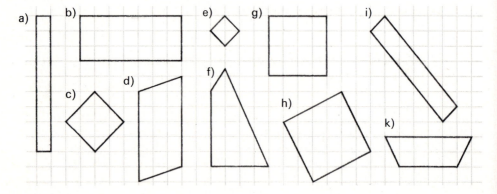

Ebene Grundformen

4. Schneide aus kariertem Papier verschieden große Quadrate aus. Zeichne die *Mittellinien* und die *Diagonalen* ein.
Prüfe durch Falten, ob diese Linien Faltachsen sind.

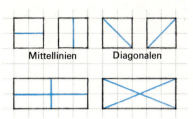

5. Schneide aus kariertem Papier verschieden große Rechtecke aus. Zeichne die Mittellinien und die Diagonalen ein. Prüfe durch Falten, ob diese Linien Faltachsen sind!

6. Wir vergleichen Rechteck und Quadrat.

a) Übertrage die nachfolgende Tabelle in dein Heft. Kreuze in den freien Spalten die Aussagen an, die (1) für das Rechteck, (2) für das Quadrat zutreffen!

Eigenschaft	Rechteck	Quadrat
benachbarte Seiten stehen aufeinander senkrecht		
gegenüberliegende Seiten sind gleich lang		
alle Seiten sind gleich lang		
gegenüberliegende Seiten sind parallel		
die Mittellinien sind Faltachsen		
die Diagonalen sind Faltachsen		

b) Wahr oder falsch?
   (1) Jedes Quadrat ist ein Rechteck.
   (2) Jedes Rechteck ist ein Quadrat.
   (3) Nicht jedes Rechteck ist ein Quadrat.

Vermischte Aufgaben

7. Übertrage die Figur mit Bleistift und Lineal auf ein Blatt Papier. Zerschneide das Quadrat längs der gestrichelten Linien.
Lege die Teilflächen zu einem größeren Quadrat mit „Loch" zusammen.

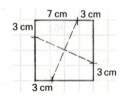

8. Übertrage die abgebildeten 9 Teile in einem vergrößerten Maßstab auf ein Stück Pappe, schneide sie aus, und lege sie so zusammen, daß ein Quadrat entsteht!

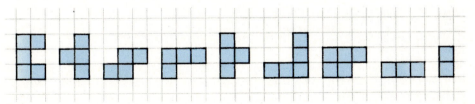

9. Schreibe auf, welche ebenen geometrischen Grundformen (Rechteck, Quadrat, Dreieck, Kreis) du an folgenden Körpern feststellen kannst: Würfel, Quader, Pyramide, Kegel, Prisma, Kugel, Zylinder.

10. Übertrage die Figuren mit Bleistift und Lineal in einem vergrößerten Maßstab auf kariertes Papier! Schneide die Figuren aus! Zerlege sie durch *einen* Schnitt und setze die Teile zu einem Rechteck zusammen!

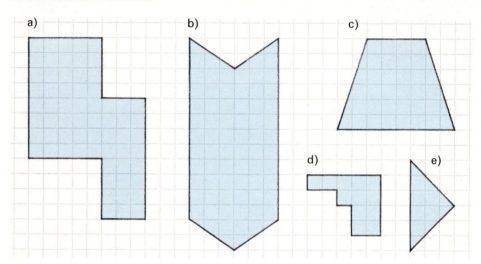

11. Wie viele Quadrate enthält die Figur unten links?

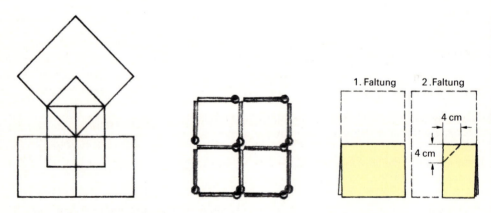

12. Lege die mittlere Figur mit Streichhölzern nach. Es sind darin 5 Quadrate versteckt.

a) Nimm 2 Hölzer weg, so daß 2 Quadrate übrigbleiben.

b) Lege drei Hölzer so um, daß 3 gleich große Quadrate entstehen.

13. Falte ein Stück Papier zweimal, so wie es die Abbildung oben rechts zeigt. Schneide die Ecke längs der punktiert gezeichneten Linie ab. Falte das Papier auseinander. Welche Schnittfigur ist entstanden?

Ebene Grundformen

14. Zeichne ein Rechteck mit den Seitenlängen 5 cm und 2 cm.

a) Nimm wie in der Zeichnung auf gegenüberliegenden Seiten irgend zwei Punkte an, verbinde sie und miß ihre Entfernung.

b) Zeichne zwei Punkte auf gegenüberliegenden Seiten ein, für die die Entfernung
   – möglichst groß
   – möglichst klein ist.

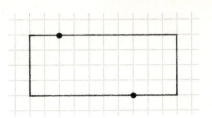

Kreise

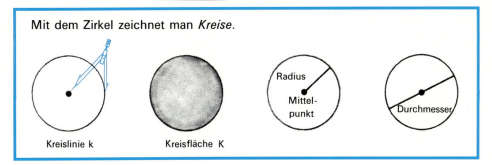

Mit dem Zirkel zeichnet man *Kreise*.

Kreislinie k   Kreisfläche K   Radius, Mittelpunkt   Durchmesser

Beispiel

Wir bestimmen die Lage von Punkten mit besonderen Eigenschaften.

Die Orte A und B sind 5 km voneinander entfernt (siehe Figur a)).
Bestimme mit Hilfe einer maßstabsgetreuen Zeichnung die Lage eines Punktes P, der vom Ort A 3 km und vom Ort B 4 km entfernt ist.

Lösung:
Wir ziehen (siehe Figur b)) um A einen Kreis mit dem Radius 3 cm und um B einen Kreis mit dem Radius 4 cm. Wo sich die Kreise schneiden, liegen die gesuchten Punkte.
Es gibt zwei Lösungspunkte P_1 und P_2.

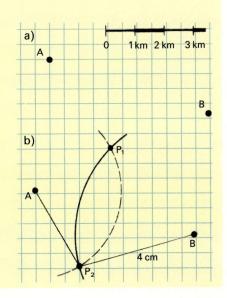

Aufgaben

1. Die Zeichnung zeigt, wie ein Gärtner ein kreisrundes Blumenbeet anlegt. Beschreibe, wie er das macht.

2. Markiere einen Punkt M. Zeichne um M Kreise mit
   a) dem Radius 3 cm,
   b) dem Durchmesser 8 cm.
   c) Wie viele Symmetrieachsen haben die Kreise?

3. Auf einem See findet eine Segelregatta statt. Sie führt vom Startplatz A zu den Bojen B, C, D, E, F, G und zurück zum Startplatz A. Unten ist die Segelroute in einer maßstabsgetreuen Zeichnung dargestellt. Übertrage sie in dein Heft! Greife mit Hilfe des Zirkels die Entfernungen der Segelregatta von Boje zu Boje in alphabetischer Reihenfolge ab, trage diese am Strahl ab, und stelle so die Länge der Gesamtstrecke fest.

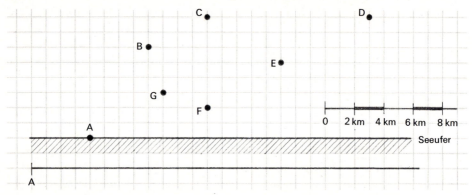

4. Zeichne die Ornamente mit Bleistift, Zirkel und Lineal vergrößert in dein Heft. Wähle die Seite des Quadrats 6 cm lang.

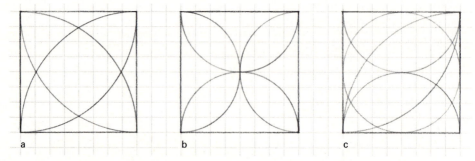

5. Markiere in deinem Heft 2 Punkte A und B, die 6 cm voneinander entfernt sind.
   a) Ermittle mit dem Zirkel einen Punkt P, der 2 cm von A und 5 cm von B entfernt ist. Wie viele solcher Punkte gibt es?
   b) Wo sind alle Punkte, die von A weniger als 2 cm und von B mindestens 5 cm entfernt sind?

c) Wo sind alle Punkte, die von A genau 2 cm und von B weniger als 5 cm entfernt sind?
d) Wo sind alle Punkte, die von A mehr als 2 cm und von B genau 5 cm entfernt sind?
e) Wo sind alle Punkte, die von A weniger als 2 cm und von B genau 5 cm entfernt sind?

6. Zeichne die Kreismuster vergrößert in dein Heft. Wähle den Radius 3 cm.

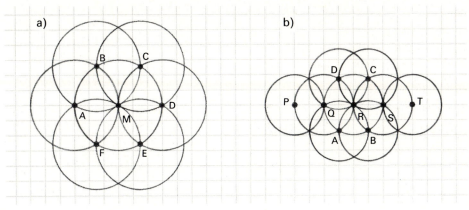

7. Übertrage die Ornamente in dein Heft!

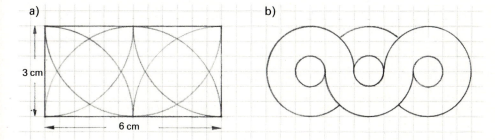

Vermischte Aufgaben

8. Zeichne die Muster mit den angegebenen Maßen nach.

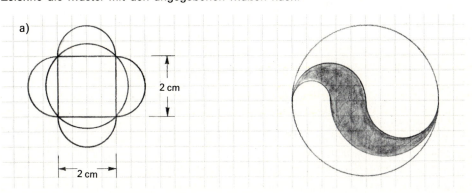

9. Zeichne ein Quadrat mit der Seitenlänge 2 cm und um jeden Eckpunkt einen Kreis mit Radius 2 cm.
Wie viele Schnittpunkte haben die Kreise?

10. a) An einer Hausecke ist ein Wachhund angebunden. Das Haus ist 12 m lang und 10 m breit, die Hundeleine ist 15 m lang. Ermittle mit Hilfe einer maßstabsgetreuen Zeichnung den Bereich, den der Wachhund erreichen kann.

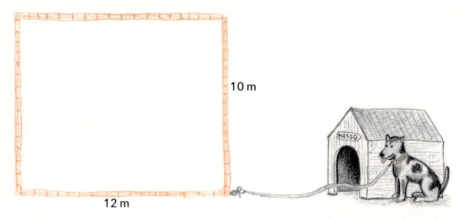

b) An der linken unteren Ecke wird ein zweiter Wachhund an einer 15 m langen Leine angebunden. Ermittle mit Hilfe einer maßstabsgetreuen Zeichnung den Bereich, in dem sich ein „ungebetener" Besucher dem Haus nähern kann, ohne von den Wachhunden gebissen zu werden.

11. Du bastelst zu Hause
Zeichne auf dünnen Karton einen Kreis mit Radius 3 cm, und schneide ihn aus. Stecke am Durchmesser entlang eine Stricknadel so hindurch, daß sie abwechselnd auf der Vorder- und Rückseite der Kreisscheibe verläuft. Drehe das Kartonstück schnell um diese Achse. Welchen Körper siehst du?

Dreiecke

Ein Dreieck hat drei Ecken und drei Seiten.

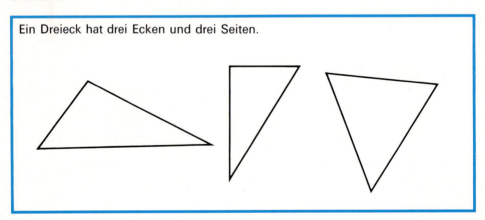

Ebene Grundformen

Beispiel

Wir zeichnen ein Dreieck nach.
Zeichne das freihändig gezeichnete Dreieck mit Zirkel und Lineal!

Lösung
Wir zeichnen das Dreieck in vier Schnitten nach.

1. Wir beginnen (willkürlich) mit der 6 cm langen Seite.
   Jetzt müssen wir noch die genaue Lage des Punktes C festlegen.

2. Der Punkt C muß einerseits von A die Entfernung 3 cm haben, d. h. er muß auf dem Kreis um A mit dem Radius 3 cm liegen.

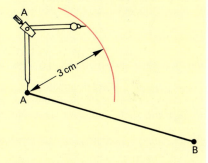

3. Der Punkt C muß andererseits von B die Entfernung 5 cm haben, d. h. er muß auf dem Kreis um B mit dem Radius 5 cm liegen.

4. Der Schnittpunkt der beiden Kreise erfüllt beide Bedingungen. Der Schnittpunkt ist der gesuchte Punkt C. Wir nehmen das Lineal und verbinden A mit C und B mit C.

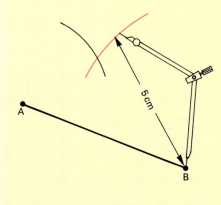
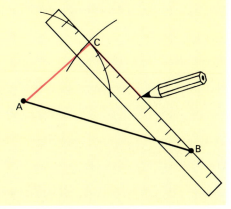

Aufgaben

1. Zeichne die Dreiecke mit Zirkel und Lineal nach!

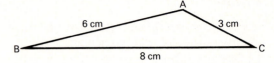
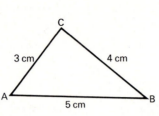

2. Über eine Seite des Quadrats wurde ein *gleichseitiges* Dreieck gezeichnet. Übertrage die Figur in dein Heft und zeichne auch über die anderen drei Seiten je ein gleichseitiges Dreieck!

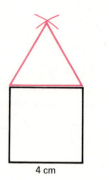

3. Zeichne das gleichseitige Dreieck ABC in Aufgabe 1 neunmal ab, schneide die Figuren aus und setze sie so zusammen, daß ein Dreieck entsteht!

4. Übertrage die Dreiecke mit Bleistift, Lineal und Zirkel in dein Heft. Zeichne mit Hilfe des Geodreiecks jeweils die Senkrechte zu AB durch C, die Senkrechte zu BC durch A und die Senkrechte zu AC durch B. Was fällt dir auf?

a) 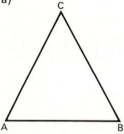   b)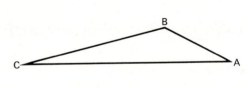

5. Wie viele Dreiecke liegen in dieser Figur übereinander?

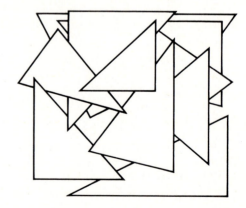

Ebene Grundformen

Umfang von Dreieck, Rechteck und Quadrat

Die Gesamtlänge der drei Seiten eines Dreiecks heißt *Umfang des Dreiecks*.

Umfang eines Dreiecks mit den Seitenlängen a, b und c:

$u_D = a + b + c$

Die Gesamtlänge der vier Seiten eines Rechtecks (Quadrats) heißt *Umfang* des Rechtecks (Quadrats).

Den Umfang u_R eines Rechtecks mit den Seitenlängen a und b kannst du auf verschiedene Weise berechnen:

$u_R = a \cdot 2 + b \cdot 2$

oder

$u_R = (a + b) \cdot 2$

Der Umfang u_Q eines Quadrats ist das Vierfache der Seitenlänge:

$u_Q = a \cdot 4$

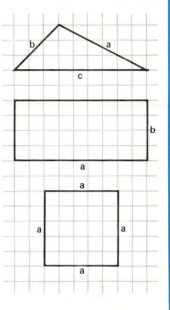

Beispiel

Wir bestimmen aus dem Umfang und der Länge eines Rechtecks dessen Breite.

Ein Rechteck hat einen Umfang von 32 cm. Es ist 10 cm lang. Wie breit ist das Rechteck?

Lösung:
Länge und Breite ergeben zusammen den halben Umfang.
Also:
$$10\,\text{cm} + b = 16\,\text{cm}$$
$$b = 16\,\text{cm} - 10\,\text{cm} = 6\,\text{cm}$$

Das Rechteck ist 6 cm breit.

Aufgaben

1. Ein rechteckiger Garten wird mit Betonsteinen eingefaßt. Der Garten ist 8 m breit und 12 m lang.
   a) Wie groß ist der Umfang des Gartens?
   b) Was kostet die Einfassung, wenn 1 m der Beeteinfassung für 4,60 DM geliefert wird?

2. Die Abbildung zeigt die Linien eines Fußballfeldes. Wieviel m Linien muß der Platzwart streuen, wenn der Umfang des Mittelkreises 57 m 5 dm beträgt?

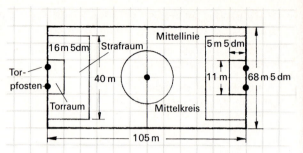

3. Übertrage die Tabelle in dein Heft, und fülle sie aus:

Länge a	12 m		112 cm	7 m 15 cm	1 m 74 cm	123 cm
Breite b	7 m	4 m		4 m 13 cm		1 m 8 dm
Umfang u		28 m	536 cm		64 dm	

4. Gib den Umfang eines Quadrats an mit der Seitenlänge:
   a) 12 cm   b) 7 cm 5 mm   c) 1 m 2 dm   d) 425 m 80 cm

5. Gib die Seitenlänge eines Quadrats an mit dem Umfang:
   a) 40 cm   b) 24 cm 8 mm   c) 2 m 5 dm   d) 100 m 8 dm

6. Übertrage die Dreiecke ABC_1, ABC_2, ABC_3 in dein Heft und ermittle jeweils ihren Umfang! Was stellst du fest?

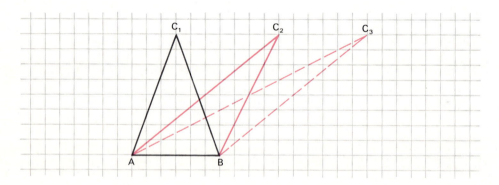

Vermischte Aufgaben

7. a) Zeichne ein Rechteck mit den Seitenlängen 2 cm und 3 cm. Gib den Umfang des Rechtecks an.
   b) Zeichne nun ein Rechteck mit doppelt so großen Seitenlängen. Berechne den Umfang des Rechtecks.
   Vergleiche die Ergebnisse von a) und b).

Ebene Grundformen

8. In einem Museum befinden sich besonders wertvolle Plastiken erhöht auf einem Sockel (2 m 5 dm lang; 1 m breit). Zum zusätzlichen Schutz ist der Ausstellungsplatz mit einer Absperrung umgeben. Wieviel m Seil sind nötig, wenn das Seil allseitig vom Rand des Sockels einen Abstand von 150 cm hat und man für Knoten 80 cm Seil zusätzlich ansetzen muß?

9. Eine Wiese, die 120 m breit und 90 m lang ist, soll mit Draht umzäunt werden.
   a) Wieviel Draht braucht man?
   b) Wie viele Pfähle braucht man, wenn alle 15 m ein Pfahl stehen soll?

10. Ermittle jeweils den Umfang:

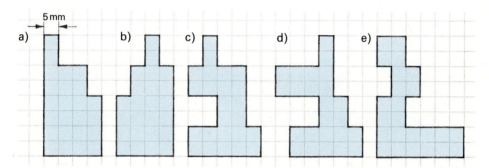

11. *Anschauliche Geometrie mit Papierstreifen*
    Du benötigst als Arbeitsmaterial schmale, verschieden lange Papierstreifen. Im einzelnen:

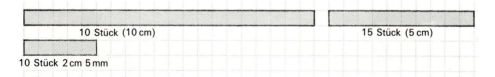

Und hier die Aufgaben:
   a) Der Umfang eines Rechtecks ist 40 cm. Eine der Seiten ist dreimal so lang wie die andere. Wie lang ist jede Seite?
   Hinweis: Lege mit den 5 cm langen Papierstreifen ein Rechteck mit diesen Eigenschaften! Wie viele Streifen brauchst du?

209

b) Bei einem Rechteck ist die Länge um 5 cm größer als die Breite. Der Umfang beträgt 50 cm. Wie lang ist jede Seite? Benutze dein Arbeitsmaterial!
c) Bei einem Quadrat beträgt der Umfang 30 cm. Wie groß ist die Seitenlänge? Benutze dein Arbeitsmaterial!
d) Bei einem Rechteck ist die Breite um 10 cm kleiner als die Länge. Der Umfang beträgt 50 cm. Wie lang ist jede Seite? Benutze dein Arbeitsmaterial!
e) Lege 5 cm lange Papierstreifen so aneinander, daß ein Rechteck mit dem Umfang 30 cm entsteht.
Verdopple nun jede Seite. Wie ändert sich der Umfang?
f) Lege 10 cm lange Papierstreifen so aneinander, daß ein Rechteck mit dem Umfang 80 cm entsteht.
Halbiere nun jede Seite. Wie ändert sich der Umfang?
g) Setze 4 (9) Quadrate mit der Seitenlänge 2 cm 5 mm so zusammen, daß wieder ein Quadrat entsteht.
Wie groß ist der Umfang des neuen Quadrats?
Wie hat sich der Umfang geändert?

Parkettierungen

Fußbodenmosaik

Fußbodenparkett

Alle Muster haben ein besonderes Merkmal gemeinsam:
Durch Wiederholung bestimmter Formen wird eine ebene Fläche ohne Lücken oder Überlappungen bedeckt.

Ein Muster aus lauter gleichartigen Figuren, das das ganze Zeichenblatt lückenlos bedeckt, heißt *Parkett*.

Ebene Grundformen

Beispiel

Wir prüfen, ob sich die Figur zum Auslegen eignet.

Zeichne die abgebildete Figur auf durchsichtiges Papier ab, schneide sie aus und prüfe, ob man mit ihr das ganze Zeichenblatt lückenlos bedecken kann!

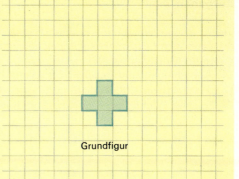
Grundfigur

Lösung:
Die Bilderfolge zeigt, wie wir vorgehen:

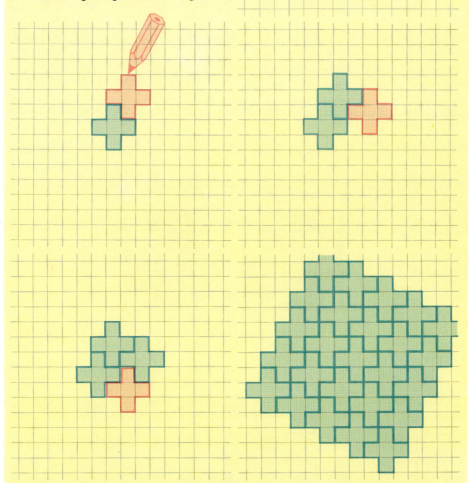

Mit der Kreuzfigur können wir die Ebene lückenlos ausfüllen. Oder: Mit der Kreuzfigur läßt sich die Ebene parkettieren.

Aufgaben

1. Viele Leute lassen Räume in ihren Häusern mit Parkettfußboden auslegen. Dazu wird der Fußboden des Zimmers mit gleichen Holzstückchen lückenlos so ausgelegt, daß ein hübsches Muster entsteht.
Die Abbildungen sind Beispiele für solche *Parkettierungen der Ebene*.
Entwirf drei weitere Parkettierungsmuster mit Rechtecken!
Größe eines Rechtecks: 2 cm lang; 1 cm breit.

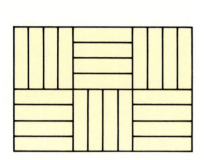

2. a) Worin unterscheidet sich die folgende Parkettierung von den Abbildungen in Aufgabe 1?
   b) Übertrage die Parkettierung in dein Heft und setze das Muster in alle Richtungen fort!

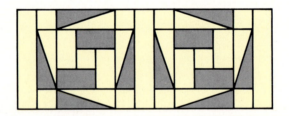

3. Zeichne die Figuren auf durchsichtiges Papier ab, schneide sie aus und stelle fest, welche der Figuren zum Parkettieren geeignet ist!

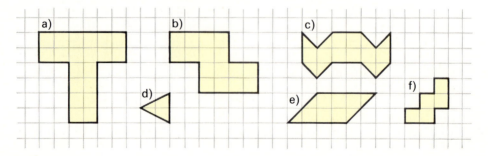

Ebene Grundformen

4. Welche der Figuren sind zum Parkettieren geeignet?

Hinweis: Übertrage zunächst die Figuren auf dein Blatt!
Zeichne dann die Figuren auf durchsichtiges Papier ab und schneide sie aus!

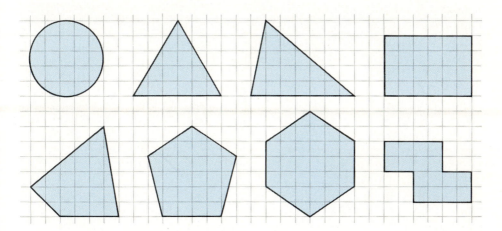

5. In der Abbildung sind aus gleichseitigen Dreiecken neue Figuren zusammengesetzt. Mit welchen von ihnen läßt sich das Zeichenblatt parkettieren?

a)　　　　　　　　b)　　　　　　　　c)　　　　　　　　d)

Vermischte Aufgaben

6. Mit welcher der Figuren aus Aufgabe 4 kann man
a) ein Rechteck　　　b) ein Dreieck
auslegen?

7. Mit welcher der Figuren aus Aufgabe 4 kann man eine Fläche auslegen, die die Gestalt einer anderen der Figuren aus Aufgabe 4 hat?

213

8. Welche Grundformen haben die römischen Künstler benutzt, die dieses Fußbodenmosaik geschaffen haben?

9. Übertrage die Figuren auf durchsichtiges Papier, schneide sie aus und lege sie zu einem regelmäßigen Sechseck zusammen!

Ebene Grundformen

10. Übertrage die Figuren auf durchsichtiges Papier, schneide sie aus und lege sie zu einem Quadrat zusammen:

a)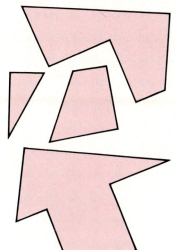

b)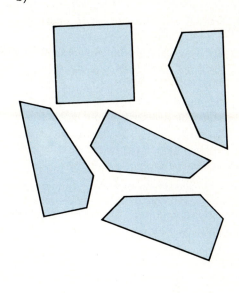

Wiederholungsaufgaben zu den Seiten 194 bis 207

11. Übertrage die Figuren in dein Heft! Zeichne dort in den achsensymmetrischen Figuren mit Farbstift und Lineal alle Symmetrieachsen ein!

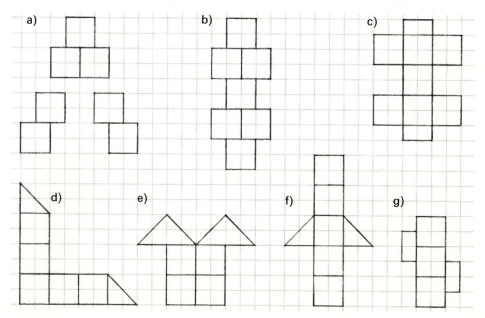

215

12. Über eine der Seiten des schwarz gezeichneten Dreiecks wurde ein weiteres gleichseitiges Dreieck gezeichnet. Übertrage die Figur in dein Heft und zeichne auch über die anderen Seiten jeweils ein gleichseitiges Dreieck.
   a) Was für eine Figur entsteht?
   b) Wie viele Dreieck zählst du?
   c) Um wievielmal ist der Umfang der entstandenen Gesamtfigur größer als der des schwarz gezeichneten Ausgangsdreiecks?

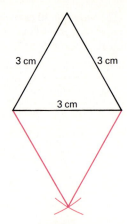

13. a) Zeichne ein Rechteck mit den Seitenlängen 2 cm und 3 cm. Gib den Umfang des Rechtecks an.
   b) Zeichne nun ein Rechteck mit doppelt so großen Seitenlängen. Berechne den Umfang des Rechtecks.
   Vergleiche die Ergebnisse von a) und b).

14. Roland hält seinem Vater vor: „Wenn du jeden Tag 20 Zigaretten rauchst, dann hast du in einem Vierteljahr die Hälfte des Ulmer Münsters übertroffen." Das Ulmer Münster ist 161 m hoch, eine Zigarette ist 9 cm 3 mm lang. Hat Roland recht?

15. a) Peter stellt aus Draht das Kantenmodell eines Würfels mit der Kantenlänge 20 cm her. Wieviel m Draht braucht er etwa? Überlege dir die Lösung anhand einer Zeichnung.
   b) Silkes Kantenmodell eines Würfels ist noch größer. Ihr Würfel hat die Kantenlänge 40 cm. Wieviel m Draht braucht sie in etwa mehr als Peter?

16. Zum Abdichten der Fenster kauft Herr Dicht Schaumgummiband. Er hat vorher ausgemessen:

	Höhe	Breite
Küchenfenster	126 cm	114 cm
Eßzimmerfenster	126 cm	126 cm
Wohnzimmerfenster	135 cm	100 cm
Kinderzimmerfenster	126 cm	114 cm
Schlafzimmerfenster	138 cm	110 cm

a) Reichen zwei 15-m-Rollen für 1 Küchenfenster, 1 Eßzimmerfenster und 2 Wohnzimmerfenster aus?

b) Wieviel 15-m-Rollen muß Herr Dicht kaufen, um auch noch 2 Kinderzimmerfenster und 1 Schlafzimmerfenster abdichten zu können?

Ebene Grundformen

17. Ein Paket ist 40 cm lang, 25 cm breit und 15 cm hoch. Beim Verschnüren werden für jeden Knoten 1 cm, zum Verknoten am Ende 5 cm Faden benötigt.
a) Wieviel m Bindfaden braucht man mindestens beim Verpacken?
b) Warum heißt es „mindestens"?

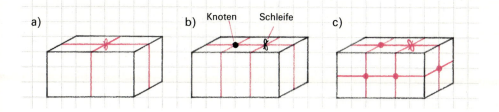

Zusammenfassung der Seiten 194 bis 217

Wir geben kennzeichnende Eigenschaften einiger ebener Grundformen an.

Rechteck

Im Rechteck stehen benachbarte Seiten aufeinander senkrecht.

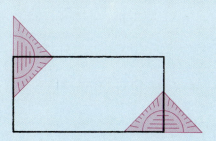

Quadrat

Ein Rechteck mit vier gleich langen Seiten heißt *Quadrat*.

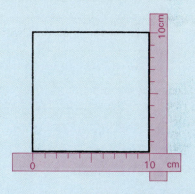

Kreis

Mit dem Zirkel zeichnet man Kreise. Alle Punkte eines Kreises sind vom Mittelpunkt des Kreises gleich weit entfernt.

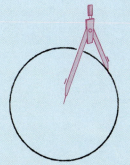

Dreieck

Ein Dreieck hat drei Ecken und drei Seiten.

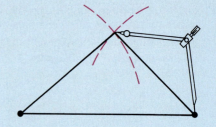

Umfang von Dreieck, Rechteck und Quadrat

Die Gesamtlänge der drei Seiten eines Dreiecks heißt *Umfang des Dreiecks*.

Umfang eines Dreiecks
mit den Seitenlängen a, b und c:

$u_D = a + b + c$

Die Gesamtlänge der vier Seiten eines Rechtecks (Quadrats) heißt *Umfang* des Rechtecks (Quadrats).

Den Umfang u_R eines Rechtecks mit den Seitenlängen a und b kannst du auf verschiedene Weise berechnen:

$u_R = a \cdot 2 + b \cdot 2$

oder

$u_R = (a + b) \cdot 2$

Der Umfang u_Q eines Quadrats ist das Vierfache der Seitenlänge:

$u_Q = a \cdot 4$

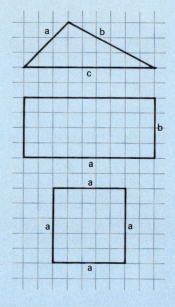

Parkettierungen

Ein Muster aus lauter gleichartigen Figuren, das das ganze Zeichenblatt lückenlos bedeckt, heißt *Parkett*.

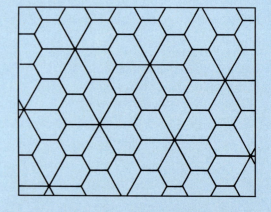

*Der Flächeninhalt, daß ihr's wißt,
durch Graben nie zu messen ist.*

Messen von Flächeninhalten

Zwei Flächen haben denselben Flächeninhalt, wenn sie mit derselben Anzahl gleicher (kleiner) Figuren ausgelegt werden können.

Beispiel

Wir vergleichen Flächeninhalte miteinander.
Welcher Acker ist größer, A oder B?

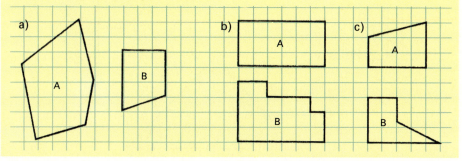

Lösung:
a) Man sieht es mit bloßem Auge: Acker A hat den größeren Flächeninhalt.
b) Wir überziehen die Figur mit einem Gitter. Dann zählen wir, wie oft die Größe eines Karos in jede der Flächen enthalten ist. Ergebnis: Acker B hat den größeren Flächeninhalt.

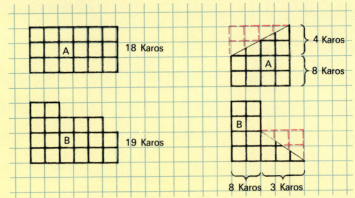

c) Wir verfahren wie in b) und erkennen, daß Acker A den größeren Flächeninhalt hat.

Aufgaben

1. Übertrage die Figur auf ein Blatt Papier, und zerschneide die Figur in lauter gleich große Dreiecke.

   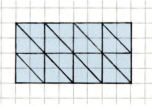

   a) Lege mit den Dreiecken die Figuren a) und b). Welche Figur hat den größeren Flächeninhalt?
   b) Kannst du mit den 16 Dreiecken das Dreieck in c) lückenlos auslegen?

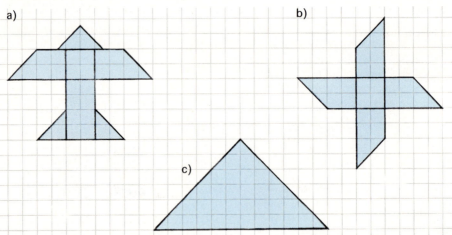

Flächeninhalt

2. Welche der beiden Flächen ist die größere?

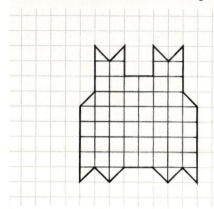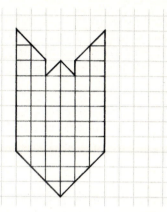

3. Wie groß ist das innere Quadrat im Vergleich zum äußeren Quadrat?

a) b) c) d)

4. Ordne die Figuren nach ihrem Flächeninhalt und ihrem Umfang.

  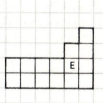

Flächeninhalt von Rechtecken (1)

Der Flächeninhalt dieser Fläche beträgt

$(1\ cm^2 \cdot 4) \cdot 2 = 1\ cm^2 \cdot 8 = 8\ cm^2$

Inhalt eines Streifens

Anzahl der Streifen

Maßzahl

Maßeinheit

221

Aufgaben

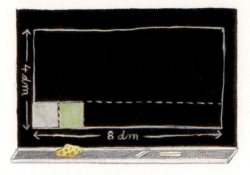

1. *Mathematik mit Papier und Schere*

   Zeichne das Rechteck an die Wandtafel! Schneide genügend Dezimeterquadrate aus Papier, und lege das Rechteck damit aus!

   (Papier anfeuchten!)

   Und jetzt die folgenden Aufgaben:

   a) Wie viele Quadrate mit der Seitenlänge 1 dm sind nötig, um das Rechteck auszulegen?
   Wie groß ist der Flächeninhalt des Rechtecks?

   b) Wie groß ist der Flächeninhalt eines Streifens?
   Wie viele Streifen braucht man, um das Rechteck auszulegen? Ermittle daraus den Flächeninhalt des Rechtecks!

2. Bestimme den Flächeninhalt eines Rechtecks, das

   a) 4 cm lang und 6 cm breit,

   b) 7 cm lang und 5 cm breit ist!

   Das Auslegen mit Einheitsquadraten der Seitenlänge 1 cm kann durch Einzeichnen der Quadrate ersetzt werden.

3. Der Fliesenleger kachelt ein Wandstück. Die quadratischen Kacheln sind 1 dm^2 groß. Die Fläche ist 9 dm lang und 8 dm breit. Wie viele Kacheln braucht er? Wie groß ist der Flächeninhalt des Wandstücks?

4. Für ein rechteckiges Wandstück braucht ein Fliesenleger 72 rechteckige Kacheln. Jede Kachel ist 20 cm lang und 10 cm breit. Das Wandstück ist 180 cm lang. Wie breit ist es?

Flächeninhalt von Rechtecken (2)

Wir erhalten den Flächeninhalt des Rechtecks auch, indem wir die Maßzahl der Länge mit der Maßzahl der Breite multiplizieren und dem Ergebnis eine Maßeinheit beifügen, in unserem Fall cm².

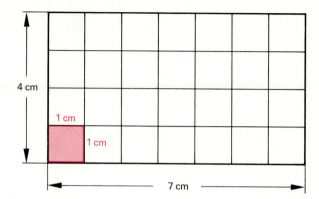

Anzahl der Quadrate = Maßzahl der Länge · Maßzahl der Breite
      28   =   7   ·   4

Also: $A_{Rechteck} = (7 \cdot 4)\,cm^2 = 28\,cm^2$

Wir können dies auch in Form einer Formel aufschreiben:

Flächeninhalt des Rechtecks	Flächeninhalt des Quadrats
$A = l \cdot b$	$A_Q = s \cdot s$

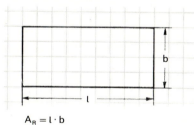 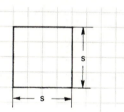

$A_R = l \cdot b$ $A_R = s \cdot s = s^2$

Dabei setzt man fest: $1\,cm \cdot 1\,cm = 1\,cm^2$
                              $1\,dm \cdot 1\,dm = 1\,dm^2$

Beispiele

1. *Berechnung der Rechteckfläche*

    Berechne mit Hilfe der Formel für den Flächeninhalt der Rechteckfläche den Flächeninhalt eines Rechtecks mit der Länge l = 12 cm und der Breite 25 cm!

    Lösung:
    $$l = 25 \text{ cm}$$
    $$b = 25 \text{ cm} \quad \Rightarrow \quad A_R = 12 \text{ cm} \cdot 25 \text{ cm} = 300 \text{ cm}^2$$

2. *Berechnung der Quadratfläche*

    Berechne den Flächeninhalt eines Quadrats mit der Seitenlänge s = 23 cm!

    Lösung:
    $$s = 23 \text{ cm} \quad \Rightarrow \quad A_Q = 23 \text{ cm} \cdot 23 \text{ cm} = 529 \text{ cm}^2$$

Aufgaben

1. Berechne den Flächeninhalt der Rechtecke mit folgenden Seitenlängen:
    - a) 8 cm; 13 cm
    - b) 8 dm; 11 dm
    - c) 20 dm; 7 dm
    - d) 35 dm; 16 dm
    - e) 80 cm; 4 dm
    - f) 1 m 2 dm; 14 dm
    - g) 270 cm; 12 dm
    - h) 269 cm; 5 dm
    - i) 105 cm; 11 dm

2. Du sollst den Flächeninhalt der folgenden rechteckigen Formen nur näherungsweise und mit möglichst wenig Rechenaufwand ermitteln. Überlege dir, in welcher Maßeinheit du Länge und Breite zweckmäßigerweise messen solltest.
    Hier die Aufgabe: Miß Länge und Breite
    - a) einer Seite deines Heftes,
    - b) der Tischplatte deines Schultisches,
    - c) des Buchdeckels deines Mathematikbuches,
    - d) der Tür im Klassenzimmer,
    - e) eines Fensters im Klassenzimmer,

    und berechne den Flächeninhalt!

3. Berechne Umfang und Flächeninhalt folgender Quadrate:
    - a) s = 12 cm
    - b) s = 7 cm
    - c) s = 4 dm
    - d) s = 59 cm

Flächeninhalt

Zusammenhang zwischen 1 dm², 1 cm² und 1 mm²

1 dm² ist der Flächeninhalt eines Quadrats mit der Seitenlänge 1 dm (= 10 cm). 100 Quadrate mit der Seitenlänge 1 cm sind nötig, um ein Quadrat mit der Seitenlänge 1 dm auszulegen.

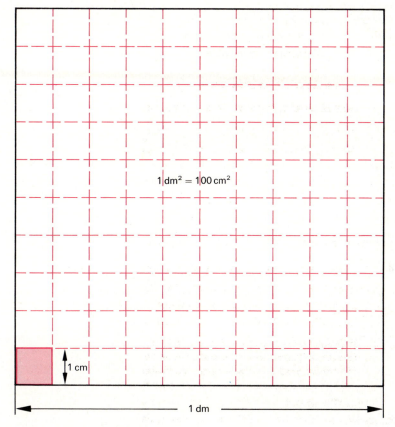

100 Quadrate mit der Seitenlänge 1 mm sind nötig, um ein Quadrat mit der Seitenlänge 1 cm auszulegen.

Beispiel

Wir rechnen in größere Maßeinheiten um.

a) 300 cm² = 3 dm²

b) 30 000 mm² = 300 cm² = 3 dm²

Aufgaben

1. Gib in cm² an:
    a) 400 dm²
    b) 1000 mm²
    c) 280 000 mm²
    d) 1 000 000 mm²
    e) 8 dm² 200 mm²
    f) 12 dm² 18 cm²

2. Schätze, rechne nicht!
    a) Wieviel mm² haben auf einer Briefmarke Platz?
    b) Wieviel cm² haben auf einer deiner Schuhsohlen Platz?
    c) Wieviel dm² haben auf der Tür deines Klassenzimmers Platz?

3. Schätze den Flächeninhalt der Figuren, miß und rechne!

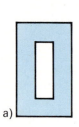

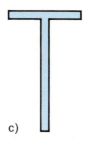
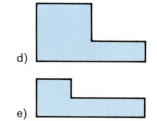

a) b) c) d) e)

4. Ein Mosaik ist ein aus bunten Steinen zusammengesetztes Bild.
Schätze, wie viele Steine für das Mosaik verwendet wurden, wenn die sichtbare Oberfläche eines Steinchens etwa 2 cm² beträgt. Der abgebildete Ausschnitt ist in Wirklichkeit ungefähr 190 cm breit und 120 cm hoch.

Flächeninhalt

Größere Flächeneinheiten

$1 \text{ km}^2 = 100 \text{ ha} = 10\,000 \text{ a} = 1\,000\,000 \text{ m}^2$
$\quad\quad\quad 1 \text{ ha} = \;\;100 \text{ a} = \;\;\;\;10\,000 \text{ m}^2$
$\quad\quad\quad\quad\quad\quad\quad\;\; 1 \text{ a} = \;\;\;\;\;\;\;\;100 \text{ m}^2$
$\quad\quad\quad\quad\quad\quad\quad\quad\quad\quad\quad 1 \text{ m}^2 = 100 \text{ dm}^2$
$\quad\quad\quad\quad\quad\quad\quad\quad\quad\quad\quad\quad\quad\quad 1 \text{ dm}^2 = 100 \text{ cm}^2$
$\quad\quad\quad\quad\quad\quad\quad\quad\quad\quad\quad\quad\quad\quad\quad\quad\quad 1 \text{ cm}^2 = 100 \text{ mm}^2$

Merke: Das 100fache einer Einheit ergibt die nächstgrößere Einheit.

Beispiele

1. Umrechnung von Maßeinheiten

a) $400 \text{ dm}^2 = 4 \text{ m}^2;\quad\quad\quad 70\,000 \text{ m}^2 = 700 \text{ a} = 7 \text{ ha};$
$\;\;\;340 \text{ m}^2 \;\;= 3 \text{ a } 40 \text{ m}^2$

b) $\;\;22 \text{ m}^2 = \;\;2\,200 \text{ dm}^2 = \;\;220\,000 \text{ cm}^2$
$\;\;\;112 \text{ ha} = 11\,200 \text{ a}\;\;\;\; = 1\,120\,000 \text{ m}^2$

2. Addition und Subtraktion von Flächenmaßen
Gib alle Größen in derselben Maßeinheit an und berechne!
a) $20 \text{ a} + 13 \text{ m}^2 + 4 \text{ ha}\quad\quad$ b) $462 \text{ m}^2 - 4 \text{ a } 50 \text{ m}^2 + 3 \text{ ha}$

Lösung:
a) $20 \text{ a} + 13 \text{ m}^2 + 4 \text{ ha} = 2000 \text{ m}^2 + 13 \text{ m}^2 + 40\,000 \text{ m}^2 = 42\,013 \text{ m}^2$
b) $462 \text{ m}^2 - 4 \text{ a } 50 \text{ m}^2 + 3 \text{ ha} = 462 \text{ m}^2 - 450 \text{ m}^2 + 30\,000 \text{ m}^2 =$
$\;\;\;= 30\,000 \text{ m}^2 + 12 \text{ m}^2 = 30\,012 \text{ m}^2$

Aufgaben

1. Ordne den Flächenstücken die angegebenen Flächeninhalte zu.
Wandtafel; Grundstück für ein Einfamilienhaus; Fußballfeld; Bodenfläche Bayerns; Fläche des Chiemsees; 5 km langes Straßenstück, Fläche von Mexiko-City.
1 m^2; $\;\;6 \text{ a}$; $\;\;1 \text{ ha}$; $\;\;4 \text{ ha}$; $\;\;80 \text{ km}^2$; $\;\;70\,000 \text{ km}^2$; $\;\;1000 \text{ km}^2$.

2. Gib in der nächstkleineren Einheit an:
a) 50 dm^2; $\;603 \text{ a}$; $\;91 \text{ cm}^2$; $\;840\,000 \text{ ha}$; $\;205\,000 \text{ km}^2$
b) 15 cm^2; $\;804 \text{ km}^2$; $\;102 \text{ ha}$; $\;3007 \text{ a}$; $\;88 \text{ dm}^2$

3. Gib in der nächstgrößeren Einheit an:
a) 500 dm^2; $\;60\,000 \text{ ha}$; $\;47\,000 \text{ mm}^2$; $\;77\,000 \text{ dm}^2$; $\;3000 \text{ a}$
b) $67\,000 \text{ a}$; $\;3100 \text{ m}^2$; $\;800 \text{ a}$; $\;500 \text{ m}^2$; $\;650\,000 \text{ ha}$

4. Hier siehst du eine Karte der Bundesrepublik Deutschland.

   a) In welcher Maßeinheit wird der Flächeninhalt gewöhnlich angegeben, den ein Bundesland einnimmt?

   b) Welches Bundesland nimmt die größte (kleinste) Fläche ein?

5. Wie groß ist näherungsweise die Fläche, die du mit allen Blättern deines Mathematikbuches bedecken könntest?

6. Schreibe die Flächeninhalte

   a) in m²: 400 dm², 20 000 cm², 31 a, 4 ha

   b) in a: 300 m², 27 000 m², 3 ha, 8000 m², 5 km²

   c) in ha: 900 a, 1 km², 900 000 m², 144 000 000 km²

7. Gib in der Einheit an, die in Klammern steht:

   a) 88 m² (dm²)   b) 11 km² (ha)   c) 35 a (dm²)
   d) 4 dm² (mm²)   e) 9 ha (m²)   f) 16 cm² (mm²)
   g) 145 dm² (cm²)   h) 6 m² 3 dm² (dm²)   i) 4 a 18 m² (m²)
   k) 13 ha 7 a (a)   l) 2 ha 2 a (m²)   m) 4 a 3 m² (m²)
   n) 12 ha 10 m² (m²)   o) 9 km² 8 a (a)   p) 96 km² 9 ha 3 a (a)
   q) 58 a 13 m² (m²)   r) 29 m² 13 cm² (cm²)   s) 10 dm² 4 cm² 1 mm² (mm²)
   t) 59 a 26 m² (m²)   u) 3 a 4 m² (dm²)   v) 1 km² 1 ha (a)

8. Die beiden Flächen A und B stellen Grundstücke dar. Grundstück A kostet 94 000 DM. Was würde dann Grundstück B kosten?
   Der Preis pro m² ist bei beiden Grundstücken gleich!

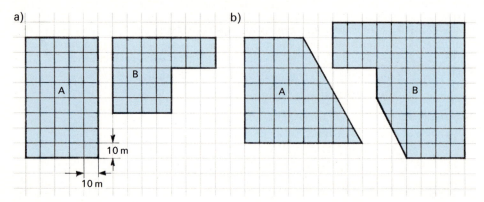

Flächeninhalt

9. Berechne:
   a) $96\,a + 33\,a + 402\,a$
   b) $364\,a - 107\,a - 202\,a$
   c) $905\,ha - 110\,ha - 33\,ha$
   d) $4\,m^2 + 400\,dm^2 + 80\,000\,dm^2$
   e) $3\,ha + 40\,a - 2\,ha$
   f) $1\,km^2 - 44\,ha + 660\,a$
   g) $37\,m^2\ 16\,dm^2 + 33\,m^2\ 8\,dm^2 + 66\,dm^2 + 91\,m^2$
   h) $105\,a\ 86\,m^2 + 39\,a\ 14\,m^2 - 62\,a\ 27\,m^2$
   i) $25\,a\ 19\,m^2 + 407\,dm^2 - 103\,m^2$
   k) $1\,km^2 - 31\,ha\ 77\,a\ 7\,m^2$
   l) $92\,ha - 83\,m^2\ 91\,dm^2$
   m) $2\,ha\ 30\,a - 1\,ha\ 90\,a$
   n) $4\,a\ 13\,m^2 - 38\,m^2 + 283\,m^2$
   o) $15\,a \cdot 3;\quad 1\,ha\ 4\,a \cdot 17$
   p) $1\,m^2\ 44\,dm^2 : 12;\quad 3\,ha\ 20\,m^2 : 20$
   q) $184\,m^2 : 2 + 4\,a\ 17\,m^2 \cdot 2 - 1\,a : 2$
   r) $5\,a : 2 + 3800\,a : 950 + 7\,km^2 : 175$
   s) $77\,ha\ 165\,a : 11$
   t) $24\,km^2\ 72\,ha : 8 - 6\,km^2\ 78\,ha : 3 - 830\,ha : 10$

Vermischte Aufgaben

10. In welcher Einheit wird man sinnvollerweise den Flächeninhalt
   a) einer Briefmarke
   b) einer Handfläche
   c) eines Schals
   d) eines Zimmers
   e) eines Fußballfeldes
   f) der Bodenfläche eines Landes
   g) eines Ackers
   h) der Wasseroberfläche eines Sees
   angeben?

11. $1\,ha = 4$ Morgen   oder 1 Morgen $= 2500\,m^2$
Bauer Pflugfix beginnt um 5 Uhr früh sein Feld zu pflügen, das 50 m breit und 50 m lang ist. Er hat sein Pferd Wanja vor den Pflug gespannt. Wanja braucht durchschnittlich 1 min 30 s, um eine 50 m lange Furche zu pflügen. Jede Furche ist etwa 20 cm breit.
   a) Wie viele Furchen sind nötig, und wie lange braucht Bauer Pflugfix mit dem Pflügen?
   b) Kannst du dir nun vorstellen, wie es zur Bezeichnung „Morgen" als Maßeinheit für landwirtschaftlich genutzte Flächen kam?

12. Ein Fußballfeld ist 105 m lang und 70 m breit.
   a) Wie groß ist sein Flächeninhalt?
   b) Das Deck des Flugzeugträgers Nimitz ist etwa 220 a groß.
      Wie viele Fußballfelder hätten darauf Platz?
   c) Wie viele Menschen passen in etwa auf das Deck der „Nimitz", wenn man rechnet, daß auf 1 m² 4 Menschen Platz haben?

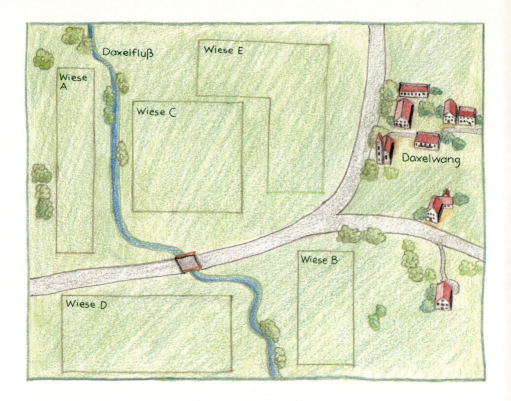

13. Das Bild zeigt einen Ausschnitt aus dem Daxelwanger Flurplan. Dem Huber-Bauern gehören die Wiesen A und C, die anderen Wiesen gehören dem Müller-Bauern.

a) Schätze welche Wiese hat
 – den größten
 – den kleinsten
Flächeninhalt?

b) Zeichne die Grundstücke in dein Heft. Wähle für 10 m eine Länge von 1 cm.

c) Suche eine Figur, mit der du die Wiesen A und B lückenlos auslegen kannst. Vergleiche die Flächeninhalte dieser Wiesen.

d) Der Müller-Bauer möchte seine Wiese D gerne gegen die Wiese C tauschen. Sollte der Huber-Bauer auf diesen Handel eingehen?

14. Bei der Flurbereinigung werden vier Felder eines Bauern durch ein großes Feld ersetzt. Wie groß ist das Feld, wenn die vier Felder folgende Abmessungen haben: 50 m breit, 70 m lang; 30 m breit, 64 m lang; 78 m breit, 44 m lang; 105 m breit, 67 m lang.

15. Täglich werden 180 ha landwirtschaftliche Nutzfläche zubetoniert, asphaltiert oder bebaut.
Wieviel km² sind das jährlich? Vergleiche mit dem Flächeninhalt des Bodensees von 539 km².

Flächeninhalt

16. Auf einer Fläche von 1 dm² können 4 Weizenpflanzen wachsen. Jede Pflanze hat eine Ähre, in der durchschnittlich 30 Körner sind. 1000 Körner ergeben durchschnittlich 30 g.

a) Rechne nach, ob unter dieser Bedingung 3600 kg Weizen auf 1 ha geerntet werden können.

b) Wieviel Tonnen Weizen könnte man bei diesem Ertrag auf einer Fläche von 13 a ernten?
Runde ab bzw. auf!

Umfangsgleiche und inhaltsgleiche Rechtecke

> Rechtecke mit gleichem Umfang können verschiedene Flächeninhalte haben.
> Rechtecke mit gleichem Flächeninhalt können verschiedenen Umfang haben.

Beispiel

Umfangsgleiche Rechtecke mit verschiedenen Inhalten
Es ist Material für den Aufbau von 400 m Zaun vorhanden. Welche rechteckigen Flächen (Länge und Breite nur in ganzen Metern) kann man mit diesem Zaun einzäunen? Drei Lösungen genügen.

Lösung:
Möglichkeit 1:   l = 100 m,   b = 100 m, A_R = 10 000 m²
Möglichkeit 2:   l = 50 m,   b = 150 m, A_R = 7 500 m²
Möglichkeit 3:   l = 90 m,   b = 110 m, A_R = 9 900 m²

Aufgaben

1. *Übungen mit einer zusammengebundenen Schnur*

Spanne eine zusammengebundene Schnur zwischen Zeigefinger und Daumen beider Hände so, daß ein Rechteck entsteht. Nähere sodann die Finger der gleichen Hand einander und entferne gleichzeitig beide Hände voneinander.

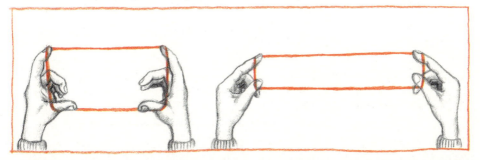

a) Durch die Bewegung entstehen verschiedene Rechtecke. Alle Rechtecke haben denselben Umfang! (Warum?) Haben sie auch denselben Flächeninhalt?

b) Führe die Bewegung in der anderen Richtung durch! Spreize die Finger der gleichen Hand voneinander weg, und nähere gleichzeitig beide Hände einander.
Am Ende jeder Bewegung werden Rechtecke aufgespannt, die sehr schmal sind. Schreibe in einem kleinen Aufsatz auf, wie sich der Flächeninhalt des aufgespannten Rechtecks während der Bewegung ändert.

2. a) Zeichne drei verschiedene Rechtecke mit dem Umfang 18 cm, und berechne jeweils den Flächeninhalt.

b) Zeichne drei verschiedene Rechtecke mit dem Flächeninhalt 12 cm², und berechne jeweils den Umfang.

3. In der folgenden Tabelle bedeutet:
l: Länge, b: Breite,   u: Umfang,   A: Flächeninhalt eines Rechtecks.

a) Übertrage die Tabelle in dein Heft, und ergänze sie!

b) Was fällt dir am Ergebnis auf?

	a)	b)	c)	d)	e)	f)	g)	h)	i)	j)
l	4 cm	5 mm	10 cm	1 cm	18 cm	6 cm	12 cm	11 cm	10 cm	8 cm
b	9 cm	72 cm	36 mm	36 cm	2 cm	6 cm	3 cm	1 cm	2 cm	4 cm
u										
A										

c) Entscheide dann, ob Marion recht hat, wenn sie behauptet:
(1) „Zwei Rechtecke mit gleichem Umfang haben stets den gleichen Flächeninhalt."
(2) „Vergrößert man den Umfang eines Rechtecks, so wird stets auch sein Flächeninhalt größer."
(3) „Zwei Rechtecke mit gleichem Flächeninhalt haben stets den gleichen Umfang."
(4) „Vergrößert man den Flächeninhalt eines Rechtecks, so wird auch stets sein Umfang größer."
(5) „Zu jedem Rechteck läßt sich ein zweites angeben, das den gleichen Flächeninhalt, aber einen größeren Umfang als das erstere besitzt."

4. Berechne Umfang und Flächeninhalt der Figur. Die angegebenen Maßzahlen beziehen sich auf die Einheit cm.

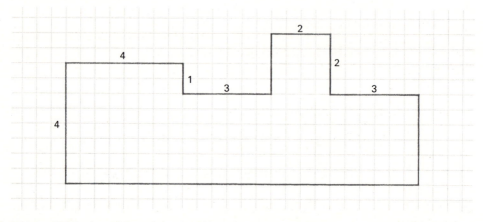

5. Welche Fläche ist größer, ein rechteckiger Acker, der 185 m lang und 45 m breit oder ein rechteckiger Wiesenstreifen, der denselben Umfang hat, aber nur 35 m breit ist?

Sachaufgaben

Beispiele

1. *Bei gegebenem Flächeninhalt und Länge eines Rechtecks seine Breite berechnen*

Eine rechteckige Wiese hat den Flächeninhalt von 192 m² und ist 16 m lang. Wie breit ist die Wiese?

Lösung: $l = 16$ m; $A_R = 192$ m²
$A_R = l \cdot b$

Also: 192 m² $= 16$ m $\cdot b$

Gleichwertig damit ist die Zahlengleichung

$192 = 16 \cdot b$
$b = 192 : 16 = 12$

Die Wiese ist 12 m breit.

2. *Bei gegebenem Umfang und Länge eines Rechtecks dessen Breite berechnen*

Ein rechteckiger Bauplatz hat einen Umfang von 94 m und ist 30 m lang. Wie breit ist der Bauplatz?

Lösung: $u_R = 94$ m; $l = 30$ m
$u_R = (l + b) \cdot 2$

Also: 94 m $= (30$ m $+ b) \, 2$

Gleichwertig damit ist die Zahlengleichung

$94 = (30 + b) \cdot 2$
$47 = 30 + b$
$b = 17$

Der Bauplatz ist 17 m breit.

Aufgaben

1. An einer Straße liegt eine 3570 m² große Wiese. Die Wiese wird in fünf gleich große Baugrundstücke aufgeteilt.
Wie breit ist die Straßenfront jedes Grundstücks, wenn die Grundstücke einheitlich 34 m lang sind?

2. Ein Hallenhandballfeld ist 20 m breit und hat einen Flächeninhalt von 8 a. Wie lang ist das Spielfeld? Verwandle den Flächeninhalt zunächst in m².

3. a) Ein Güterwaggon der Bundesbahn ist 2 m 5 dm breit und 12 m lang. Wie groß ist seine Ladefläche?
   b) Ein anderer Waggon ist genauso breit und hat 40 m² Ladefläche. Wie lang ist er?

4. Berechne für folgende Rechtecke die fehlenden Größen:

	a)	b)	c)	d)	e)	f)
Länge	18 m	21 dm				
Breite		13 dm		14 cm	500 m	
Umfang			120 cm	48 cm		120 dm
Flächeninhalt	162 m²		8 dm²		15 ha	8 m²

5. a) Im Zoo ist ein rechteckiges Gehege (120 m × 75 m) eingezäunt. Wie lang ist der Zaun?

b) Innerhalb des Geheges stehen zwei Ställe. Wie groß ist das verbleibende Freigelände für die Tiere?

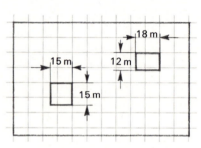

6. a) Aus einem Quadrat ABCD mit dem Flächeninhalt 121 cm² schneidet Bettina ein kleineres Quadrat EFGH heraus. Das verbleibende Achteck AEHGFBCD hat den Flächeninhalt von 85 cm². Welche Seitenlänge hat das Quadrat EFGH?

b) Aus einem Quadrat ABCD mit dem Flächeninhalt 625 cm² schneidet Peter ein kleineres Quadrat EFGH heraus. Der Umfang des verbleibenden Achtecks AEHGFBCD ist 108 cm. Welchen Flächeninhalt hat dieses Achteck?

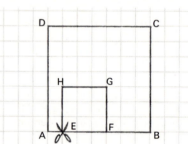

7. a) Unsere Geldscheine (5 DM, 10 DM, 20 DM, 50 DM, 100 DM, 500 DM, 1000 DM) sind doppelt so lang wie breit. Ein Schein mit dem nächst höheren Wert ist immer 1 cm länger als sein Vorgänger. 50-DM-Scheine sind 15 cm lang.
Gib in einer Tabelle die Längen, Breiten und Flächeninhalte der Geldscheine an.

b) Herr Baumann bezahlt für sein 500 m² großes Grundstück 87 500 DM. Könnte er für denselben Geldbetrag sein Grundstück lückenlos mit 5-DM-Scheinen bedecken?

8. Auf drei Äckern ist Weizen zu ernten. Der erste Acker ist 135 m breit und 140 m lang, der zweite ist 250 m lang und 170 m breit, der dritte ist 190 m lang und 230 m breit. Der Mähdrescher mäht 80 a in einer Stunde.
Wie hoch ist der Mietpreis für den Mähdrescher, wenn jede angefangene Stunde 160 DM kostet?

9. Auf einem Acker (siehe Abbildung) werden Mohrrüben angebaut. Wieviel Tonnen Mohrrüben erbringt die Anbaufläche schätzungsweise, wenn man erfahrungsgemäß davon ausgehen kann, daß der Ertrag pro ha etwa 1 t 200 kg Mohrrüben beträgt?

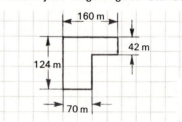

Flächeninhalt

10. Die Abbildung zeigt in vereinfachter Darstellung die Landkarte einiger afrikanischer Staaten.

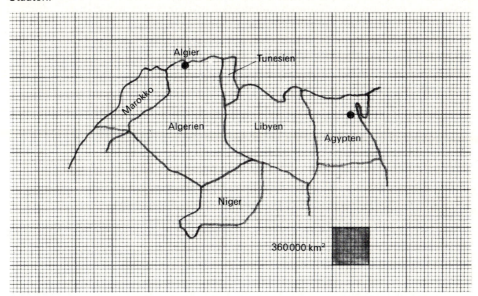

a) Bestimme näherungsweise die Flächen der abgebildeten Staaten. Vergleiche mit der Fläche Deutschlands (357 000 km²).

b) Vergleiche deine Ergebnisse mit den Flächenangaben im Lexikon!

11. Im Werkunterricht werden aus quadratischen Sperrholzbrettern sechseckige Untersetzer herausgesägt (siehe Figur a)). Berechne den Abfall in dm², der entsteht, wenn 34 Untersetzer angefertigt werden.

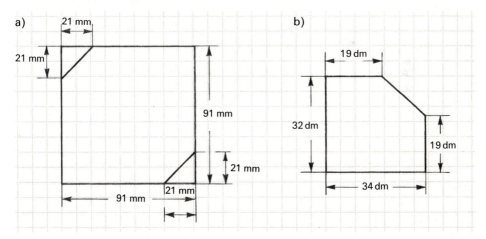

12. Herr Schmidt möchte die Wetterseite seines Geräteschuppens (siehe Figur b)) mit Kunststofflack einlassen. Der Inhalt einer Dose reicht für 10 m². Wie viele Dosen muß Herr Schmidt mindestens kaufen?

13. Die Skizze zeigt die Terrasse eines Einfamilienhauses im Maßstab 1 : 100.
Die Platten werden nach dem Muster verlegt, wie es Figur b) zeigt (Maßstab 1 : 50). Die großen, rechteckigen Steinplatten haben die Seitenlänge 60 cm und 40 cm.
Die kleinen, rechteckigen Klinkerplatten sind 10 cm breit und 20 cm lang.
Wie viele Platten von jeder Sorte braucht man, bis die Terrasse vollständig mit diesen Platten belegt ist? Die Fugen zwischen den einzelnen Platten sollen vernachlässigt werden.

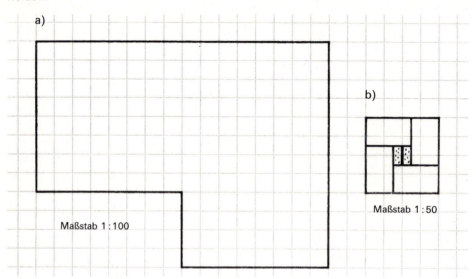

a)

Maßstab 1 : 100

b)

Maßstab 1 : 50

14. Schüler bauen einen Krötenzaun. Sie bereiten dazu eine insgesamt 50 cm breite und 200 m lange Plastikfolie vor. Die Folie wird in eine Grube eingelegt. Anschließend wird die Grube mit Erde aufgefüllt, so daß noch eine etwa 30 cm hohe Plane aus der Erde herausschaut. Die Folie wird im Abstand von 2 m an Holzpflöcken befestigt.
a) 1 m² Folie kostet 3,20 DM. Wieviel kostet die Plastikfolie?
b) Wie viele Holzpflöcke braucht man?

15. In einem gesunden, biologisch richtig gepflegten Boden rechnet man mit rund 200 Regenwürmern pro Quadratmeter. Wie viele Regenwürmer leben etwa in einem solchen rechteckigen Garten von 350 cm Länge und 7 m 50 cm Breite?

16. Die Abbildung zeigt den Grundriß einer Wohnung (2 Kästchen = 1 cm).

a) Berechne die Wohnfläche der einzelnen Räume.
b) Der monatliche Mietpreis beträgt 5,40 DM je m². Wie hoch ist die Monatsmiete?

Das Wohnzimmer soll mit Teppichboden ausgelegt werden. Mutter kauft dazu einen Teppichboden mit den Maßen 410 cm × 610 cm. Der Preis für 1 m² beträgt 25,50 DM.

c) Hat Mutter richtig ausgemessen?
d) Wieviel kostet der Teppichboden?

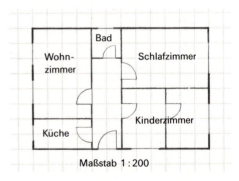

Maßstab 1 : 200

e) Decke und Wände der Kinderzimmer sollen mit Rauhfasertapeten tapeziert werden. Wie viele 10-m-Rollen müssen mindestens gekauft werden? (Die Wände sind 240 cm hoch, die Türstöcke sind jeweils 210 cm hoch, die Fensternischen sind jeweils 130 cm hoch und 22 cm tief. Die Raufasertapete ist 54 cm breit.)

17. Berechne die Grundrißflächen der Häuser und die Flächeninhalte der Grundstücke, auf denen die Häuser stehen.

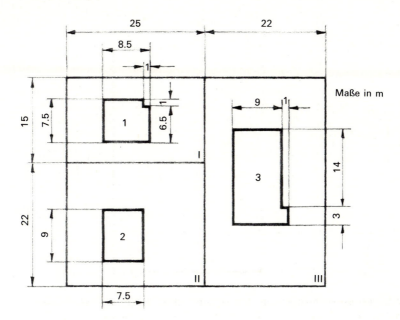

18. Berechne durch geschicktes Zerlegen in Quadrate oder Rechtecke die Flächeninhalte der folgenden geometrischen Figuren. Die eingetragenen Maßzahlen beziehen sich auf die Einheit mm.

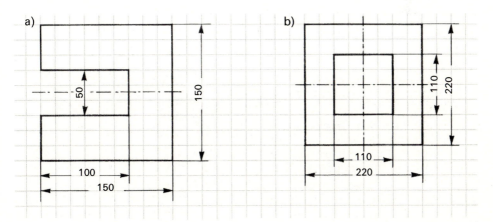

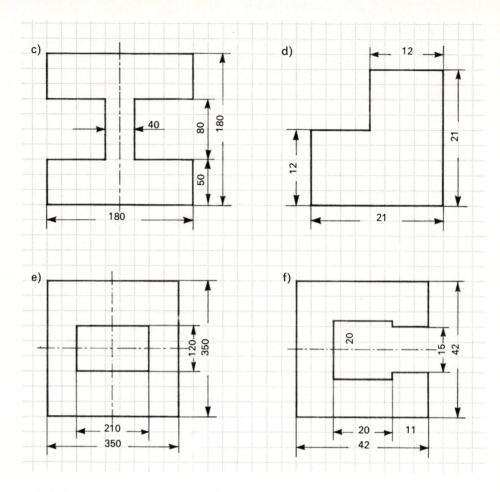

Zusammenfassung der Seiten 219 bis 238

Vergleich von Flächeninhalten

Zwei Flächen haben denselben Flächeninhalt, wenn sie mit derselben Anzahl gleicher (kleiner) Figuren ausgelegt werden können.

Flächeninhalt von Rechtecken

$$A_R = l \cdot b$$

Länge l und Breite b müssen in der gleichen Einheit gemessen werden.

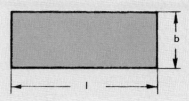

Flächeninhalt von Quadraten

$$A_Q = s \cdot s$$

Größere Flächeneinheiten

1 km² = 100 ha = 10000 a = 1000000 m²
    1 ha =   100 a =   10000 m²
              1 a =   100 m²
                      1 m² = 100 dm²
                              1 dm² = 100 cm²
                                        1 cm² = 100 mm²

Merke: Das 100fache einer Einheit ergibt die nächstgrößere Einheit.

Oberfläche von Würfel und Quader

Jeder Quader wird von 6 Rechteckflächen begrenzt.
Gegenüberliegende Flächen sind deckungsgleich.

Die Rechteckflächen bilden zusammen die *Oberfläche* des Quaders.

Für den *Inhalt der Quaderoberfläche* gilt:

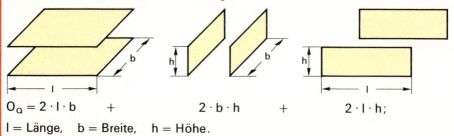

$O_Q = 2 \cdot l \cdot b \quad + \quad 2 \cdot b \cdot h \quad + \quad 2 \cdot l \cdot h;$

l = Länge, b = Breite, h = Höhe.

Die Oberfläche eines Würfels setzt sich aus 6 deckungsgleichen, quadratischen Flächen zusammen.

Für den Inhalt der Würfeloberfläche gilt:

$O_W = 6 \cdot s^2;$ \qquad s = Kantenlänge des Würfels.

Beispiel

Wir berechnen den Oberflächeninhalt eines quaderförmigen Körpers.

Claudia möchte für Ihren Vater ein Sperrholzkistchen anfertigen. Es steht ihr eine 2000 cm² große Sperrholzplatte zur Verfügung. Claudia überlegt, daß sie daraus ein 32 cm langes, 16 cm breites und 8 cm hohes Kistchen anfertigen kann. Stimmt das? Rechne nach!

Lösung:
Abmessungen: \quad Länge l = 32 cm, \quad Breite b = 16 cm, \quad Höhe h = 8 cm.

Wir berechnen daraus der Reihe nach den Inhalt der Grundfläche, der Vorderfläche und einer der Seitenflächen. Also:

$A_{Grundfläche} = 32 \text{ cm} \cdot 16 \text{ cm} = 512 \text{ cm}^2$
$A_{Vorderfläche} = 16 \text{ cm} \cdot 8 \text{ cm} = 128 \text{ cm}^2$
$A_{Seitenfläche} = 32 \text{ cm} \cdot 8 \text{ cm} = 256 \text{ cm}^2$

Der Inhalt der Oberfläche des quaderförmigen Kistchens ist damit

$O_Q = 2 \cdot A_{Grundfläche} + 2 \cdot A_{Vorderfläche} + 2 \cdot A_{Seitenfläche}$
$ = 2 \cdot 512 \text{ cm}^2 \quad + 2 \cdot 128 \text{ cm}^2 \quad + 2 \cdot 256 \text{ cm}^2$
$ = 1792 \text{ cm}^2$

Die 2000 cm² große Sperrholzplatte reicht zur Anfertigung des Kistchens aus.

Flächeninhalt

Aufgaben

1. a) Zeichne ein Netz des abgebildeten Quaders.
   b) Färbe gleich große Begrenzungsflächen mit derselben Farbe.
   c) Berechne den Oberflächeninhalt des Quaders.

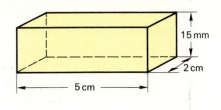

2. Berechne die Oberflächeninhalte der Quader mit folgenden Maßen:

3. Der Oberflächeninhalt eines Würfels beträgt 486 cm². Berechne seine Kantenlänge.

	Länge	Breite	Höhe
a)	1 cm	2 cm	3 cm
b)	1 dm	25 mm	35 mm
c)	8 dm	3 dm 8 cm	4 cm

4. Ein Quader mit den Maßen l = 7 cm, b = 5 cm und h = 8 cm wird dadurch vergrößert, daß die Höhe um 3 cm verlängert wird.
   a) Welche Flächen ändern sich?
   b) Um wieviel ändert sich dadurch der Oberflächeninhalt?

5. Ein Quader mit den Maßen l = 5 cm, b = 2 cm und h = 1 cm hat den Oberflächeninhalt
   $O_Q = 2 \cdot (5\,cm \cdot 2\,cm + 5\,cm \cdot 1\,cm + 2\,cm \cdot 1\,cm)$.
   a) Erkläre diese Formel!
   b) Berechne ebenso die Oberflächeninhalte der Quader mit den Maßen:
   (1) l = 6 cm; b = 3 cm; h = 1 cm
   (2) l = 2 m; b = 1 m; h = 2 m
   (3) l = 1 dm; b = 1 dm; h = 2 dm
   (4) l = 105 mm; b = 8 cm; h = 1 dm

Vermischte Aufgaben

6. a) Zeichne ein Netz der oben offenen Schachtel.
   b) Berechne den Oberflächeninhalt der oben offenen Schachtel.

7. Berechne den Inhalt der Oberflächen der Würfel mit den Kantenlängen
   a) s = 3 cm   b) s = 24 mm   c) s = 45 cm

8. a) Berechne den Oberflächeninhalt eines Würfels mit der Kantenlänge 2 cm.
   b) Die Kantenlänge des Würfels wird auf 4 cm verdoppelt (siehe die nebenstehende Figur!). Um wievielmal so groß ist dessen Oberflächeninhalt im Vergleich zum Oberflächeninhalt des 2-cm-Würfels?

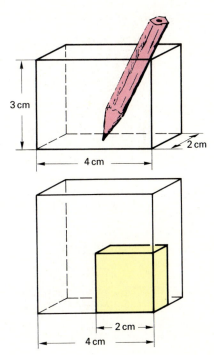

9. Von einem Quader, dessen Oberflächeninhalt 72 cm² beträgt, soll ein Netz gezeichnet werden. Die Länge des Quaders beträgt 5 cm, seine Breite 3 cm.
  a) Welche Teilflächen kannst du sofort berechnen?
  b) Welcher Flächeninhalt bleibt für die restliche Fläche übrig?
  c) Wähle ein Quadernetz, bei dem die in b) angesprochenen Teilflächen zu einem Streifen zusammengefaßt sind. Welche Länge hat der Streifen? Wie hoch ist also der Quader?
  d) Zeichne das Quadernetz! Wähle den Maßstab 1:2!

10. Berechne die Oberflächeninhalte folgender Werkstücke!

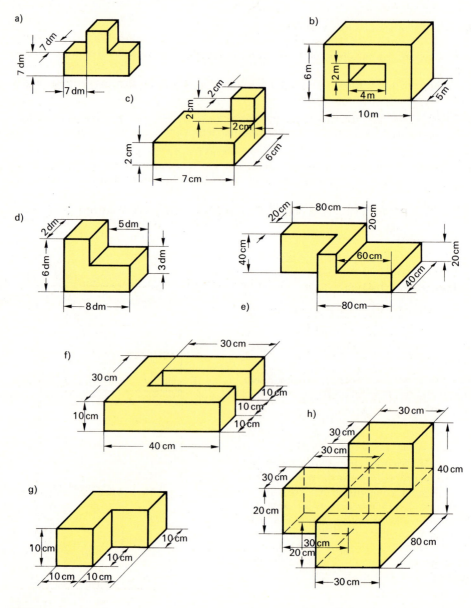

Sachaufgaben

1. Ein Schwimmbecken ist 25 m lang, 12 m breit und 2 m 20 cm tief. Das Becken soll vom Grund bis 30 cm unter dem Beckenrand dunkelblau angestrichen werden, 1 kg Farbe reicht für 3 m² 50 dm². Wieviel kg Farbe werden insgesamt benötigt?

2. Zur Verpackung von Arzneimitteltuben werden 5000 Pappschachteln hergestellt, die je 16 cm lang, 35 mm breit und 3 cm hoch sind.
   a) Zeichne ein Schrägbild des Quaders.
   b) Zeichne ein Netz des Quaders. Überlappungen und Klebestreifen bleiben unberücksichtigt. Wähle einen geeigneten Maßstab.
   c) Berechne den Oberflächeninhalt.
   d) Wieviel Quadratmeter Pappe werden für 25 solcher Pappschachteln benötigt, wenn für Überlappungen, Klebestellen usw. 25% des Oberflächeninhalts zugerechnet werden müssen?
   e) Mit welchen Materialkosten muß die Kartonagenfabrik rechnen, wenn 1 m² Pappe 0,55 DM kostet?

3. Ein Chemiewerk ließ bisher immer je 25 Schachteln mit Arzneimitteltuben in einen Karton zusammenpacken (siehe Figur!). Jede Schachtel ist 1,5 cm hoch, 25 mm breit und 4 cm lang.
   a) Wieviel Quadratmeter Pappe und Karton werden für die 25er Packung benötigt, wenn für Überlappungen, Klebestellen usw. 25% des Oberflächeninhalts zugerechnet werden müssen?
   b) Die 25er Packung soll durch eine 100er Verpackung abgelöst werden (siehe Figur). Wieviel Quadratmeter Karton werden für diese neue Verpackungsart benötigt? (25% Verschnitt!)
   c) Wieviel DM werden durch die 100er Verpackung eingespart, wenn 1 m² Karton 0,63 DM kostet?
   Die Tagesproduktion liegt bei 10 000 Schachteln für Arzneimitteltuben.

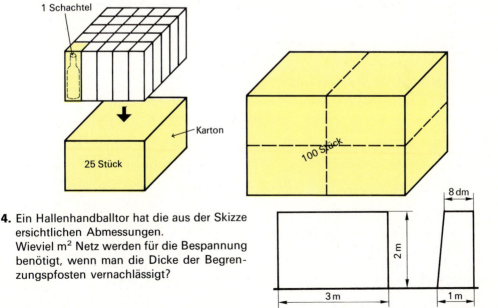

4. Ein Hallenhandballtor hat die aus der Skizze ersichtlichen Abmessungen. Wieviel m² Netz werden für die Bespannung benötigt, wenn man die Dicke der Begrenzungspfosten vernachlässigt?

Oberflächeninhalt des Würfels

Jeder Würfel wird von 6 Quadratflächen begrenzt.

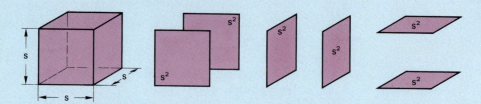

Die Quadratflächen bilden zusammen die *Oberfläche* des Würfels.
Für den *Inhalt der Würfeloberfläche* gilt

$$O_W = 6 \cdot s^2$$

s = Kantenlänge des Würfels

Oberflächeninhalt des Quaders

Jeder Quader wird von 6 Rechteckflächen begrenzt.
Gegenüberliegende Flächen sind deckungsgleich.

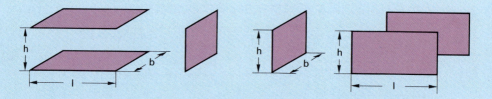

Die Rechteckflächen bilden zusammen die *Oberfläche* des Quaders.
Für den *Inhalt der Quaderoberfläche* gilt:

$$O_Q = 2 \cdot l \cdot b + 2 \cdot b \cdot h + 2 \cdot l \cdot h$$

*Die Zahl der Teiler ist hier zwei,
doch Teile gibt's gleich vielerlei!*

Teiler und Vielfache

Es seien a und b natürliche Zahlen. Man sagt: a ist *Teiler* von b, b ist *Vielfaches* von a, wenn bei der Division von b durch a kein Rest bleibt.
Man schreibt: a|b gelesen: a teilt b

Beispiele

Ist eine Zahl Vielfaches einer anderen Zahl?

a) Prüfe, ob 945 Vielfaches von 27 ist!

b) Prüfe, ob 484 Vielfaches von 18 ist!

Lösung:

a) 945 : 27 = 35
    81
   ───
   135

oder: 945 = 27 · 35
945 ist Vielfaches von 27.
Kurzschreibweise: 27|945

b) 484 : 18 = 26
    36
   ───
   124
   108
   ───
    16

oder: 484 = 18 · 26 + 16
484 ist nicht Vielfaches von 18.
Kurzschreibweise: 18 ∤ 484

Aufgaben

1. Welche Portogebühren von 5 DM bis 10 DM kann man
    a) für ein Standardpaket bis 150 km mit 40-Pf-Briefmarken,
    b) für ein Standardpaket über 150 km mit 60-Pf-Briefmarken bezahlen?

Gebühren für Standardpakete	Zone bis 150 km DM	Zone über 300 km DM
bis 5 kg	6,00	6,10
über 5 bis 6 kg	6,60	6,80
über 6 bis 7 kg	7,30	7,50
über 7 bis 8 kg	7,90	8,30
über 8 bis 9 kg	8,60	9,00
über 9 bis 10 kg	9,20	9,80
über 10 bis 12 kg	9,90	10,50
über 12 bis 14 kg	11,50	12,10
über 14 bis 16 kg	12,90	13,60

2. Martin bringt in München ein 8 kg 600 g schweres Paket zur Post. Das Paket ist für seinen Ferienfreund Uwe in Hamburg bestimmt. Martin läßt das Paket mit lauter gleichen Briefmarken frankieren. Welche Briefmarken und wie viele verlangt Martin? Mehrere Lösungen! (Beachte die Tabelle in Aufgabe 1!)

3. Während des Sommerfestivals kosten im Kino Atlantis die Eintrittskarten auf allen Plätzen 8 DM. Nach der Vorstellung wird die Einnahme gezählt: 1668 DM.
    Die Kassiererin weiß sofort, daß dieser Betrag nicht stimmen kann. Wie kommt sie darauf?

4. Wahr oder falsch?
    a) 5|105,   6|28,   8|28,   7∤19,   12|48,   9|45,   11|4
    b) 15∤505,   3|13,   5∤15,   7|175,   11|3300,   12|180,   1|1
    c) 50|100,   100|50,   2|4,   4∤2,   7|7,   80∤180
    d) 1|7,   2|2,   12∤98,   8|56,   13∤169,   17|289,   21∤441

5. Prüfe,
    a) ob 16 Teiler von 896 ist,
    b) ob 1792 Vielfaches von 32 ist,
    c) ob 44 die Zahl 1012 teilt,
    d) ob 52 die Zahl 1662 teilt,
    e) ob 6105 Vielfaches von 55 ist.

6. Bilde wahre Aussagen! Schreibe je vier Lösungen auf:
    a) .... ist Teiler von 48.
    b) .... ist Vielfaches von 26.
    c) 30 ist Teiler von ..... .
    d) 320 ist Vielfaches von ..... .

Teiler und Vielfache

Vermischte Aufgaben

7. Nenne alle Möglichkeiten, wie man 60 Kaugummis so verteilen kann, daß alle Beschenkten gleich viele bekommen.

8. Welche der folgenden Aussagen sind falsch?
   a) 15 | 90   b) 12 ∤ 276   c) 47 | 47
   d) 17 | 425   e) 21 ∤ 1176   f) 19 | 1063

9. Welche natürlichen Zahlen zwischen 125 und 150 sind Vielfache von
   a) 3   b) 5   c) 7   d) 9   e) 13   f) 25

10. Welche Zahlen zwischen 100 und 140 haben als Teiler
   a) 3   b) 5   c) 6   d) 7   e) 10   f) 25?

11. Übertrage die Tabelle in dein Heft, und fülle sie aus. Das Kreuz bedeutet 2 | 10.

	10	20	30	48	60	75	84	90	120
2	x								
3									
4									
5									
6									
7									
8									
9									

12. a) Übertrage die Tabelle in dein Heft, und setze sie dort fort bis zur Zahl 20.

b) Sortiere nun die natürlichen Zahlen von 1 bis 20 nach der Anzahl ihrer Teiler. Übertrage dazu die Tabelle in dein Heft, und vervollständige sie!

c) Sortiere die natürlichen Zahlen von 1 bis 100 nach der Anzahl ihrer Teiler!

d) Durch welche Eigenschaft zeichnen sich die Zahlen in der Spalte 2 in der Tabelle aus? Wie heißen diese Zahlen?

e) Zwischen den Zahlen in Spalte 3 und denen in Spalte 2 gibt es einen Zusammenhang. Entdeckst du ihn?

f) Zwischen den Zahlen in Spalte 4 und denen in Spalte 2 gibt es einen Zusammenhang. Entdeckst du ihn?

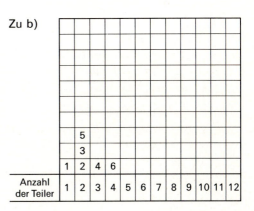

13. Vorteilhaftes Rechnen

Beispiele: (3 · 12 · 25) : 4 = 3 · 3 · 25 = 9 · 25 = 225
(96 · 107) : 32 = 3 · 107 = 321
(441 · 14 · 5) : 9 = 49 · 14 · 5 = 49 · 70 = 3430
(16 · 16) : 32 = (2 · 8 · 16) : 32 = (8 · 32) : 32 = 8 · 1 = 8

Rechne nun ebenso!

a) (1161 · 29) : 9
b) (6660 · 100) : 18
c) (1905 · 20) : 15 + 25 · 15 · 4
d) (14 · 14) : 28 + (10 · 50) : 100

14. Rechne im Kopf!

a) 13 · (26 − 7) − 8 · 8 + 23
b) 5 · (19 − 3 · 5) · (39 − 9 · 3)
c) 53 + (4 · 8 − 6) · (7 · 3 − 11)
d) [(43 − 27) · (67 − 5 · 13) · 15] : 48 − 10

15. Herr Baum ist mit diesem Geschäft recht zufrieden. Er verkaufte in seiner Baumschule in einer Woche 24 Birken, das Stück zu 28 DM, und 17 Schwarzkiefern, das Stück zu 42 DM.

a) Wieviel DM hat Herr Baum eingenommen?
b) In der nächsten Woche hat er 140 DM weniger in der Kasse. Wie viele Birken und wie viele Schwarzkiefern hat Herr Baum verkauft?

16. Berechne:

a) 18 970 − 18 960 : [(96 523 + 72 604) : 259 − 258]
b) [(23 718 : 201 + 86) : 17] · (498 + 21 : 21) − 247 · 4

Teilbarkeitsregeln 1

> Sind in einer Summe alle Summanden durch dieselbe Zahl teilbar, so ist auch die Summe durch diese Zahl teilbar. Entsprechendes gilt für eine Differenz.

Beispiele

Wir prüfen im Kopf auf Teilbarkeit.

1. Ist 6314 durch 7 teilbar?

Lösung: 6314 = 6300   +   14
            teilbar   auch teilbar
            durch 7   durch 7
6314 ist durch 7 teilbar.

2. Ist 794 teilbar durch 8?

Lösung: 794 = 800   −   6
            teilbar   nicht durch
            durch 8   8 teilbar
794 ist nicht durch 8 teilbar.

Teiler und Vielfache

Aufgaben

1. Rechne im Kopf!
   a) Dividiere durch 3:
      54; 81; 63; 39; 282; 591; 516; 822; 927; 639.
   b) Dividiere durch 9:
      45; 171; 135; 162; 198; 234; 279; 288; 396; 315.
   c) Dividiere durch 8:
      48; 112; 296; 1224; 1344; 1104; 1000; 952.
   d) Dividiere durch 13:
      78; 104; 156; 299; 429; 65; 221; 182; 403.
   e) Dividiere durch 25:
      150; 575; 1000; 475; 3725; 4000; 825; 950.

2. Überprüfe wie in den Beispielen, welche der folgenden Zahlen durch 7 teilbar sind:
   434; 2828; 2794; 3507; 14567.

3. Überprüfe wie in den Beispielen, welche der folgenden Zahlen durch 11 teilbar sind:
   577; 3344; 2893; 383; 1364.

4. Wahr oder falsch?
   a) Weil 44 durch 11, nicht aber 50 durch 11 teilbar ist, ist der Summenwert (44 + 50) nicht durch 11 teilbar.
   b) Weil 608 nicht durch 5 und 702 auch nicht durch 5 teilbar ist, ist auch der Summenwert (608 + 702) nicht durch 5 teilbar.
   c) Weil 88 durch 8 teilbar ist und 1008 auch durch 8 teilbar ist, so ist auch der Summenwert (88 + 1008) durch 8 teilbar.

5. Überprüfe wie in den Beispielen, welche der folgenden Zahlen durch 12 teilbar sind, und gib gegebenenfalls den Quotientenwert an.
   a) 244   b) 288   c) 372   d) 674   e) 1068

6. Überprüfe, welche der folgenden Zahlen durch 7, 8 oder 15 teilbar sind, und gib gegebenenfalls den Quotientenwert an.
   a) 4320   b) 300   c) 1560   d) 560   e) 165   f) 2205   g) 945
   h) 504   i) 2744 j) 720   k) 512   l) 1800.

7. Auf einem Sportplatz ist eine Runde auf der Innenbahn 400 m lang.
   Bei welchem Lauf fällt auf der Innenbahn Start und Ziel zusammen?
   a) 1000 m   b) 1500 m   c) 3000 m   d) 10000 m

8. a) Gilt   216 | 648?   b) Gilt   648 | 2592?
   c) Kannst du, ohne schriftlich zu rechnen, den Quotientenwert von 2592 : 216 angeben?

9. Gib die Menge aller natürlichen Zahlen an, die
   a) Teiler von 8 *oder* auch Teiler von 12 sind,
   b) Teiler von 12 *oder* auch Teiler von 18 sind,
   c) Teiler von 8 *und* Teiler von 5 sind,
   d) Teiler von 8 *und* Teiler von 20 sind.

10. Gib die Menge aller natürlichen Zahlen an, die die Aussageform (1) *und* die Aussageform (2) in eine wahre Aussage überführen!
    a) (1)   x | 12   b) (1)   4 | x   c) (1)   15 | x   d) (1)   x | 12
       (2)   x | 4   (2) $2 \leq x \leq 20$ (2) $15 \leq x \leq 105$ (2)   2 | x

Teilbarkeitsregeln 2

> Eine Zahl ist *teilbar*
> *durch 10,* wenn ihre Einerziffer 0 ist,
> *durch 5,* wenn ihre Einerziffer 0 oder 5 ist,
> *durch 2,* wenn ihre Einerziffer 0, 2, 4, 6 oder 8 ist,
> *durch 4,* wenn sie auf zwei Nullen endet oder wenn die aus den zwei letzten Ziffern gebildete Zahl eine 4er-Zahl ist,
> *durch 8,* wenn sie auf drei Nullen endet oder wenn die aus den drei letzten Ziffern gebildete Zahl eine 8er-Zahl ist.

Beispiele

1. Prüfe, ob 716 durch 2, 4 oder 8 teilbar ist.

   Lösung: 716 ist teilbar durch 2, weil die Einerziffer 6 ist.
                   716 ist teilbar durch 4, weil 16 durch 4 teilbar ist.
                   716 ist nicht teilbar durch 8:
$$716 : 8 = (720 - 4) : 8 = \underline{720 : 8} - \underline{4 : 8}$$
                                            90   ohne Sinn

2. Prüfe, ob die Zahlen 170, 315, 204 durch 5 teilbar sind.

   Lösung: 170 ist teilbar durch 5, weil die Einerziffer 0 ist.
                   315 ist teilbar durch 5, weil die Einerziffer 5 ist.
                   204 ist nicht teilbar durch 5, weil die Einerziffer weder 0 noch 5 ist.

Aufgaben

1. Unsere Schreibweise für Zahlen ist eine Kurzschreibweise für Summen.
Es ist z. B.
         4327 = 4000 + 300 + 20 + 7
oder
         43581 = 40000 + 3000 + 500 + 80 + 1.
Übertrage in dein Heft und ergänze! In solchen Summen sind
alle Summanden – außer dem letzten – stets durch ☐ und durch ☐ teilbar,
alle Summanden – außer den zwei letzten, stets durch ☐ teilbar,
alle Summanden – außer den drei letzten – stets durch ☐ teilbar.

2. Entscheide, welche der folgenden Zahlen durch 2 teilbar sind:
    a) 410   b) 55   c) 46   d) 834   e) 1436
    f) 10016   g) 5000   h) 3003   i) 9443   k) 1510008

3. Untersuche, ob folgende Zahlen durch 4 teilbar sind:
    a) 316   b) 528   c) 508   d) 1418   e) 430
    f) 700   g) 834   h) 1416   i) 4640   j) 5716
    k) 10010   l) 18614   m) 6004   n) 30006   o) 28472

Teiler und Vielfache

4. Untersuche, ob folgende Zahlen durch 8 teilbar sind:
   a) 576   b) 1880   c) 988   d) 1144   e) 1180
   f) 186   g) 3382   h) 2064   i) 1188   j) 4984

5. Welche der folgenden Zahlen sind durch 5 *oder* durch 10 teilbar?
   a) 605   b) 1700   c) 3015   d) 22 000   e) 5075

6. Welche der folgenden Zahlen sind durch 5 *und* durch 10 teilbar?
   a) 805   b) 1000   c) 7015   d) 3020   e) 40 010

7. Prüfe, ob die folgenden Zahlen durch 2, 4, 5, 8 oder 10 teilbar sind:
   a) 360   b) 1020   c) 3575   d) 4160   e) 1250
   f) 5776   g) 6430   h) 4320   i) 9385   j) 8015

Vermischte Aufgaben

8. Gib alle Ziffern an, die, auf die leere Einerstelle gesetzt, eine wahre Aussage liefern!
   a) 2 | 56☐   b) 4 | 65☐   c) 8 | 1930☐   d) 4 ∤ 633☐   e) 8 ∤ 614☐

9. Gib die Menge aller Ziffern an, die in 73☐2 – auf die leere Zehnerstelle gesetzt – eine Zahl liefern, die teilbar ist
   a) durch 2   b) durch 4   c) durch 5   d) durch 8   e) durch 2 und durch 4

10. Prüfe, welche der folgenden Aussagen wahr, welche falsch sind. Gib zu jeder Aussage 3 Zahlen an, die diese bestätigte, oder eine, die sie widerlegt.
   a) Jedes Vielfache von 100 ist durch 10 teilbar.
   b) Ist eine Zahl durch 1000 teilbar, dann ist sie auch durch 10 und durch 100 teilbar.
   c) Sind die letzten beiden Ziffern einer Zahl Nullen, so ist die Zahl durch 100 teilbar.
   d) Die Vielfachen von 10 sind durch 2 teilbar.
   e) Die Vielfachen von 4 sind niemals durch 100 teilbar.
   f) Ist eine Zahl durch 2 und durch 5 teilbar, dann ist ihre Einerziffer 0.
   g) Ist eine Zahl durch 2 und durch 4 teilbar, dann ist sie auch durch 8 teilbar.

11. Vergleiche
   a) Die Summe aus der Summe der Zahlen 54 und 21 und der Differenz dieser Zahlen mit dem Doppelten von 54,
   b) das Sechsfache der Zahl 37 mit der Differenz aus dem Zehnfachen und dem Vierfachen von 37,
   c) das Produkt aus Vorgänger und Nachfolger der Zahl 30 mit dem Quadrat dieser Zahl!

12. Übertrage in dein Heft, und setze Rechenzeichen und Klammern so ein, daß wahre Aussagen entstehen!
   a) 1 2 3   = 1
   b) 1 2 3 4   = 1
   c) 1 2 3 4 5   = 1
   d) 1 2 3 4 5 6   = 1
   e) 1 2 3 4 5 6 7   = 1
   f) 1 2 3 4 5 6 7 8   = 1
   g) 1 2 3 4 5 6 7 8 9   = 1
   h) 1 2 3 4 5 6 7 8 9 10 = 1

Teilbarkeitsregeln 3

> Eine Zahl ist teilbar
> *durch 3*, wenn ihre Quersumme durch 3 teilbar ist,
> *durch 9*, wenn ihre Quersumme durch 9 teilbar ist.

Beispiele

Wir prüfen auf Teilbarkeit.

1. Prüfe, ob die Zahlen 627 und 704 durch 3 teilbar sind.

Lösung: 627 ist teilbar durch 3, weil QS(627) = 6 + 2 + 7 = 15 und 3|15.
704 ist nicht teilbar durch 3, weil QS(704) = 11 und $3 \nmid 11$.

2. Prüfe, ob die Zahlen 873 und 1042 durch 9 teilbar sind.

Lösung: 873 ist teilbar durch 9, weil QS(873) = 18 und 9|18.
1042 ist nicht teilbar durch 9, weil QS(1042) = 7 und $9 \nmid 7$.

Aufgaben

1. a) Stelle durch Rechnung fest, ob die Zahlen 234, 324, 423, 243, 342 durch 9 teilbar sind.
   b) Welche Eigenschaft ist den Zahlen 234, 324, 423, 243, 342 gemeinsam?
   c) Was vermutest du? Sind die Zahlen 909, 4653, 11223, 341, 44442 durch 9 teilbar?
   d) Wir prüfen die Antworten unter c). Dazu betrachten wir zunächst eine Zahl, von der wir wissen, daß sie durch 9 teilbar ist. Wir wählen die Zahl 324. Wir zerlegen diese Zahl in eine Summe:

   324 = $\underbrace{3 \cdot 99 + 3}_{300}$ + $\underbrace{2 \cdot 9 + 2}_{20}$ + 4

   Wovon hängt es also ab, ob 324 durch 9 teilbar ist?
   e) Zerlege – wie in d) – die folgenden Zahlen in eine Summe, und stelle fest, welche der Zahlen durch 9 teilbar sind: 945, 645, 1098.
   f) Überlege: Erscheint bei dieser Art der Zerlegung einer Zahl in eine Summe immer die Quersumme dieser Zahl? Wovon hängt es ab, ob eine Zahl durch 9 teilbar ist?

2. a) Überlege, weshalb für die Teilbarkeit durch 3 ebenfalls eine Quersummenregel gilt wie bei 9.
   b) Bilde die Quersumme. Welche der Zahlen sind durch 3 teilbar? 836, 4212, 368051, 222006, 111110, 527, 570060.

3. Schreibe vier vierstellige Zahlen auf, die teilbar sind
   a) durch 3   b) durch 5   c) durch 8   d) durch 9   e) durch 3, aber nicht durch 7

4. Ein Bürgersteig wird mit 90 cm langen Bordsteinen zur Straße hin abgegrenzt. Der Bürgersteig wird
   a) 47 m 40 cm   b) 61 m 10 cm   c) 147 m 60 cm   lang.
   Muß ein Bordstein geteilt werden?

5. Prüfe, ob die folgenden Zahlen durch 3 oder durch 9 teilbar sind:
   492, 819, 1537, 200371, 45, 105, 6013, 7122, 60421, 2853, 97868, 201.

Teiler und Vielfache

Vermischte Aufgaben

6. Schreibe die Menge aller Ziffern auf, die man auf die leere Stelle setzen darf!
   a) 9|☐79,   9|☐38,   9∤5☐0,   9|624☐,   9|5☐32.
   b) Ergänze die fehlende Ziffer – wenn möglich, auf mehrere Weisen – so, daß die entstandenen Zahlen durch 3, nicht aber durch 9 teilbar sind.
   65☐,   ☐38☐,   ☐565☐,   9☐89☐,   652☐☐.

7. Die Quersumme einer sehr großen Zahl ist 5 705 487.
   Ist die Zahl durch 9 teilbar? – Bilde die Quersumme der Quersumme und überlege!

8. Durch welche Zahlen von 2 bis 9 sind die folgenden Zahlen teilbar?
   a) 65,   95,   78,   60,   49,   12,   84,   96,   72
   b) 25,   39,   30,   40,   42,   120,   180,   24,   98
   c) 85,   115,   105,   204,   420,   500,   180.

9. Gesucht ist eine zweistellige natürliche Zahl mit folgenden Eigenschaften:
   Ihre Quersumme ist 10. Vertauscht man die Ziffern dieser Zahl, so erhält man eine Zahl, die um 1 kleiner ist als das Zweifache der ursprünglichen Zahl.
   Löse die Aufgabe mit Hilfe einer Tabelle!

	zweistellige natürliche Zahl mit QS = 10	Zahl, die durch das Vertauschen der Ziffern entsteht	Differenz	Bemerkung
Beispiel: ▶	46	64	46 · 2 − 64 = 28	28 ≠ 1 ⇒ 46 ist nicht die gesuchte Zahl

10. Übertrage die Figur in dein Heft, und fülle die Leerstellen aus! Es gibt mehrere Möglichkeiten!
    a)   b)

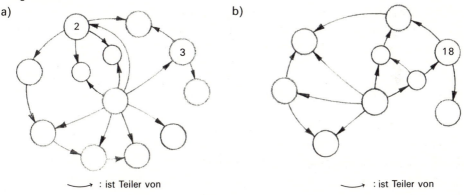

⟶ : ist Teiler von   ⟶ : ist Teiler von

11. Für welche natürliche Zahl x ist die Summe 24 + x
    a) durch 8 teilbar,   b) nicht durch 8 teilbar ist?

12. Kann man eine natürliche Zahl x so bestimmen, daß das Produkt 36 · x
    a) durch 4 teilbar ist,   b) nicht durch 4 teilbar?
    Begründe deine Antwort!

Teilermengen und Vielfachenmengen

> Alle Teiler einer Zahl bilden ihre Teilermenge.
> Alle Vielfachen einer Zahl bilden ihre Vielfachenmenge.

Beispiele

Wir bestimmen Teilermengen.
Bestimme die Teilermenge T_{12}!

Lösung: $12 = 1 \cdot 12$
$ = 2 \cdot 6$
$ = 3 \cdot 4$
$T_{12} = \{1, 2, 3, 4, 6, 12\}$

Wir bestimmen Vielfachenmengen.
Schreibe die Vielfachenmenge der Zahlen 2 und 7 auf.

Lösung:
$V_2 = \{2, 4, 6, 8, ...\}$
$V_7 = \{7, 14, 21, ...\}$
V_2 und V_7 sind unendliche Mengen

Aufgaben

1. Wie viele Leute müßte eine Reisegesellschaft mindestens haben, damit sich ohne Rest Gruppen bilden lassen von
   a) 2, 3 und 4 Personen b) 3, 4 und 5 Personen c) 6, 15 und 60 Personen?

2. Um welche Vielfachenmengen handelt es sich? Ergänze die Mengen in deinem Heft nach links und nach rechts um fünf weitere Zahlen:
   a) $\{....., 56, 63, 70, ...\}$ b) $\{....., 76, 95, 114, ...\}$

3. Gib die Teilermengen an!
   a) T_6 b) T_9 c) T_{26} d) T_{36} e) T_{72} f) T_{48}
   g) T_{15} h) T_{20} i) T_{60} j) T_{150}

4. Gib die ersten sieben Vielfachen an von:
   a) 8 b) 11 c) 13 d) 19 e) 31 f) 57

5. Wahr oder falsch?
   a) $4 \in V_{16}$ b) $23 \in V_3$ c) $25 \notin V_5$ d) $64 \notin V_{16}$
   e) $27 \in V_3$ f) $32 \in V_4$ g) $33 \in V_{11}$ h) $12 \notin V_9$

6. Gib die Teilermengen an!
   a) T_{144} b) T_{180} c) T_{250} d) T_{1000}

7. a) Gib alle Teiler von 48 an, für die gilt $4 \leq x < 16$.
   b) Gib alle Teiler von 90 an, für die gilt $2 < x \leq 10$.
   c) Gib alle Teiler von 576 an, für die gilt $2 \leq x < 20$.
   d) Gib alle Vielfachen von 9 an, für die gilt $108 < x \leq 156$.
   e) Gib alle Vielfachen von 17 an, für die gilt $153 \leq x < 227$.

Teiler und Vielfache

8. Übertrage die Tabelle in dein Heft, und fülle sie mit ∈ oder ∉ aus.

	T_{10}	T_{24}	T_{64}	T_{100}	T_{144}	T_{400}	T_{512}	T_{1000}	T_{2000}
2									
3									
4									
5									
6									
8									
9									
12									

9. Der Buchstabe x ist Platzhalter für alle natürlichen Zahlen, für die folgende drei Bedingungen gleichzeitig gelten:
(1) x ist ungerade   (2) $400 < x < 900$ (3) x ist teilbar durch 3, 5 und 7.
Welche natürliche Zahlen vertritt x?

10. Gib die Menge der natürlichen Zahlen an, für die der Buchstabe x als Platzhalter stehen kann, wenn die Doppelungleichung $342 < x < 356$ erfüllt ist und für die außerdem jeweils eine der folgenden Bedingungen gilt:
a) x ist keine gerade Zahl,
b) x ist Vielfaches von 3,
c) x ist durch 2 und 3 teilbar,
d) x ist durch 2, aber nicht durch 3 teilbar,
e) x ist durch 3, aber nicht durch 2 teilbar,
f) x ist durch 25 teilbar,
g) 20 ist Teiler von x,
h) x ist entweder durch 2 oder durch 3 teilbar,
i) x ist sowohl durch 3 als auch durch 4 teilbar.

11. Für Rechenkünstler
An eine zweistellige Zahl wird zuerst eine Null, danach dieselbe Zahl nochmals angehängt. Die entstehende fünfstellige Zahl ist immer durch 7 und 11 und 13 teilbar. Warum?

Nimm Papier und Bleistift zur Hand und kontrolliere, ob das richtig ist, was im folgenden Beispiel gesagt wird.
Beispiel: 7|27027;   11|27027;   13|27027
Überlege:
a) Mit welcher Zahl x muß man 27 multiplizieren, um 27027 zu erhalten?
b) Multipliziere die gefundene Zahl z. B. mit 19 bzw. 88. Was stellst du fest?
c) Welche Teiler hat diese Zahl x?

12. a) Welche natürliche Zahl, die kleiner als 50 ist, hat die meisten Teiler?
b) Welche natürliche Zahl, die kleiner als 100 ist, hat die meisten Teiler?

13. Versuche 30 so in zwei Summanden zu zerlegen, daß
a) jeder Summand durch 5 teilbar ist,
b) genau einer der Summanden durch 5 teilbar ist,
c) keiner der Summanden durch 5 teilbar ist!

Primzahlen

> Eine natürliche Zahl, die genau zwei Teiler hat, heißt *Primzahl*.

Es gilt folgende Regel:

Um festzustellen, ob eine Zahl eine Primzahl oder eine zerlegbare Zahl ist, braucht man sie nur auf ihre Teilbarkeit durch Primzahlen zu prüfen, und zwar auf jene, deren Quadrate höchstens so groß sind wie die zu untersuchende Zahl.

Primzahlen bis 100

2	3	5	7	11	13	17	19	23	29	31	37	41
43	47	53	59	61	67	71	73	79	83	89	97	

Beispiel

Untersuche, ob 139 Primzahl ist!

Lösung:

Wir benutzen die oben aufgestellte Regel:

Für die Zahl 139 bedeutet das, daß wir nacheinander prüfen müssen, ob 139 teilbar ist durch die Primzahlen 2, 3, 5, 7 und 11 ($13^2 = 169 > 139$).
Wir stellen fest: $2 \nmid 139$; $3 \nmid 139$; $5 \nmid 139$; $7 \nmid 139$; $11 \nmid 139$.

Die Zahl 139 hat nur den Teiler 1 und 139, ist also Primzahl.

Aufgaben

1. Übertrage die Zahlentabelle in dein Heft, und bearbeite dann folgende Aufgaben:

   a) Streiche die Zahl 1!
   Streiche alle Vielfachen von 2 (außer 2), alle Vielfachen von 3 (außer 3), alle Vielfachen von 5 (außer 5), alle Vielfachen von 7 (außer 7)!

   b) Warum sind jetzt alle zerlegbaren Zahlen bis 100 gestrichen?

   c) Wie viele Primzahlen bleiben übrig?
   Wie viele Primzahlen sind gerade, wie viele ungerade?

Sieb des Eratosthenes[*]

1	2	3	4	5	6	7	8	9	10
11	12	13	14	15	16	17	18	19	20
21	22	23	24	25	26	27	28	29	30
31	32	33	34	35	36	37	38	39	40
41	42	43	44	45	46	47	48	49	50
51	52	53	54	55	56	57	58	59	60
61	62	63	64	65	66	67	68	69	70
71	72	73	74	75	76	77	78	79	80
81	82	83	84	85	86	87	88	89	90
91	92	93	94	95	96	97	98	99	100

[*] Eratosthenes war Grieche und lebte um 250 v. Chr.

Teiler und Vielfache

2. Untersuche wie im Beispiel, welche der folgenden Zahlen Primzahlen sind:
- a) 109
- b) 119
- c) 223
- d) 177
- e) 127
- f) 431
- g) 227
- h) 147
- i) 541
- j) 167

Vermischte Aufgaben

3. Verarbeite die Zahlen 3, 7, 21 der Reihe nach:

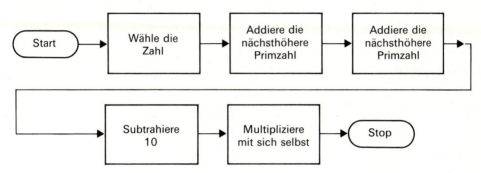

4. Verarbeite die Zahlen 3, 7, 87 der Reihe nach:

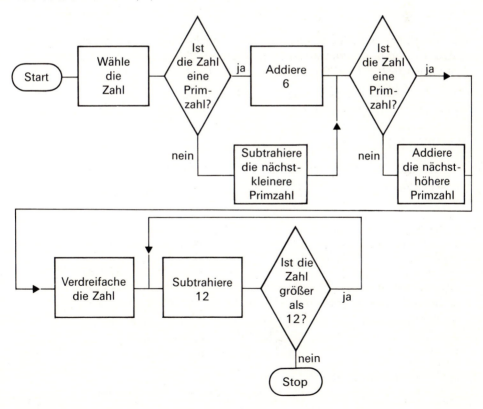

5. Schreibe alle geraden Zahlen zwischen 6 und 30 als Summe zweier Primzahlen.

6. Können zwei aufeinanderfolgende natürliche Zahlen a und a + 1 Primzahlen sein, wenn a > 2 ist?

7. Untersuche, welche der folgenden Zahlen Primzahlen sind:
   a) 719   b) 603   c) 701   d) 653   e) 919
   f) 643   g) 905   h) 977   i) 991   j) 547

8. Nenne alle Primzahlen in den Mengen
   a) T_{30} b) T_{150} c) V_2 d) V_3 e) V_4 f) V_7

9. Gib von folgenden Zahlen alle Teiler an, die kleiner als 10 sind! Welche weiteren Teiler dieser Zahlen kann man mit Hilfe der bereits gefundenen sofort angeben?
   a) 68   b) 112   c) 135   d) 180   e) 210

10. Multipliziere alle Primzahlen von 2 bis 7, und addiere zu diesem Produkt die Zahl 1! Zeige, daß die so entstandene Zahl eine Primzahl ist!

11. Wahr (w) oder falsch (f)?
   Für alle Primzahlen p mit 3 < p < 30 gilt:
   a) p + 1   ist keine Primzahl,
   b) p + 2   ist eine Primzahl,
   c) p + 2   oder   p + 4   ist eine Primzahl,
   d) p + 2   oder   p + 4   ist keine Primzahl.

12. Stefan soll zwei nicht durch 6 teilbare Zahlen finden, deren Produkt durch 6 teilbar ist. Ist das möglich? Begründe deine Antwort!

Gemeinsame Teiler und der größte gemeinsame Teiler (ggT)

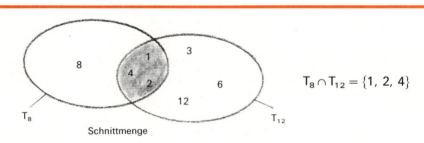

Zur Schnittmenge $T_8 \cap T_{12}$ gehören die gemeinsamen Teiler von 8 und 12. Die größte Zahl der Schnittmenge heißt *größter gemeinsamer Teiler* (ggT).
Kurzschreibweise: ggT (8, 12) = 4

Teiler und Vielfache

Aufgaben

1. *Eine Bodenfläche wird mit quadratischen Fliesen ausgelegt*
   Eine Firma liefert quadratische Fliesen mit folgenden Seitenlängen: 8 cm, 10 cm, 12 cm, 15 cm, 24 cm, 25 cm. Familie Schmid und Familie Meier wollen mit den Fliesen dieser Firma ihre rechteckigen Küchenböden auslegen. Sie wählen dazu aus den angebotenen Fliesen eine bestimmte Sorte aus. Sie treffen dabei ihre Wahl so, daß sie beim Auslegen des Küchenbodens mit möglichst wenig Fliesen auskommen.
   Was meinst du, wie hat sich Familie Schmid entschieden, deren Küchenboden 240 cm lang und 320 cm breit ist? Der Küchenboden der Familie Meier ist 192 cm lang und 360 cm breit. Wie haben sich Meiers entschieden?

2. Mit welchen Münzen kann man 8 DM, 7,50 DM und 3 DM auszahlen, wenn man nur eine Sorte von Münzen verwendet?

3. Die Abbildung zeigt die Teilermengen zweier Zahlen in einem gemeinsamen Mengenbild.
   a) Schreibe die Teilermengen elementweise auf.
   b) Zu welchen Zahlen gehören die Teilermengen?
   c) Gib den größten gemeinsamen Teiler der beiden Zahlen an.

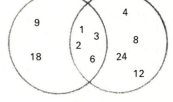

4. Stelle die Teilermengen der folgenden Zahlen in einem gemeinsamen Mengenbild dar. Gib die gemeinsamen Teiler und den größten gemeinsamen Teiler (ggT) an!
   a) 12 und 30   b) 20 und 36   c) 25 und 30   d) 36 und 48.

5. Gib die Menge der gemeinsamen Teiler an, und bestimme den ggT von
   a) 9 und 15   b) 25 und 45   c) 56 und 21
   d) 22 und 66   e) 14 und 35   f) 21 und 23
   g) 45 und 60   h) 39 und 52   i) 68 und 76
   j) 6, 24 und 42   k) 48, 63 und 72   l) 35, 49 und 77
   m) 12, 20 und 28   n) 42, 64, 84 und 96   o) 32, 36, 48 und 78

Vermischte Aufgaben

6. Rechne im Kopf! Ermittle den ggT der folgenden Zahlen:
   a) 9, 12, 18, 60   b) 8, 16, 24, 32   c) 12, 36, 60, 96
   d) 20, 30, 60, 90   e) 36, 27, 81, 63   f) 66, 33, 77, 88
   g) 15, 75, 45, 105   h) 23, 69, 91, 46   i) 36, 18, 63, 54
   j) 200, 360, 400   k) 48, 72, 120, 96   l) 34, 136, 85, 153
   m) 32, 48, 72, 88   n) 18, 36, 72, 99   o) 12, 24, 48, 51
   p) 18, 36, 54, 63   q) 29, 37, 43, 71   r) 20, 50, 70, 90

7. Drei Stäbe von 120 cm, 216 cm und 96 cm Länge sollen in gleich lange, aber möglichst große Stücke zersägt werden. Dabei soll kein Abfall entstehen. Wie lang kann man die Stücke höchstens machen, und wie viele Stücke erhält man?

8. Der größte gemeinsame Teiler zweier Zahlen ist 11. Multipliziert man diese Zahlen mit 7, so erhält man die Produktwerte 77 und 231. Wie heißen die beiden Zahlen?

9. Übertrage die folgende Tabelle in dein Heft, und fülle sie dort aus!

ggT	1	3	6	9	12	14	20	40	72	96	100
1											
3											
6											
9											
12											
14											
20											
40											
72											
96											
100											

Gemeinsame Vielfache und kleinstes gemeinsames Vielfaches (kgV)

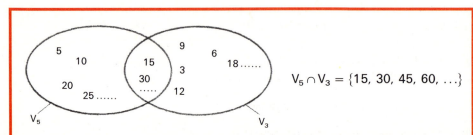

$V_5 \cap V_3 = \{15, 30, 45, 60, \ldots\}$

Zur Schnittmenge $V_5 \cap V_3$ gehören die gemeinsamen Vielfachen von 3 und 5. Die kleinste Zahl der Schnittmenge heißt *kleinstes gemeinsames Vielfaches* (kgV).

Kurzschreibweise: kgV (3,5) = 15

Aufgaben

1. An der Straßenbahnhaltestelle Drei-Linden verkehren die Linien A und B. Linie A fährt im achtminütigen Abstand, Linie B im Abstand von 12 min. Um 6.00 Uhr fahren Züge beider Linien ab.
  a) Nach wieviel Minuten treffen erstmals wieder Straßenbahnen beider Linien hier zusammen?
  b) Familie Reuter besucht die Oma. Die Reuters benutzen die Straßenbahn. Sie treffen an der Haltestelle Drei-Linden um 8.00 Uhr mit der Linie A ein. Dort müssen sie in die Linie B umsteigen. Können die Reuters ohne Wartezeit umsteigen?

2. Herr Paul möchte 80-Pf-Briefmarken in 60-Pf-Briefmarken umtauschen. Für welchen Betrag muß er mindestens umtauschen?

Teiler und Vielfache

3. Die Figur zeigt die Vielfachenmenge zweier Zahlen in einem gemeinsamen Mengenbild.
   a) Schreibe die Vielfachenmenge elementweise auf.
   b) Zu welchen Zahlen gehören die Vielfachenmengen?
   c) Schreibe die Schnittmenge elementweise auf.
   d) Gib das kleinste gemeinsame Vielfache der beiden Zahlen an!

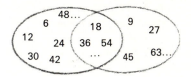

4. Trage die ersten sieben Vielfachen der folgenden Zahlen in ein gemeinsames Mengenbild ein, und lies dann die gemeinsamen Vielfachen ab!
   a) 8 und 12   b) 7 und 2   c) 9 und 12   d) 10 und 15

5. Gib die ersten drei gemeinsamen Vielfachen an!
   a) 15 und 20   b) 4 und 5   c) 3 und 11   d) 3 und 4

6. Rechne im Kopf!
   a) kgV (3, 7)   b) kgV (2, 5)   c) kgV (20, 50)
   d) kgV (14, 15)   e) kgV (5, 8, 10)   f) kgV (3, 4, 6)
   g) kgV (3, 9, 15)   h) kgV (6, 8, 9)   i) kgV (3, 14, 21)
   j) kgV (4, 5, 6)   k) kgV (5, 8, 10, 16)   l) kgV (3, 4, 6, 9)
   m) kgV (2, 6, 7, 21)   n) kgV (4, 5, 8, 10)   o) kgV (8, 10, 20, 4)
   p) kgV (9, 8, 18, 3)   q) kgV (5, 7, 14, 35)   r) kgV (5, 8, 7, 6)

7. Gib drei Zahlen an, für die 50 das kgV ist!

8. Gib die Lösungsmenge in der Grundmenge G = ℕ an!
   a) kgV (6, x) = 18   b) kgV (10, x) = 30   c) ggT (30, x) = 10   d) ggT (x, 27) = 3

9. Gib an, welche der folgenden Aussagen keinesfalls wahr sein können, und begründe deine Meinung!
   a) kgV (70, 280) = 140   b) kgV (145, 28) = 536   c) kgV (72, 45) = 360
   d) kgV (27, 32) = 1728   e) kgV (52, 36) = 520   f) kgV (44, 28) = 308

10. Übertrage die folgende Tabelle in dein Heft, und fülle sie dort aus!

kgV	2	4	8	10	12	16	32	60
2								
4								
8								
10								
12								
16								
32								
60								

Primfaktorenzerlegung

> Jede natürliche Zahl (außer 1), die nicht Primzahl ist, kann man als *Produkt von Primzahlen* schreiben.
> Die Faktoren heißen *Primfaktoren*.

Beispiele

1. Zerlege 60 in Primfaktoren!

Lösung:

Es gibt mehrere Möglichkeiten, die alle zum gleichen Ergebnis führen:
1. Weg: $60 = 4 \cdot 15 = 2 \cdot 2 \cdot 3 \cdot 5 = 2^2 \cdot 3 \cdot 5$
2. Weg: $60 = 6 \cdot 10 = 2 \cdot 3 \cdot 2 \cdot 5 = 2^2 \cdot 3 \cdot 5$
3. Weg: $60 = 2 \cdot 30 = 2 \cdot 2 \cdot 15 = 2^2 \cdot 3 \cdot 5$

2. Wir entnehmen der Primfaktordarstellung einer Zahl die Teiler dieser Zahl. Die Zahl 124 hat die Primfaktordarstellung $124 = 2 \cdot 2 \cdot 31$.
Wie heißen die Teiler von 124?

Lösung:

Die Teiler sind 1, 2, 31, $2 \cdot 2 = 4$, $2 \cdot 31 = 62$, $2 \cdot 2 \cdot 31 = 124$.

Aufgaben

1. Zerlege im Kopf in Primfaktoren!

a) 14   b) 34   c) 21   d) 65   e) 77   f) 95
g) 121 h) 183 i) 200 k) 25   l) 45   m) 54
n) 51   o) 64   p) 96   q) 105 r) 210 s) 135

Teiler und Vielfache

2. Zerlege schriftlich in Primfaktoren! Benutze dabei die Potenzschreibweise!
- a) 104
- b) 132
- c) 168
- d) 198
- e) 450
- f) 135
- g) 136
- h) 244
- i) 250
- k) 736
- l) 1050
- m) 5000
- n) 11100
- o) 15050
- p) 7000

3. Gib von folgenden Zahlen, die in ihre Primfaktoren zerlegt sind, alle Teiler an!
- a) $2 \cdot 5 \cdot 7$
- b) $3 \cdot 3 \cdot 7 \cdot 11$
- c) $3 \cdot 5 \cdot 11$
- d) $2 \cdot 3 \cdot 5 \cdot 11$
- e) $7 \cdot 13 \cdot 17$
- f) $2 \cdot 2 \cdot 3 \cdot 3 \cdot 5 \cdot 7$
- g) $2 \cdot 2 \cdot 2 \cdot 3 \cdot 5 \cdot 7 \cdot 13$
- h) $2^2 \cdot 3^2 \cdot 5$
- i) $2^3 \cdot 3$
- j) $2^2 \cdot 3 \cdot 5^2$

Vermischte Aufgaben

4. Überlege im Kopf!
- a) Welche zweistelligen Zahlen enthalten die Primfaktoren 3 oder 5?
- b) Unter den zweistelligen Zahlen gibt es zwei, die sich in 6 Primfaktoren, und vier, die sich in 5 Primfaktoren zerlegen lassen. Wie heißen sie?
- c) Berechne: $2 \cdot 3 \cdot 5 \cdot 5$; $2 \cdot 5 \cdot 7 \cdot 7$; $3 \cdot 5^3 \cdot 7$; $2 \cdot 3^3$; $2^2 \cdot 5^2 \cdot 11^2$.
- d) Wie oft muß eine Zahl den Faktor 3 enthalten, damit sie durch 243 teilbar ist; wie oft muß sie den Faktor 5 enthalten, damit sie durch 625 teilbar ist?

5. Bestimme die kleinste Zahl, die
- a) den Faktor 2 zweimal und den Faktor 3 viermal enthält;
- b) den Faktor 2 einmal, den Faktor 5 zweimal und den Faktor 7 dreimal enthält.

6. Welche Zahlen unter 150 haben als Primfaktoren nur
- a) die Primzahl 2
- b) die Primzahl 3
- c) die Primzahlen 2 und 5
- d) die Primzahlen 2, 3 und 7?

7. Berechne:
- a) $(2 \cdot 2 \cdot 3 \cdot 5 \cdot 5) : 25$
- b) $(3 \cdot 3 \cdot 5 \cdot 5 \cdot 7) : 15$
- c) $(2 \cdot 5^2 \cdot 7^2) : 50$
- d) $(2^2 \cdot 3^3 \cdot 5^3) : 540$
- e) $(2 \cdot 3 \cdot 5^2 \cdot 7) : 75$
- f) $(5^2 \cdot 7^2 \cdot 3^3) : 1323$

8. Womit muß man die Zahl m multiplizieren, um die Zahl n zu erhalten?
- a) $m = 2 \cdot 5$ $n = 2 \cdot 3 \cdot 3 \cdot 5$
- b) $m = 3 \cdot 7$ $n = 2 \cdot 3 \cdot 7 \cdot 7$
- c) $m = 2 \cdot 7 \cdot 11$ $n = 2 \cdot 2 \cdot 7 \cdot 11 \cdot 11$
- d) $m = 2 \cdot 3 \cdot 11$ $n = 2^2 \cdot 3 \cdot 5^2 \cdot 11$
- e) $m = 2^3 \cdot 3$ $n = 2^4 \cdot 3^2 \cdot 5^2$

9. Nenne die kleinste Zahl mit 5 verschiedenen Primfaktoren!

10. Betrachte folgende Produkte:
$p_1 = 4 \cdot 9 \cdot 25 \cdot 34$
$p_2 = 3 \cdot 12 \cdot 7 \cdot 22 \cdot 25$
$p_3 = 2 \cdot 17 \cdot 6 \cdot 10 \cdot 15$
Zwei dieser Produkte stellen die gleiche Zahl dar.
Überlege, welche Produkte überhaupt nur in Frage kommen können. Begründe deine Vermutung durch Rechnung!

11. Sind die folgenden Aussagen wahr oder falsch?
   a) Es gibt genau drei einstellige natürliche Zahlen, die durch 3 teilbar sind.
   b) Zwischen 1 und 100 gibt es mindestens 50 natürliche Zahlen, die durch 2 teilbar sind.
   c) Es gibt mindestens drei einstellige natürliche Zahlen, die durch 2 teilbar sind.
   d) Die Zahl 60 hat im Bereich der natürlichen Zahlen genau zehn Teiler.
   e) 127 ist eine Primzahl.
   f) 999 999 ist durch 7 teilbar.
   g) Eine Zahl ist genau dann durch 54 teilbar, wenn sie durch 9 und 4 teilbar ist.
   h) Das kleinste gemeinsame Vielfache zweier verschiedener Primzahlen ist das Produkt dieser Zahlen.
   i) Der größte gemeinsame Teiler zweier verschiedener Primzahlen ist 1.

Rechenverfahren für den ggT

Der größte gemeinsame Teiler (ggT) kann mit Hilfe der *Primfaktorenzerlegung* bestimmt werden.

> **Beispiele**
>
> a) Bestimme den ggT (102, 78)!
> b) Bestimme den ggT (345, 483, 138)!
>
> *Lösung*:
> Wir zerlegen die Zahlen in Primfaktoren.
> Das Produkt aller gemeinsamen Primfaktoren ist der ggT.
>
> a) $\qquad 102 = 2 \cdot 3 \cdot 17$
> $\qquad\quad\; 78 = 2 \cdot 3 \cdot 13$
> $\overline{\text{ggT}(102, 78) = 2 \cdot 3 \qquad = 6}$
>
> b) $\qquad\quad 345 = 3 \cdot 5 \cdot 23$
> $\qquad\quad 483 = 3 \cdot 7 \cdot 23$
> $\qquad\quad 138 = 2 \cdot 3 \cdot 23$
> $\overline{\text{ggT}(345, 483, 138) = 3 \cdot 23 \quad = 69}$

Aufgaben

1. Berechne mit Hilfe der Primfaktorenzerlegung:
   a) ggT (110, 44)   b) ggT (168, 70)   c) ggT (112, 168)
   d) ggT (55, 121, 66)   e) ggT (20, 90, 170)   f) ggT (135, 225, 650)

2. Berechne:
   a) ggT (480, 780)   b) ggT (630, 1050)   c) ggT (2262, 3250)
   d) ggT (1248, 4800)   e) ggT (3915, 8100)   f) ggT (2233, 2310, 9625)

Teiler und Vielfache

Rechenverfahren für kgV

Das kleinste gemeinsame Vielfache kann ebenfalls mit Hilfe der *Primfaktorenzerlegung* bestimmt werden.

> **Beispiel**
> Bestimme das kgV (49, 70, 28)!
>
> *Lösung*:
> Wir zerlegen die Zahlen in Primfaktoren.
> Jedes gemeinsame Vielfache muß *alle Faktoren* jeder Zahl enthalten. Das kleinste gemeinsame Vielfache enthält gemeinsame Faktoren jedoch nur einmal.
>
> $$49 = 7 \cdot 7$$
> $$70 = 2 \cdot 5 \cdot 7$$
> $$28 = 2 \cdot 2 \cdot 7$$
> $$\overline{\text{kgV }(49, 70, 28) = 2 \cdot 2 \cdot 5 \cdot 7 \cdot 7 = 2^2 \cdot 5 \cdot 7^2 = 980}$$

Aufgaben

1. Berechne mit Hilfe der Primfaktorenzerlegung:
  a) kgV (64, 160)   b) kgV (54, 126)   c) kgV (60, 96)
  d) kgV (18, 30, 120) e) kgV (14, 22, 66) f) kgV (12, 30, 45)

2. Berechne:
  a) kgV (27, 48, 72)   b) kgV (33, 72, 54)   c) kgV (100, 150, 250)
  d) kgV (250, 400, 550) e) kgV (20, 50, 840)   f) kgV (250, 90, 170)

3. a) Bestimme ggT (26, 195)!   b) Bestimme ggT (8, 9, 17)!   c) Bestimme kgV (8, 9, 17)!

4. Es gilt   kgV (1, 2) = 2,   kgV (2, 3) = 6,   kgV (3, 4) = 12.
Peter zieht daraus den Schluß: „Das kgV zweier aufeinanderfolgender Zahlen ist stets das Produkt dieser Zahlen." Hat Peter recht?

5. a) Prüfe nach: kgV (12, 16) · ggT (12, 16) = 48 · 4 = 3 · 16 · 4 = 12 · 16.
  Prüfe ebenso mit den Zahlen:
  b) 15, 30   c) 4, 12   d) 5, 7   e) 12, 24

6. Bestimme zwei natürliche Zahlen x und y, für die gilt ggT (x, y) = 1 und kgV (x, y) = 12.

7. Gegeben sind die Zahlen 81, 91, 201, 144, 165, 17208, 18104, 31306.
Welche dieser Zahlen sind teilbar durch
  a) 3   b) 8   c) 9?

8. Stelle fest, ob die Zahl 41 197 230 teilbar ist durch
  a) 2   b) 3   c) 4   d) 5   e) 6   f) 8
  g) 9   h) 12   i) 15   j) 18   k) 36   l) 45!

9. a) Von einer Zahl ist bekannt, daß sie die Teiler 4 und 9 hat. Welche Teiler hat diese Zahl auch noch?
  b) Stelle eine Regel für die Teilbarkeit durch 72 auf. Wende sie auf die Zahl 10548 an.
  c) Übertrage in dein Heft und vervollständige!
  Eine Zahl ist durch 45 teilbar, wenn . . . .

d) Von einer natürlichen Zahl a ist bekannt, daß gilt: 9|a und 25|a. Durch welche anderen Zahlen ist a bestimmt noch teilbar?

e) Von einer Zahl weiß man, daß sie durch 14 und 8 teilbar ist. Durch welche anderen Zahlen ist diese Zahl sicher noch teilbar?

10. Bestimme ohne Division die Lösungsmenge der folgenden Aussageformen in der Grundmenge G:
    a) x|63 214 125; G = {1, 2, 3, 4, 5, 6, 8, 9, 10}
    b) x|41 168 220; G = {2, 4, 8, 9, 3, 25, 5, 6}
    c) x ∤ 57 230 023 134; G = {2, 3, 4, 5, 8, 9}

11. Welche Aussage ist wahr (w), welche falsch (f)?
    a) Eine Zahl ist durch 3 und durch 4 teilbar, wenn sie ein Vielfaches von 12 ist.
    b) Eine Zahl ist durch 3 und durch 8 teilbar, wenn sie ein Vielfaches von 24 ist.
    c) Eine Zahl ist dann und nur dann durch 3 und 4 teilbar, wenn sie ein Vielfaches von 24 ist.

12. Bestimme ohne Division die Lösungsmenge der folgenden Aussageformen in der Grundmenge G:
    a) x|332 332 332; G = {2, 3, 4, 6, 8, 9, 12, 18, 24}
    b) x|172 172 172; G = {2, 3, 4, 6, 8, 9, 12, 18, 24}
    c) x ∤ 576 144; G = {9, 12, 10, 15, 18}

13. Gib die Menge aller Ziffern an, die, auf die leere Stelle gesetzt, eine wahre Aussage liefern:
    a) 4|53☐   b) 3∤54☐   c) 8∤67☐   d) 5|8☐3
    e) 2∤7☐5   f) 4∤7☐58   g) 9|2☐77   h) 18|75☐0
    i) 2∤75☐0   k) 12|75☐2   l) 9∤75☐2   m) 4|75☐2
    n) 18∤52☐2   o) 5∤7☐15   p) 15|276☐   q) 6|72☐12

14. Bestimme die größte dreistellige Zahl, die gleichzeitig durch 2, 3, 4, 5 und 9 teilbar ist.

15. Ergänze in 21☐6☐ die fehlenden Ziffern – wenn möglich auf mehrfache Weise – so, daß die entstandene fünfstellige Zahl durch 36 teilbar ist.

16. a) Zerlege die Zahl 3003 in Primfaktoren!
    b) Gib ohne weitere Rechnung die Lösungszahlen der folgenden Gleichungen in der Grundmenge G = ℕ an: 91 · x = 3003; 3003 : 77 = x.

17. Gib für den Wert des Produktes 2 · 5 · 7 · 11 die Menge aller Teiler an!

18. Welche Aussagen sind wahr (w), welche falsch (f)? Es gilt jeweils a ∈ ℕ.
    a) 8 ∤ a ⇒ 4 ∤ a   b) 8|a ⇒ 4|a   c) 3|a ⇒ 6|a
    d) 100|a ⇒ 2|a und 50|a e) 100 ∤ a ⇒ 2 ∤ a und 50 ∤ a
    f) 15|a ⇒ 30|a   g) 15|a ⇒ 5|a
    h) c ∤ a und c ∤ b ⇒ c|(a+b)   i) c ∤ a und c ∤ b ⇒ c ∤ (a+b)

19. Zerlege 195 in Primfaktoren, und gib dann sämtliche Teiler von 195 an!

20. Untersuche, ob die Zahlen 303, 313, 323 Primzahlen sind.

21. Bestimme die Lösungsmenge folgender Aussageformen in der Grundmenge G:
    a) 3 · x = 78 901 + 3010; G = ℕ
    b) 8 ≤ (x − 1) · (x − 1) · (x − 1) < 220; G = {Primzahlen}
    c) 2479 = 9 · x + QS(2479); G = V_3

Teiler und Vielfache

22. Bestimme durch Primfaktorenzerlegung den ggT der folgenden Zahlen:
- a) 52, 156
- b) 432, 336
- c) 252, 196, 294
- d) 113, 99
- e) 630, 882, 2268
- f) 6468, 2541
- g) 90, 108, 2376
- h) 2700, 5040
- i) 126, 210, 504
- j) 450, 1925
- k) 630, 90, 180, 924
- l) 744, 984

23. Zerlege die Zahlen 6468 und 2541 in Primfaktoren, und gib dann ohne weitere Rechnung den Wert folgender Quotienten an:
- a) 6468 : 49
- b) 6468 : 44
- c) 2541 : 33
- d) 2541 : 121

24. Zerlege in Primfaktoren, und bestimme so das kgV der folgenden Zahlen:
- a) 15, 18, 74, 60, 72
- b) 450, 1925
- c) 90, 180, 792
- d) 105, 625, 350, 250
- e) 184, 138, 72
- f) 294, 252, 196

25. Welches Produkt ist gerade, welches ungerade?
- a) $15 \cdot 36 \cdot 17$
- b) $13 \cdot 18 \cdot 7 \cdot 24$
- c) $2^5 \cdot 7^2$
- d) $7^3 \cdot 8^3$
- e) $7^3 \cdot (2^5 - 1)$
- f) $(3^5 - 1) \cdot (5^3 - 1)$

26. Berechne!
- a) $5^2 \cdot 2^2 - 3^2$
- b) $5^3 \cdot 2 - 3^4$
- c) $6^2 + 8 : 2^2$
- d) $(3^3 + 13) : 2^2$
- e) $2^4 + 4^3 - 5^2$
- f) $(10^2 : 25) : 2^2$
- g) $[(5^3 - 11^2) : 4 + 13^2] : 5 - 17$

27. *Karussell der Potenzen*

Die Zahlen im äußeren Kreis sind die Exponenten (Hochzahlen). Die Grundzahl ist immer die Zahl 3.
Erlaubt sind die Rechenoperationen + und −. Die Reihenfolge der Exponenten muß eingehalten werden. Der Kreis der Exponenten darf auch mehrfach durchlaufen werden. Die Reihenfolge der Rechenoperationen + und − ist beliebig. Das „Karussell dreht sich", wenn du die Zahl 126 erreicht hast.

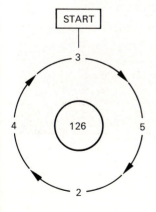

Beispiel:

$3^3 + 3^5 = 27 + 243 = 270$
$270 - 3^2 = 270 - 9 = 261$
$261 - 3^4 = 180$
$180 - 3^3 = 180 - 27 = 153$
$[153 - 3^5 = 153 - 243$ (o. s.),
also kann es nur so weitergehen: $153 + 3^5]$
$153 + 3^5 = 153 + 243 = 396$

Noch dreht sich das Karussell nicht! Es ist auch nicht sicher, ob wir von Anfang an in der richtigen Reihenfolge addiert bzw. subtrahiert haben.

Mach es besser!

267

Sachaufgaben

1. Auf einer zweispurigen elektrischen Spielzeugeisenbahn fährt auf dem inneren Ring ein Güterzug, auf dem äußeren ein Schnellzug. Der Güterzug braucht für eine Runde 21 Sekunden, der Schnellzug 12 Sekunden. Beide starten gleichzeitig in gleicher Richtung am Bahnhof.
    a) Wie viele Sekunden später durchfahren sie gleichzeitig den Bahnhof wieder?
    b) Wie viele Runden haben die Züge dabei zurückgelegt?
    c) Wie oft haben die Züge 10 Minuten nach dem Start den Bahnhof gleichzeitig durchfahren?

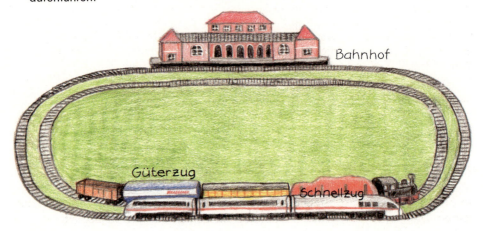

2. Der Umfang der Vorderräder eines Wagens beträgt 1 m 60 cm, der eines der Hinterräder 2 m 25 cm. Bestimme die kürzeste Strecke, die der Wagen zurücklegt, bis beide Räderpaare eine ganzzahlige Anzahl von Umdrehungen ausgeführt haben!

3. Mit welchen Geldscheinen kann man 140 DM, 260 DM, 80 DM auszahlen, wenn man nur eine Sorte von Geldscheinen verwendet?

4. Der Planet Jupiter hat vier große Monde, die man nachts mit einem guten Fernglas sehen kann.
Für einen Umlauf um den Jupiter braucht
„Jo" 1 Tag 18 Stunden,
„Europa" 3 Tage 13 Stunden,
„Ganymed" 7 Tage 4 Stunden und
„Callisto" 16 Tage 16 Stunden.
Hobby-Astronomin Martina sieht eines Tages alle vier Monde links von Jupiter.
Wie lange müßte sie warten, bis sich dieses Ereignis wiederholt?

5. Zwei Holzbalken verschiedener Dicke sollen ohne Rest in gleich dicke Bretter zersägt werden. Wie stark können die Bretter bei folgenden Balkenmaßen höchstens sein:
    a) 75 cm und 36 cm   b) 35 cm und 63 cm   c) 44 cm und 60 cm?

Teiler und Vielfache

6. Drei Glocken läutern. Innerhalb von 30 Sekunden schlägt eine Glocke 10mal, eine 15mal und eine 20mal. In welchen zeitlichen Abständen schlagen alle drei Glocken zur gleichen Zeit?

7. Auf einem Hühnerhof sind fünf Hühner. Das eine legt jeden dritten Tag, das zweite jeden vierten Tag, das dritte jeden fünften Tag, das vierte jeden 6. Tag und das fünfte jeden 10. Tag ein Ei. Am 1. Mai haben alle fünf Hühner ein Ei gelegt. Nach wieviel Tagen wird es wieder der Fall sein, daß fünf Eier an einem Tag gelegt werden?

8. *Der Eierkorb* (für Rechenmeister)
Eine Frau trug einen Eierkorb zum Markt. Ein Passant stieß sie versehentlich an, dabei fiel der Korb herunter, und die Eier zerbrachen. Der Mann wollte den Schaden ersetzen und fragte: „Wieviel Eier waren im Korb?" „Genau kann ich mich nicht erinnern", antwortete die Frau, „aber ich weiß, wenn ich aus dem Korb je 2, 3 oder 4 Eier herausnahm, blieb allemal ein Ei im Korb zurück, und wenn ich je 5 herausnahm, blieb nichts im Korb."
Wieviel Eier waren im Korb? Vorsicht: es gibt mehrere Lösungen!
(Nach einer Aufgabe in einem alten französischen Rechenbuch.)

Zusammenfassung der Seiten 245 bis 269

In diesem Kapitel sollst du weitere Eigenschaften der natürlichen Zahlen kennenlernen. Dazu untersuchen wir die natürlichen Zahlen auf ihre Teilbarkeit.

Teilbarkeitsregeln

Eine Zahl ist teilbar

durch 2, wenn ihre Einerziffer 0, 2, 4, 6 oder 8 ist,
durch 5, wenn ihre Einerziffer 0 oder 5 ist,
durch 10, wenn ihre Einerziffer 0 ist,
durch 4, wenn sie auf zwei Nullen endet oder wenn die aus den zwei letzten Ziffern gebildete Zahl eine 4er-Zahl ist,
durch 8, wenn sie auf drei Nullen endet oder wenn die aus den letzten drei Ziffern gebildete Zahl eine 8er-Zahl ist,
durch 3, wenn ihre Quersumme durch 3 teilbar ist,
durch 9, wenn ihre Quersumme durch 9 teilbar ist.

Primzahlen

Eine natürliche Zahl, die genau zwei Teiler hat, heißt Primzahl.

Primzahlen bis 100:

2 3 5 7 11 13 17 19 23 29 31 37 41
43 47 53 59 61 67 71 73 79 83 89 97

3. Teilermengen und größter gemeinsamer Teiler (ggT)

Alle Teiler einer Zahl bilden ihre *Teilermenge*. Zur Schnittmenge $T_a \cap T_b$ zweier von 0 verschiedenen Zahlen a und b gehören die gemeinsamen Teiler von a und b. Die größte Zahl der Schnittmenge heißt *größter gemeinsamer Teiler* (ggT).

Beispiel:

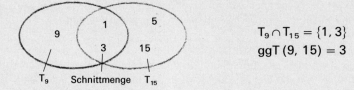

$T_9 \cap T_{15} = \{1, 3\}$
ggT $(9, 15) = 3$

Bei größeren Zahlen bestimmen wir den größten gemeinsamen Teiler mit Hilfe der *Primfaktorenzerlegung*.

Beispiel: Bestimme den ggT (108, 360, 630)!
Wir zerlegen die Zahlen in Primfaktoren. Das Produkt aller gemeinsamer Primfaktoren ist der ggT.

$$108 = 2 \cdot 2 \quad\quad \cdot 3 \cdot 3 \cdot 3$$
$$360 = 2 \cdot 2 \cdot 2 \cdot 3 \cdot 3 \quad\quad \cdot 5$$
$$630 = 2 \quad\quad\quad 3 \cdot 3 \quad \cdot 5 \cdot 7$$
$$\overline{\text{ggT}\,(108, 360, 630) = 2 \quad\quad\quad \cdot 3 \cdot 3 \quad\quad\quad} = 2 \cdot 3^2 = 18$$

Vielfachenmengen und kleinstes gemeinsames Vielfaches (kgV)

Alle Vielfachen einer Zahl bilden ihre *Vielfachenmenge*. Zur Schnittmenge $V_a \cap V_b$ zweier von 0 verschiedenen Zahlen a und b gehören die gemeinsamen Vielfachen von a und b. Die kleinste Zahl der Schnittmenge heißt kleinstes gemeinsames Vielfaches (kgV).

Beispiel:

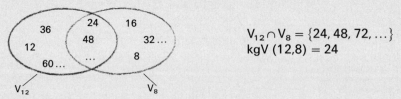

$V_{12} \cap V_8 = \{24, 48, 72, \ldots\}$
kgV $(12, 8) = 24$

Bei größeren Zahlen bestimmen wir das kleinste gemeinsame Vielfache mit Hilfe der *Primfaktorenzerlegung*.

Beispiel: Bestimme das kgV (108, 360, 630)!
Wir zerlegen die Zahlen in Primfaktoren. Jedes gemeinsame Vielfache muß *alle Faktoren* jeder Zahl enthalten. Das kleinste gemeinsame Vielfache enthält gemeinsame Faktoren jedoch nur einmal.

$$108 = 2 \cdot 2 \quad\quad \cdot 3 \cdot 3 \cdot 3$$
$$360 = 2 \cdot 2 \cdot 2 \cdot 3 \cdot 3 \quad\quad \cdot 5$$
$$630 = 2 \quad\quad\quad 3 \cdot 3 \quad \cdot 5 \cdot 7$$
$$\overline{\text{kgV}\,(108, 360, 630) = 2 \cdot 2 \cdot 2 \cdot 3 \cdot 3 \cdot 3 \cdot 5 \cdot 7} = 2^3 \cdot 3^3 \cdot 5 \cdot 7 = 7560$$

Stichwortverzeichnis

Ablaufdiagramm 136
achsensymmetrische Figuren 194
Addition 38
ägyptisches Zahlensystem 12
Assoziativgesetz 44, 101
Aussagen 35

Baumdiagramm 6

Differenz 64
Distributivgesetz 102, 109
Dividend 113
Division 110
Divisor 113
Dreieck 204, 218
Dualsystem 20
Dualzahlen 20

Ecke 159, 174

Faktor 96, 109
fallende Kette 30
Faltachse 194
Fläche 159, 174
Flächeneinheiten 225, 227, 239
Flächeninhalt 219, 239
– von Rechtecken 221, 223
– von Quadraten 223, 239
Flußdiagramm 28

Geldwerte 52
geordnetes Zahlenpaar 185, 193
Gerade 176, 193
Gewichte 52
ggT 258, 264, 270
Gitternetz 185, 193
Gitterpunkt 185
Gleichungen 32, 74, 125
Gliedern eines Terms 85
Größen 50, 52
Grundmenge 33

Halbgerade 176, 193
Hieroglyphen 13
Hochachse 185
Hochwert 185, 193

Kante 159, 160, 174
Kegel 158, 174
kgV 260, 265, 270
Klammern 82
Kommutativgesetz 43, 49, 100
Körperformen 158
Kreis 201, 217
Kugel 158, 174

Länge 50
leere Menge 33
Lösen durch Probieren 78, 125
Lösung einer Gleichung 74
Lösungsmenge 33

Maßeinheit 50
Maßzahl 50
mesopotamisches Zahlensystem 12
Minuend 64, 71
minus 64
Multiplikation 94, 109

Nachfolger 26
natürliche Zahlen 6, 28
Nullpunkt 193

Oberfläche
– von Quader 240, 244
– von Würfel 240, 244
Operator 62

parallel 182, 193
Parkettierung 210, 218
Pfeildarstellung
– der Addition 43, 49
– der Subtraktion 63
plus 38
Primfaktor 262
Primfaktorenzerlegung 262
Primzahl 256, 269
Prisma 158, 167, 174
Probe
– auf den Dividenden 119
– auf den Divisor 119
– auf den Minuenden 73
– auf den Subtrahenden 73
– auf den Summanden 72
Produkt 96, 109
Punktmengen 176, 193
Punktrechnung 133
Pyramide 158, 174

Quader 158, 164, 174
Quadrat 198, 217
Quotient 113

Rechenvorteile 103
Rechteck 198, 217
Rechtsachse 185
Rechtswert 185, 193
römisches Zahlensystem 14

Schätzen 10
Schnittmenge 188, 193

senkrecht 180, 193
Spiegelachse 194
steigende Kette 30
Stellenwertschreibweise 17
Stellenwertsystem 31
Stellenwerttafel 17
Strecke 176, 193
Strichrechnung 133
Stufenschreibweise 17
Stufenzahlen 20, 31
Subtrahend 64, 71
Subtraktion 60
Summand 38, 71
Summe 38, 71
Symmetrieachse 194

Teilbarkeitsregeln 248, 250, 252, 269
Teiler 245
Teilermenge 29, 254, 270
Term 83
Termgliederung 85, 138

Umfang
– von Dreieck 207, 218
– von Quadrat 207, 218
– von Rechteck 207, 218
Ungleichungen 32, 78, 129

Verbindungsgesetz 44, 49, 101, 109
Vereinigungsmenge 188, 193
Vergleich von Zahlen 32
Vertauschungsgesetz 43, 49, 100, 109
Verteilungsgesetz 102, 109
Viefachenmenge 29, 254, 270
Vielfaches 245
Vorgänger 26

Wert einer Differenz 64, 71
– eines Produkts 96
– einer Summe 38, 71
– eines Quotienten 113
Würfel 158, 160, 174
Würfelnetz 161, 175

Zahlenfolgen 26
Zahlenstrahl 24
Zahlzeichen 12, 14, 16, 32
Zehnersystem 17, 31
Zeitdauer 52
Zweiersystem 20, 32
Zylinder 158, 174

Bildverzeichnis

Umschlagfoto: Andrea-Maria Leiber, Arget/München
S. 7 links unten: Zefa, Düsseldorf (Damm)
S. 7 rechts unten: Zefa, Düsseldorf (Al Harvey)
S. 9 links: Integra AG, Walisellen
S. 9 rechts: Editions Chantal, Paris
S. 10: Superbild Eric Bach, Grünwald (H. Schmidbauer)
S. 11 links oben: Tony Stone Worldwide, München (Doug Armand)
S. 11 rechts unten: Zefa, Düsseldorf (Havlicek)
S. 11 rechts oben: Zefa, Düsseldorf (Minden)
S. 15: Werner Schmidt, München
S. 48: Globus-Kartendienst, Hamburg
S. 159: Kloster Maria Laach
S. 194 links: Augsburger Rathaus von Franz Reißenauer, Günzburg
S. 210 links: Gesa Streich, München
S. 210 rechts: Zefa, Düsseldorf (M. Nissen)
S. 214: Werner Otto, Oberhausen
S. 226: Scala, Antella
S. 268: Astrofoto, Solingen